Arduino开发

从零开始学 学电子的都玩这个

宋楠 韩广义 编著

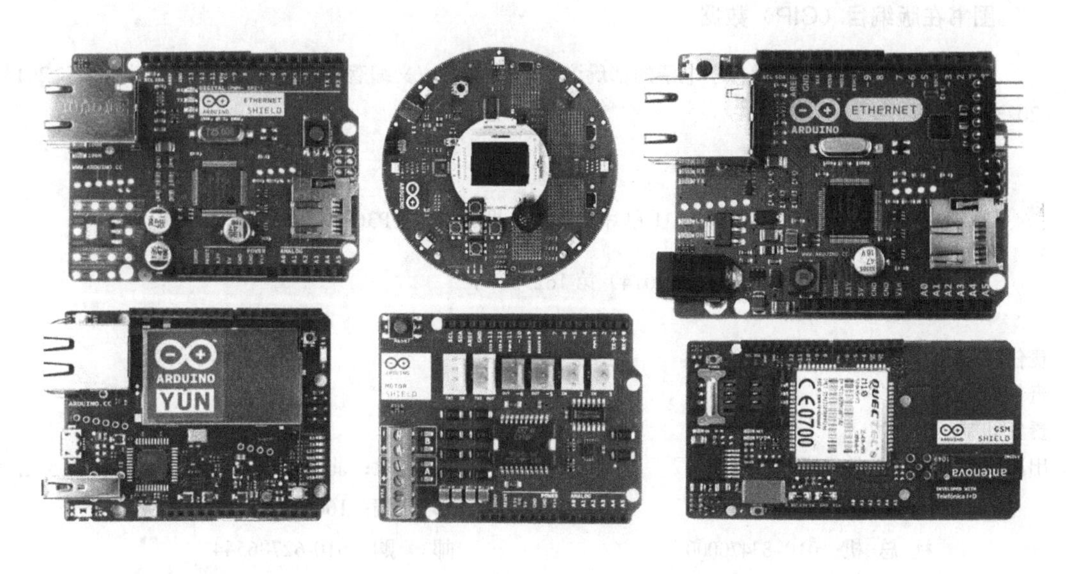

U0228272

清华大学出版社
北京

内 容 简 介

作为开源硬件的代表之一，Arduino包含一套硬件和软件的交互制作平台，已经迅速普及到全球范围。本书由浅入深，从电子基础知识讲起，深入Arduino语法和各种案例，专为零基础的电子爱好者和发烧友编写。通过阅读此书，即便是非电子和机电等专业出身的读者也能享受到电子制作和开发的乐趣，用思想的火花改变生活，改变世界。

本书分为3篇共7章。第一篇介绍了Arduino的起源、发展和应用，并从安装开发环境（IDE）开始，对Arduino语法和电子基础知识（AVR）有一个初步的学习。第二篇通过使用Arduino制作一些电子玩具进一步讲解Arduino与传感器、电机、网络的相关知识，包括智能家居、机械手臂、遥控小车、Arduino与Flash互动、与Processing互动等较大型的项目。第三篇从大型项目开发角度为读者展现了一个项目从需求到面向对象到编写类库的整个过程，并完成了一个能播放音乐的类库。

本书适合零基础的初学者，以及高等院校的学生作为学习教材，同时也适合电子技术爱好者和技术人员阅读。

本书封面贴有清华大学出版社防伪标签，无标签者不得销售。
版权所有，侵权必究。举报：010-62782989，beiqinquan@tup.tsinghua.edu.cn。

图书在版编目（CIP）数据

Arduino开发从零开始学：学电子的都玩这个/宋楠，韩广义编著. -- 北京：清华大学出版社，2014（2023.11重印）

ISBN 978-7-302-37406-0

I. ①A… II. ①宋… ②韩… III. ①单片微型计算机 IV. ①TP368.1

中国版本图书馆CIP数据核字（2014）第162980号

责任编辑：夏非彼
责任校对：闫秀华
责任印制：杨　艳

出版发行：清华大学出版社
http://www.tup.com.cn
地　址：北京清华大学学研大厦A座
邮　编：100084
社 总 机：010-83470000
邮　购：010-62786544
投稿与读者服务：010-62776969，c-service@tup.tsinghua.edu.cn
质量反馈：010-62772015，zhiliang@tup.tsinghua.edu.cn

印 装 者：三河市龙大印装有限公司
经　销：全国新华书店
开　本：190mm×260mm　　印　张：15.25　　字　数：390千字
版　次：2014年9月第1版　　印　次：2023年11月第19次印刷
定　价：49.00元

产品编号：057648-02

前　言

Arduino 是一个优秀的开源硬件平台，目前在全球有数以万计的电子爱好者使用 Arduino 开发项目和电子产品。Arduino 具有廉价易学、开发迅捷等特点，不仅是一个优秀的开源硬件开发平台，更成为了硬件开发的趋势。

Arduino 的探索是一个简单有趣而且丰富多彩的过程，本书会利用 Arduino 开发板做很多有趣的实验，让读者从中学习到 Arduino 对各类传感器和执行器的使用，以及在互联网和物联网（智能家居）中的应用情况。这是一个电子化和互联网化的时代，目前大学生都喜欢参与各种机器人大赛，也喜欢自己动手 DIY 各种小硬件。本书正是抓住大学生群体的这种创造性，特意编写而成，以促进他们的创新意识和创造能力。

本书结构清楚，内容丰富，涵盖了从软硬件基础知识到开发项目的实际操作，从简单的闪灯程序到复杂的智能家居、机械手臂等项目，从 Arduino 简单的语法到编写 Arduino 程序和类库，讲解全面，方便读者对 Arduino 进行全面系统的学习。

本书特点

1．内容丰富，知识全面

全书分为三篇共 7 章，采用从基础到复杂、循序渐进地进行讲解，内容几乎涉及了 Arduino 开发的各个方面。

2．循序渐进，由浅入深

为方便读者学习，本书首先介绍 Arduino 的背景以及发展过程，在安装好开发环境后从闪灯程序讲起，由点到面，层层深入到编译原理、操作系统的知识，从单片机深入到内核，以小例子开始深入到复杂的案例，层次分明，引人入胜。

3．格式统一，讲解规范

书中每个知识点都尽可能给出了详尽的操作示例供读者参考，通过编程实践可以使读者更清晰地了解每个知识点的细节，提高学习效率。在每个章节的最后均有本章重点知识的总结，方便读者有重点地学习。讲解过程中对初学者容易忽略的地方，都给出了小贴士。

4．保留精华，结合实践

在讲解语法和介绍函数等章节中，本书既保留了官方经典的函数说明和函数举例，又结合小程序加以实践，让读者在学习过程中体会到互动以及原理实践相结合的乐趣。

5．实验丰富，对比清晰

本书提供了丰富的实验内容，涉及面广泛，每个实验都提供完整的原理图、连接示意图和代码。为了加深理解，本书中几乎每个实验都有不止一个实验任务，使读者横向学习 Arduino 操作的多样性。

6. 代码精炼，拿来即用

本书提供的实验代码都做到尽可能精炼，以便突出重点，让读者短时间内了解程序结构和逻辑。所有试验代码均通过测试，读者可以拿来即用，也可以在调试过程中参考。

本书结构

本书分为三篇共 7 章，主要章节内容规划如下。

第一篇（第 1~3 章）初识 Arduino

讲述了 Arduino 起源与背景、产品与种类介绍、搭建开发环境、语法学习、内核介绍和电子基础知识。

第二篇（第 4~6 章）探索 Arduino

本章首先对 Arduino 常用的函数及使用的传感器、电机、网络等硬件进行介绍。然后对 Arduino 项目进行了深入性研究，其中第 5 章介绍了几个复杂的 Arduino 项目，包括智能家居、机械手臂、遥控小车、贪食蛇等项目。第 6 章为使用 Arduino 与第三方软件进行互动制作的内容，包括 Arduino 与 Processing、Arduino 与 Flash 的互动。

第三篇（第 7 章）深入 Arduino

本章为 Arduino 项目的开发经验，包括 Arduino 项目开发时应注意的流程问题、面向对象开发的相关知识、Arduino 自带类库的讲解，最后还通过编写一个音乐播放器类库来丰富读者的所学。

本书读者

- Arduino 入门者与电子产品爱好者
- 使用 Arduino 制作项目的开发人员
- 大中专院校的学生
- 培训学校相关专业的师生

本书作者

本书第 1~4 章由韩广义编写，第 5~7 章由长春职业技术学院的宋楠编写，终稿由宋楠审核。参与本书创作的作者包括李海燕、李春城、李柯泉、陈超、杜礼、孔峰、孙泽军、王刚、杨超、张光泽 、赵东、李玉莉、刘岩、潘玉亮、林龙，在此表示感谢。

配套源代码下载

本书源代码下载地址（注意字母大小写）为：http://pan.baidu.com/s/1c0laDsW

编　者

2014 年 7 月

目　录

第一篇　初识 Arduino

第二篇　探索 Arduino

第三篇 深入 Arduino

第一篇

初识 Arduino

作为从零开始学习 Arduino 的基础入门部分，为了让零基础的读者更好地认识和了解 Arduino。本篇主要介绍了 Arduino 硬件和软件开发环境，包括开发板、微型控制器简介、安装 IDE、第三方软件等基础入门知识，同时对 Arduino 开发语言进行了简要的入门级讲解，特别补充了单片机的相关知识和电子技术基础。让读者真正进行入门级的学习，相信读者在阅读过程中会有不小的收获，并且会喜欢上 Arduino。

第 1 章　进入 Arduino 的世界

欢迎来到 Arduino 的世界！Arduino 是一个开源的开发平台，在全世界范围内成千上万的人正在用它开发制作一个又一个电子产品，这些电子产品包括从平时生活的小物件到时下流行的 3D 打印机，它降低了电子开发的门槛，即使是从零开始的入门者也能迅速上手，制作有趣的东西，这便是开源 Arduino 的魅力。通过本书的介绍，读者对 Arduino 会有一个更全面的认识。

本章知识点：

- Arduino 的起源与发展
- Arduino 的特点
- Arduino 开发板简介
- Arduino 的未来展望

1.1　什么是 Arduino

什么是 Arduino？相信很多读者会有这个疑问，也需要一个全面而准确的答案。不仅是读者，很多使用 Arduino 的人也许对这个问题都难以给出一个准确的说法，甚至认为手中的开发板就是 Arduino，其实这并不准确。那么，Arduino 究竟该如何理解呢？

1.1.1　Arduino 不只是电路板

Arduino 是一种开源的电子平台，该平台最初主要基于 AVR 单片机的微控制器[1]和相应的开发软件，目前在国内正受到电子发烧友的广泛关注。自从 2005 年 Arduino 腾空出世以来，其硬件和开发环境一直进行着更新迭代。现在 Arduino 已经有将近十年的发展历史，因此市场上称为 Arduino 的电路板已经有各式各样的版本了。Arduino 开发团队正式发布的是 Arduino Uno 和 Arduino Mega 2560，如图 1-1 和图 1-2 所示。

图 1-1　Arduino Uno R3

[1] 关于 AVR 单片机的内容会在第 3 章进行介绍。

图 1-2　Arduino Mega 2560 R3

提 示

图 1-1 和图 1-2 所示的开发板就是所谓的 Arduino I/O 印刷电路板(Printed Circuit Board, PCB)。

Arduino 项目起源于意大利，该名字在意大利是男性用名，音译为“阿尔杜伊诺”，意思为“强壮的朋友”，通常作为专有名词，在拼写时首字母需要大写。其创始团队成员包括：Massimo Banzi、David Cuartielles、Tom Igoe、Gianluca Martino、David Mellis 和 Nicholas Zambetti 6 人。Arduino 的出现并不是偶然，Arduino 最初是为一些非电子工程专业的学生设计的。设计者最初为了寻求一个廉价好用的微控制器开发板从而决定自己动手制作开发板，Arduino 一经推出，因其开源、廉价、简单易懂的特性迅速受到了广大电子迷的喜爱和推崇。几乎任何人，即便不懂电脑编程，利用这个开发板也能用 Arduino 做出炫酷有趣的东西，比如对感测器探测做出一些回应、闪烁灯光、控制马达等。

Arduino 的硬件设计电路和软件都可以在官方网站上获得，正式的制作商是意大利的 SmartProjects（www.smartprj.com），许多制造商也在生产和销售他们自己的与 Arduino 兼容的电路板和扩展板，但是由 Arduino 团队设计和支持的产品需要始终保留着 Arduino 的名字。所以，Arduino 更加准确的说法是一个包含硬件和软件的电子开发平台，具有互助和奉献的开源精神以及团队力量。

1.1.2　Arduino 程序的开发过程

由于 Arduino 主要是为了非电子专业和业余爱好者使用而设计的，所以 Arduino 被设计成一个小型控制器的形式，通过连接到计算机进行控制。Arduino 开发过程是：

（1）开发者设计并连接好电路；

（2）将电路连接到计算机上进行编程；

（3）将编译通过的程序下载到控制板中进行观测；

（4）最后不断修改代码进行调试以达到预期效果。

1.2　为什么要使用 Arduino

在嵌入式开发中，根据不同的功能开发者会用到各种不同的开发平台。而 Arduino 作为新兴开发平台，在短时间内受到很多人的欢迎和使用，这跟其设计的原理和思想是密切相关的。

首先，Arduino 无论是硬件还是软件都是开源的，这就意味着所有人都可以查看和下载其源码、图表、设计等资源，并且用来做任何开发都可以。用户可以购买克隆开发板和基于 Arduino 的开发板，甚至可以自己动手制作一个开发板。但是自己制作的不能继续使用 Arduino 这个名称，可以自己命名，比如 Robotduino。

其次，正如林纳斯·本纳第克特·托瓦兹的 Linux 操作系统一样，开源还意味着所有人可以下载使用并且参与研究和改进 Arduino，这也是 Arduino 更新换代如此迅速的原因。全世界各种电子爱好者用 Arduino 开发出各种有意思的电子互动产品。有人用它制作了一个自动除草机，去上班的时候打开，不久花园里的杂草就被清除干净了！有人用它制作微博机器人，配合一些传感器监测植物的状态，并及时发微博来提醒主人，植物什么时间该浇水、施肥、除草等，非常有趣。

图 1-3 所示为日本一开发者用 Arduino 和 Kinect 制作的可以自己接住丢掉垃圾的智能垃圾桶。

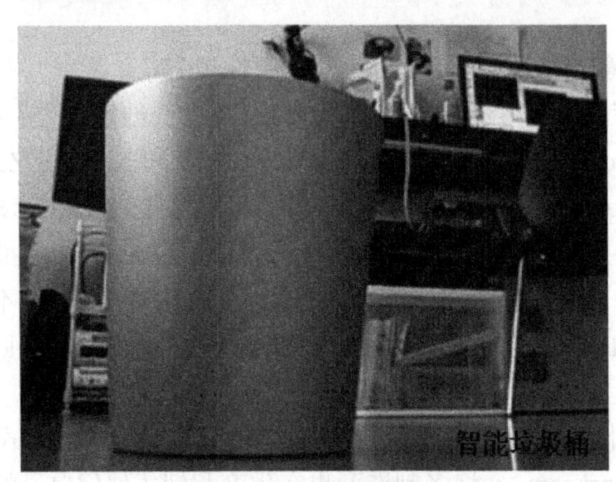

图 1-3　智能垃圾桶

Arduino 可以和 LED、点阵显示板、电机、各类传感器、按钮、以太网卡等各类可以输出输入数据或被控制的任何东西连接，在互联网上各种资源十分丰富，各种案例、资料可以帮助用户迅速制作自己想要制作的电子设备。

在应用方面，Arduino 突破了传统的依靠键盘、鼠标等外界设备进行交互的局限，可以更方便地进行双人或者多人互动，还可以通过 Flash、Processing 等应用程序与 Arduino 进行交互。

提 示

Arduino 与 Flash、Processing 的交互将在第 6 章介绍。

1.3　Arduino 硬件的分类

在了解 Arduino 起源以及使用 Arduino 制作的各种电子产品之后，接下来对 Arduino 硬件和开发板，以及其他扩展硬件进行初步的了解和学习。

1.3.1 Arduino 开发板

Arduino 开发板设计得非常简洁，一块 AVR 单片机、一个晶振或振荡器和一个 5V 的直流电源。常见的开发板通过一条 USB 数据线连接计算机。Arduino 有各式各样的开发板，其中最通用的是 Arduino UNO。另外，还有很多小型的、微型的、基于蓝牙和 Wi-Fi 的变种开发板。还有一款新增的开发板叫做 Arduino Mega 2560，它提供了更多的 I/O 引脚和更大的存储空间，并且启动更加迅速。以 Arduino UNO 为例，Arduino UNO 的处理器核心是 ATmega 328，同时具有 14 路数字输入/输出口（其中 6 路可作为 PWM 输出），6 路模拟输入，一个 16MHz 的晶体振荡器，一个 USB 口，一个电源插座，一个 ICSP header 和一个复位按钮。因为 Arduino UNO 开发板的基础构成在一个表里显示不下，所以这里特意设计了两个表来展示，如表 1-1 和表 1-2 所示。

表 1-1 Arduino UNO 开发板基本概要构成（ATmega328）1

处理器	工作电压	输入电压	数字 I/O 脚	模拟输入脚	串口
ATmega328	5V	6-20V	14	6	1

表 1-2 Arduino UNO 开发板基本概要构成（ATmega328）2

IO 脚直流电流	3.3V 脚直流电流	程序存储器	SRAM	EEPROM	工作时钟
40 mA	50 mA	32 KB	2 KB	1 KB	16 MHz

图 1-4 对一块 Arduino UNO 开发板功能进行了详细标注。

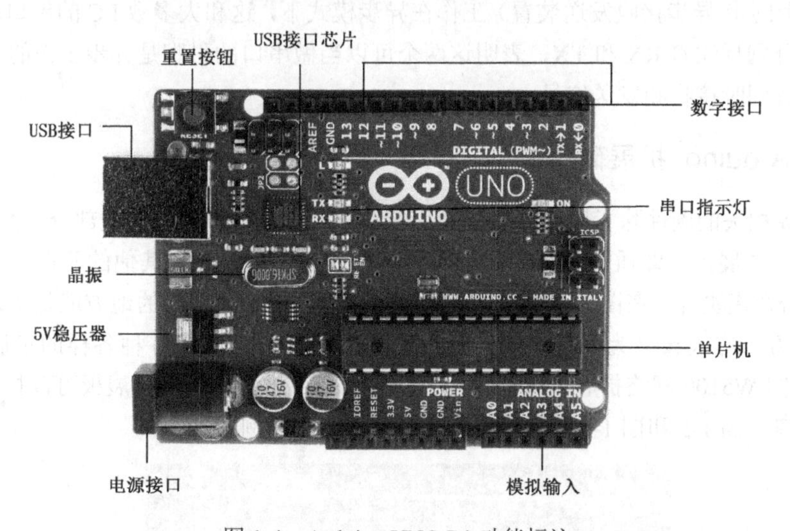

图 1-4 Arduino UNO R3 功能标注

Arduino UNO 可以通过以下三种方式供电，能自动选择供电方式：

- 外部直流电源通过电源插座供电；
- 电池连接电源连接器的 GND 和 VIN 引脚；
- USB 接口直接供电，图 1-4 所示的稳压器可以把输入的 7V~12V 电压稳定到 5V。

在电源接口上方，一个右侧引出 3 个引脚，左侧一个比较大的引脚细看会发现上面有

AMST1117 的字样，其实这个芯片是个三端 5V 稳压器，电源口的电源经过它稳压之后才给板子输入，其实电源适配器内已经有稳压器，但是电池没有。可以理解为它是一个安检员，一切从电源口经过的电源都必须过它这一关，这个“安检员”对不同的电源会进行区别对待。

首先，AMS1117 的片上微调把基准电压调整到 1.5%的误差以内，而且电流限制也得到了调整，以尽量减少因稳压器和电源电路超载而造成的压力。再者根据输入电压的不同而输出不同的电压，可提供 1.8V、2.5V、2.85V、3.3V、5V 稳定输出，电流最大可达 800mA，内部的工作原理这里不必去探究，读者只需要知道，当输入 5V 的时候输出为 3.3V，输入 9V 的时候输出才为 5V，所以用 9V（9V~12V 均可，但是过高的电源会烧坏板子）电源供电的原因就在这，如使用 5V 的适配器与 Arduino 连接，之后连接外设做实验，会发现一些传感器没有反应，这就是某些传感器需要 5V 的信号源，可是板子最高输出只能达到 3.3V，必然有问题。

重置按钮和重置接口都用于重启单片机，就像重启电脑一样。若利用重置接口来重启单片机，应暂时将接口设置为 0V 即可重启。

GND 引脚为接地引脚，也就是 0V。A0~A5 引脚为模拟输入的 6 个接口，可以用来测量连接到引脚上的电压，测量值可以通过串口显示出来。当然也可以用作数字信号的输入输出。

Arduino 同样需要串口进行通信，图 1-4 所示的串口指示灯在串口工作的时候会闪烁。Arduino 通信在编译程序和下载程序时进行，同时还可以与其他设备进行通信。而与其他设备进行通信时则需要连接 RX（接收）和 TX（发送）引脚。ATmega 328 芯片中内置的串口通信硬件是可以通过同步和异步模式工作的。同步模式需要专用的信号来表示时钟信息，而 Arduino 的串口（USART 外围设备，即通用同步/异步接收发送装置）工作在异步模式下，这和大多数 PC 的串口是一致的。数字引脚 0 和 1 分别标注着 RX 和 TX，表明这两个可以当做串口的引脚是异步工作的，即可以只接收、发送，或者同时接收和发送信号。

1.3.2 Arduino 扩展硬件

与 Arduino 相关的硬件除了核心开发板外，各种扩展板也是重要的组成部分。Arduino 开发板设计的可以安装扩展板，即盾板进行扩展。它们是一些电路板，包含其他的元件，如网络模块、GPRS 模块、语音模块等。在图 1-4 所示的开发板两侧可以插其他引脚的地方就是可以用于安装其他扩展板的地方。它被设计为类似积木、通过一层层的叠加而实现各种各样的扩展功能。例如 Arduino UNO 同 W5100 网络扩展板可以实现上网的功能，堆插传感器扩展板可以扩展 Arduino 连接传感器的接口。图 1-5 和图 1-6 为 Arduino 同扩展板连接的例子。

图 1-5　Arduino UNO 与一块原型扩展板连接

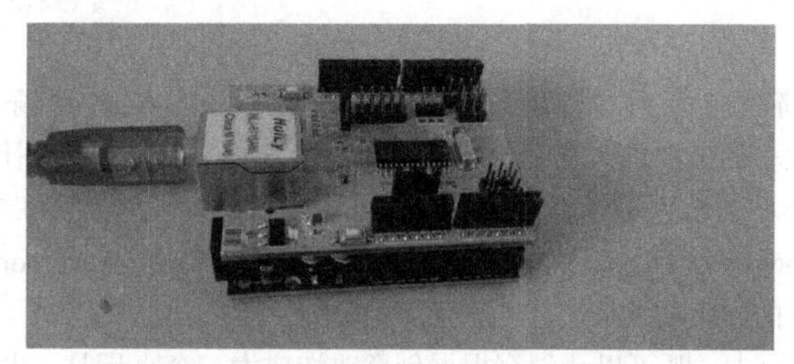

图 1-6 Arduino UNO 与网络扩展板连接

虽然 Arduino 开发板支持很多扩展板来扩展功能，但其扩展插座中引脚的间距并不严格规整。仔细观察开发板会发现上面两个最远的引脚之间距离为 4.064mm，这与标准的 2.54mm 网格的面包板及其他扩展工具并不兼容，尽管要求改正的呼声很强烈，但是这个误差却很难改正，一旦改正将使得原来的大量扩展板变得不兼容，所以这个误差便没有去改动。

虽然这个误差没有改动，但是很多公司和个人在生产 Arduino 兼容的产品时兼顾增加了额外两行 2.54mm 的针孔来解决这个问题，另外美国 Gravitech（www.gravitech.us）公司完全舍弃了扩展板兼容来解决这个问题。

1.4 Arduino 展望未来

Arduino 自诞生以来，简单、廉价的特点使得 Arduino 如同雨后春笋般迅速风靡全球，在不断发展的同时，Arduino 也在发挥着更重要的作用。本节将对 Arduino 发展的特点和未来发展做一点总结和展望。

1.4.1 创客文化

在介绍 Arduino 发展前景之前，首先需要了解逐渐兴起的“创客”文化。什么是“创客”？“创客”一词来源于英文单词“Maker”，指的是不以盈利为目标，努力把各种创意转变为现实的人。其实就是热爱生活，愿意亲手创新为生活增加乐趣的一群人。他们精力旺盛，坚信世界会因为自己的创意而改变。

创客文化兴起于国外，经过一段时间红红火火的发展，如今已经成为一种潮流。国内也不示弱，一些硬件发烧友了解到国外的创客文化后被其深深吸引，经过圈子中的口口相传，大量的硬件、软件、创意人才聚集在了一起。各种社区、空间、论坛的建立使得创客文化在中国真正流行起来。北京、上海、深圳已经发展成为中国创客文化的三大中心。

那么，是什么推动创客文化如此迅猛发展呢？众所周知，硬件的学习和开发是有一定的难度的，人人都想通过简单的方式实现自己的创意，于是开源硬件应运而生。而开源硬件平台中知名度较高的应该就是日渐强大的 Arduino 了。

Arduino 作为一款开源硬件平台，一开始被设计的目标人群就是非电子专业尤其是艺术家学习使用的，让他们更容易实现自己的创意。当然，这不是说 Arduino 性能不强、有些业余，而是表明 Arduino 很简单，易上手。Arduino 内部封装了很多函数和大量的传感器函数库，即使不懂软件开发和电子设计的人也可以借助 Arduino 很快创作出属于自己的作品。可以说 Arduino 与创客文化是相辅相成的。

一方面，Arduino 简单易上手、成本低廉这两大优势让更多的人都能有条件和能力加入创客大军；另一方面，创客大军的日益扩大也促进了 Arduino 的发展。各种各样的社区、论坛的完善，不同的人、不同的环境、不同的创意每时每刻都在对 Arduino 进行扩展和完善。在 2011 年举行的 Google I/O 开发者大会上，Google 公司发布了基于 Arduino 的 Android Open Accessory 标准和 ADK 工具，这使得大家对 Arduino 的巨大的发展前景十分看好。

Arduino 发展潜力巨大，既可以让创客根据创意改造成为一个小玩具，也可以大规模制作成工业产品。国内外 Arduino 社区良好的运作和维护使得几乎每一个创意都能找到实现的理论和实验基础，相信随着城市的不断发展，人们对生活创新的不断追求，会有越来越多的人听说 Arduino、了解 Arduino、玩转 Arduino。

1.4.2 快速原型设计

纵观计算机语言的发展，从 0 和 1 相间的二进制语言到汇编语言，从 K&R 的 C 语言到现在各式各样的高级语言，计算机语言正在逐渐变成更自由、更易学易懂的大众化语言。硬件的发展已经逐渐降低软件开发的复杂性，编程的门槛正在逐渐降低。曾有人预言：未来的时代，程序员将要消失，编程不再是局限人们思维和灵感的桎梏。在软件行业飞速发展的现在，几乎任何具有良好逻辑思维能力的人只要对某些产品感兴趣，就可以通过互联网获得足够的资源从而成为一名软件开发人员。

而 Arduino 的出现，让人们看到了不仅是软件，硬件的开发也越来越简单和廉价。不必从底层开始学习开发计算机的特性让更多的人从零上手，将自己的灵感用最快的速度转化成现实。以 Arduino 为其中代表的开源硬件，降低了入行的门槛，从而设计电子产品不再是专业领域电子工程师的专利，“自学成才”的电子工程师正在逐渐成为可能。

开源硬件将会使得软件同硬件、互联网产业更好的结合到一起，在未来的一段时间里，开源硬件将会有非常好的发展，最终形成硬件产品少儿化、平民化、普及化的趋势。同时，Arduino 的简单易学也会成为一些电子爱好者进入电子行业的一块基石，随着使用 Arduino 制作电子产品的深入，相应的也会对硬件进行更深层次的探索。在简单易学的前提下，比一开始就学习单片机、汇编入行要简单有趣得多。

Arduino 开源和自由的设计无疑是全世界电子爱好者的福音，大量的资源和资料让很多人快速学习 Arduino，开发一个电子产品开始变得简单。互联网的飞速发展让科技的脚步加快，互联网产品正在变得更简单。利用 Arduino，电子爱好者们可以快速设计出原型，从而根据反馈改进出更加稳定可靠的版本。

1.5 本章小结

本章主要介绍了 Arduino 的起源和概念，分析了应用现状并对未来的发展进行展望。

- Arduino 是包括了开发板等硬件和开发环境等软件在内的开源电子平台。
- Arduino 开发板核心是 Atmel 公司生产的 AVR 单片机。
- Arduino 容易上手，适合快速开发，具有广阔的发展潜力。

第 2 章　开始 Arduino 之旅

经过上一章的简单介绍，读者已经对 Arduino 有了一些了解。本章开始进行 Arduino 入门级学习，从安装 IDE 环境开始，逐步开始第一次编写程序、下载程序。本章还将学习 Arduino 语言和语法，并帮助读者熟练地使用 Arduino 编程完成一些小实验项目。

本章知识点：

- 在三种操作系统下安装 Arduino IDE
- 了解与 Arduino 相关的软件
- 制作第一个 Arduino 程序
- 用示例的形式学习 Arduino 语法

2.1　搭建开发环境

在安装 IDE（Integrated Development Environment），即集成开发环境之前，需要了解一些有关嵌入式软件的相关知识。

2.1.1　交叉编译

Arduino 做好的电子产品不能直接运行，需要利用电脑将程序烧到单片机里面。很多嵌入式系统需要从一台计算机上编程，将写好的程序下载到开发板中进行测试和实际运行。因此跨平台开发在嵌入式系统软件开发中很常见。所谓交叉编译，就是在一个平台上生成另一个平台上可以执行的代码。开发人员在电脑上将程序写好，编译生成单片机执行的程序，就是一个交叉编译的过程。

编译器最主要的一个功能就是将程序转化为执行该程序的处理器能够识别的代码，因为单片机上不具备直接编程的环境，因此利用 Arduino 编程需要两台计算机：Arduino 单片机和 PC。这里的 Arduino 单片机叫做目标计算机，而 PC 则被称为宿主计算机，也就是通用计算机。Arduino 用的开发环境被设计成在主流的操作系统上均能运行，包括 Windows、Linux、Mac OS 三个主流操作系统平台。

2.1.2　在 Windows 上安装 IDE

给 Arduino 编程需要用到 IDE（集成开发环境），这是一款免费的软件。在这款软件上编程需要使用 Arduino 的语言，这是一种解释型语言，写好的程序被称为 sketch，编译通过后就可以下载到开发板中。在 Arduino 的官方网站上可以下载这款官方设计的软件及源码、教程和文档。Arduino IDE 的官方下载地址为：http://arduino.cc/en/Main/Software。

打开网页后，根据提示可以选择相应的操作系统版本。截止到 2014 年 3 月 1 日，可供下载的稳定版本为 Arduino 1.0.5。详细安装步骤如下所示。

（1）Windows 操作系统的用户只需单击 Windows Installer，在弹出的对话框中单击“运行”或“保存”按钮即可下载安装 IDE，如图 2-1 所示。

图 2-1　下载 Arduino IDE 安装包

（2）下载完成后，双击鼠标打开安装包，等待进入安装界面，如图 2-2 所示，此时单击 I Agree 按钮。

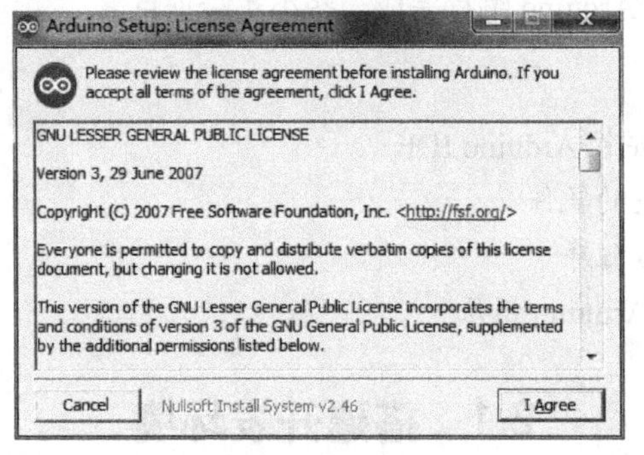

图 2-2　安装界面

（3）此时显示安装选项，如图 2-3 所示。从上至下的选项复选框依次为：

- 安装 Arduino 软件；
- 安装 USB 驱动；
- 创建开始菜单快捷方式；
- 创建桌面快捷方式；
- 关联.ino 文件。

Arduino 通过 USB 串口与计算机相连接，所以安装 USB 驱动选项需要选择。写好的 Arduino 程序保存文件类型为.ino 文件，因此需要关联该类型文件。中间两项创建快捷方式则可选可不选。选择完成后单击 Next 按钮。

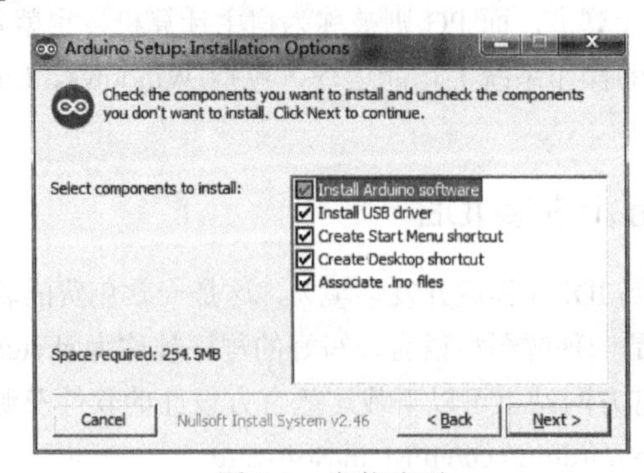

图 2-3　安装选项

（4）根据提示选择安装目录，如图 2-4 所示。安装文件默认的目录为 C:\Program Files （x86）\Arduino，也可以自行选择其他的安装目录，之后单击 Install 按钮即可进行安装，如图 2-5 所示。

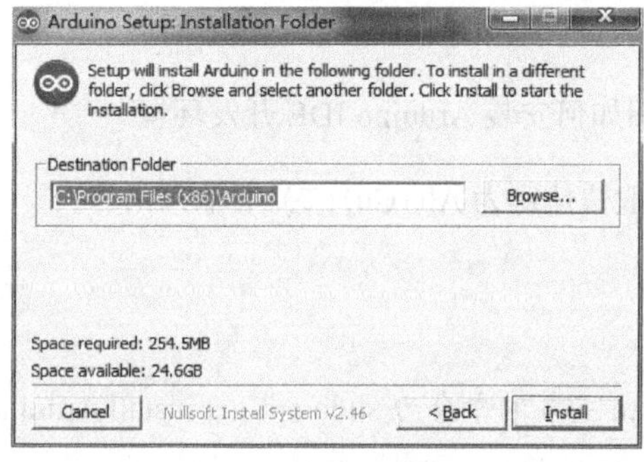

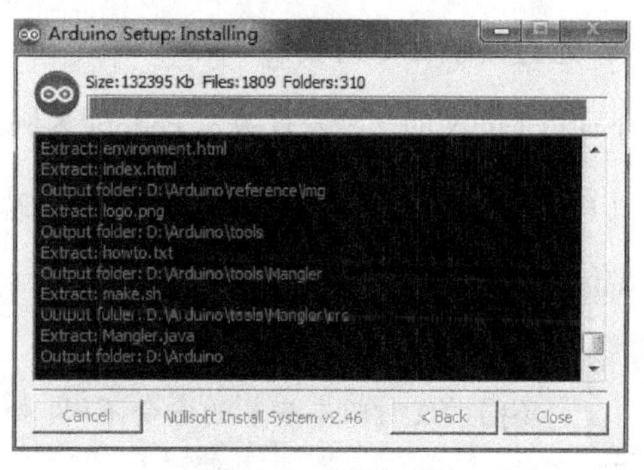

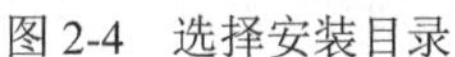

图 2-4　选择安装目录　　　　图 2-5　安装过程中

（5）安装完成后关闭安装对话框。双击 Arduino 应用程序即可进入 IDE-sketch 初始界面，如图 2-6 所示。

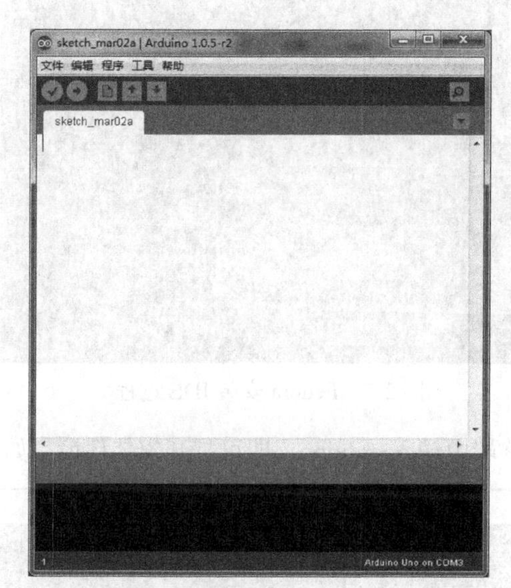

图 2-6　Arduino IDE 1.0.5 界面

至此，Arduino IDE 已经成功地安装到了 PC 上。在将开发板用 USB 连接到 PC 上后，Windows 会自动安装 Arduino 的驱动，如果安装不成功则需要手动设置驱动目录，指定驱动目录位置为安装过程中所选择的 Arduino 安装文件夹。驱动安装成功后，开发板绿色的电源指示灯会亮起来，此时说明开发板可用。关于 IDE 的介绍会在 2.1.5 小节进行，2.1.3 小节和 2.1.4 小节将会讲解 Linux 和 Mac OS 上的 IDE 安装。

2.1.3　在 Linux 上安装 IDE

不少嵌入式开发者或电子爱好者喜欢使用 Linux 操作系统。本小节介绍在 Linux 上安装 Arduino IDE 的过程。

在 Linux 上安装 Arduino IDE 可以通过两种方式：一种是打开终端，输入命令安装 Arduino 开发环境；另一种则是去官网下载安装。

1．通过终端命令行安装

下面以 Linux 的一个发行版本 Fedora 为例，介绍如何安装 Arduino IDE 开发环境。

（1）首先通过命令行直接安装，打开终端（一般快捷键为 Alt+Ctrl+T）后输入语句：

```
sudo yum –y install arduino
```

提示

不同的发行版本安装的命令不同，如 Ubuntu 安装的命令为 sudo apt-get install Arduino。

（2）系统提示输入密码后即可安装，安装过程如图 2-7 所示。

```
总计                                  17 kB/s |  72 kB    00:04
运行事务检查
执行事务测试
事务测试成功
执行事务
  正在安装    : jpackage utils 1.7.5 18.2.fc17.i686                1/19
  正在安装    : avr libc 1.8.0 2.fc17.noarch                       2/19
  正在安装    : jline 1.0 1.fc17.noarch                            3/19
  正在安装    : rhino 1.7R3 4.fc17.noarch                          4/19
  正在安装    : 1:ecj 4.2.1 2.fc17.i686                            5/19
  正在安装    : tzdata java 2013c 1.fc17.noarch                    6/19
  正在安装    : libftdi 0.19 3.fc17.i686                           7/19
  正在安装    : avrdude 5.11.1 1.fc17.i686                         8/19
  正在安装    : 1:avr binutils 2.23.1 1.fc17.i686                  9/19
  正在安装    : avr gcc 4.7.2 1.fc17.i686                         10/19
  正在安装    : avr gcc c++ 4.7.2 1.fc17.i686                     11/19
  正在安装    : 1:arduino core 1.0.1 4.fc17.noarch                12/19
  正在安装    : 1:arduino doc 1.0.1 4.fc17.noarch                 13/19
  正在安装    : ttmkfdir 3.0.9 35.fc17.i686                       14/19
  正在安装    : xorg x11 fonts Type1 7.5 5.fc17.noarch            15/19
opendir: No such file or directory
  正在安装    : 1:java 1.7.0 openjdk 1.7.0.25 2.3.12.1.fc17.      16/19
  正在安装    : jna 3.4.0 4.fc17.i686                             17/19
```

图 2-7　Fedora 安装 IDE 过程

（3）安装完成后，在终端中输入 arduino，即可打开安装环境，如图 2-8 所示。

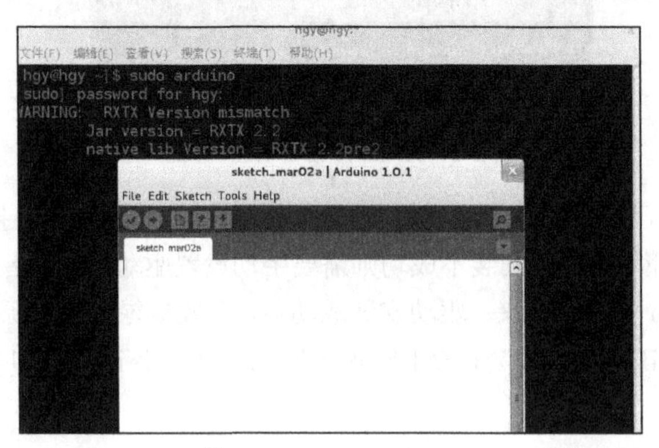

图 2-8　Arduino Sketch

2．通过官网下载安装

用命令行方式安装 IDE 非常方便，但版本可能不是最新的，如果想安装最新版本的 Arduino IDE，可以通过火狐浏览器打开官方软件下载网站 http://arduino.cc/en/Main/Software。

下载之前，需要了解使用的操作系统是 32 位机还是 64 位机，可以通过在终端中输入 file /bin/ls 来查看，如图 2-9 所示。

图 2-9　查看操作系统处理器位数

图 2-9 中所示的操作系统为 32 位，因此需要下载 32 位安装包。

安装包下载完成后，双击解压缩或者在终端中使用 tar 命令解压缩，进入目录，双击 Arduino 应用程序或在终端中输入“./arduino”命令打开即可，如图 2-10 所示。

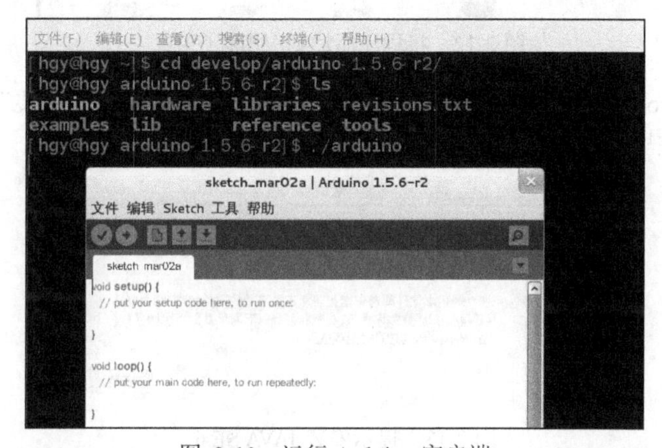

图 2-10　运行 Arduino 客户端

2.1.4　在 Mac OS 上安装 IDE

在苹果公司的 Mac 系统中安装 IDE 也非常简单，在官方网站下载后缀名为.zip 的安装包后，解压缩到目标文件夹，如图 2-11 所示。

图 2-11　解压缩安装包

此时用鼠标将 Arduino 应用程序拖动到系统的应用程序菜单中，便安装成功了，如图 2-12 所示。

图 2-12　将程序添加到应用程序中

如果打开 Arduino IDE 时提示要安装 Java SE 6，则根据提示单击“安装”按钮进行安装，如图 2-13 所示。安装完毕即可打开 IDE。

图 2-13　提示安装 JAVA SE 6

2.1.5　Arduino IDE 介绍

在安装完 Arduino IDE 后，进入 Arduino 安装目录，打开 arduino.exe 文件，进入初始界面。打开软件会发现这个开发环境非常简洁（上面提到的三个操作系统 IDE 的界面基本一致），依次显示为菜单栏、图形化的工具条、中间的编辑区域和底部的状态区域。Arduino IDE 用户界面的区域功能如图 2-14 所示。

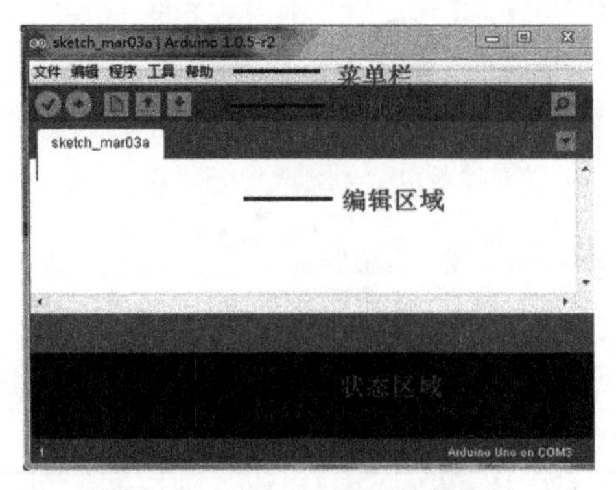

图 2-14　Arduino IDE 用户界面

图 2-15 为 Arduino IDE 界面工具栏，从左至右依次为编译、上传、新建程序（sketch）、打开程序（sketch）、保存程序（sketch）和串口监视器（Serial Monitor）。

一定要熟记这 6 个小按钮，后面的介绍我们不再给图示了，只说明是哪个按钮。

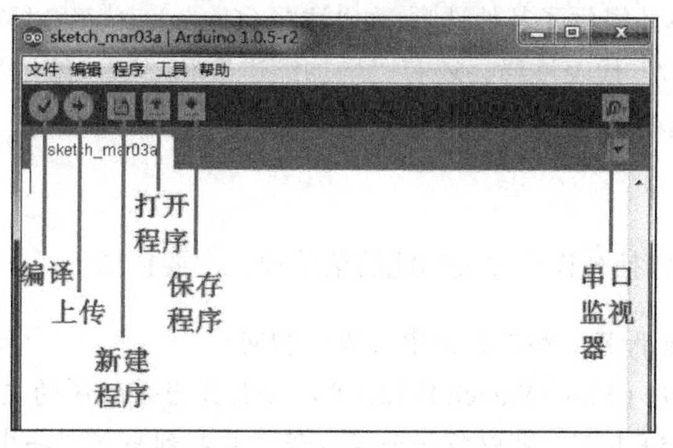

图 2-15　Arduino IDE 工具栏

编辑器窗口选用一致的选项卡结构来管理多个程序 ，编辑器光标所在的行号在当前屏幕的左下角。

1．文件菜单

写好的程序通过文件的形式保存在计算机时，需要使用文件（File）菜单，文件菜单常用的选项包括：

- 新建文件（New）；
- 打开文件（Open）；
- 保存文件（Save）；
- 文件另存为（Save as）；
- 关闭文件（Close）；
- 程序示例（Examples）；
- 打印文件（Print）。

其他选项，如“程序库”是打开最近编辑和使用的程序，“参数设置”可以设置程序库的位置、语言、编辑器字体大小、输出时的详细信息、更新文件后缀（用后缀名.ino 代替原来的.pde 后缀）。“上传”选项是对绝大多数支持的 Arduino I/O 电路板使用传统的 Arduino 引导装载程序来上传。

工具栏中的“上传”按钮菜单项用于跳过引导装载程序，直接把程序烧写到 AVR 单片机里面。

2．编辑菜单

紧邻文件菜单右侧的是编辑（Edit）菜单，编辑菜单顾名思义是编辑文本时常用的选项集合。常用的编辑选项为恢复（Undo）、重做（Redo）、剪切（Cut）、复制（Copy）、粘贴（Paste）、全选（Select all）和查找（Find）。这些选项的快捷键也和 Microsoft Windows 应用程序的编辑快捷键相同。恢复为 Ctrl+Z、剪切为 Ctrl+X、复制为 Ctrl+C、粘贴为 Ctrl+V、全选为 Ctrl+A、查找为 Ctrl+F。此外，编辑菜单还提供了其他选项，如“注释（Comment）”和“取消注释（Uncomment）”，Arduino 编辑器中使用“//”代表注释。还有“增加缩进”和“减少缩进”选项、“复制到论坛”和“复制为 HTML”等选项。

3．程序菜单

程序（Sketch）菜单包括与程序相关功能的菜单项。主要包括：

- “编译/校验（Verify）”，和工具条中的编译相同。
- “显示程序文件夹（Show Sketch Folder）”，会打开当前程序的文件夹。
- “增加文件（Add File）”，可以将一个其他程序复制到当前程序中，并在编辑器窗口的新选项卡中打开。
- “导入库（Import Library）”，导入所引用的 Arduino 库文件。

4．工具菜单

工具（Tools）菜单是一个与 Arduino 开发板相关的工具和设置集合。主要包括：

- “自动格式化（Auto Format）”，可以整理代码的格式，包括缩进、括号，使程序更易读和规范。
- “程序打包（Archive Sketch）”，将程序文件夹中的所有文件均整合到一个压缩文件中，以便将文件备份或者分享。
- “修复编码并重新装载（Fix Encoding & Reload）”，在打开一个程序时发现由于编码问题导致无法显示程序中的非英文字符时使用的，如一些汉字无法显示或者出现乱码时，可以使用另外的编码方式重新打开文件。
- “串口监视器（Serial Monitor）”，是一个非常实用而且常用的选项，类似即时聊天的通讯工具，PC 与 Arduino 开发板连接的串口“交谈”的内容会在该串口显示器中显示出来，如图 2-16 所示。在串口监视器运行时，如果要与 Arduino 开发板通信，需要在串口监视器顶部的输入栏中输入相应的字符或字符串，再单击发送（Send）按钮就能发送信息给 Arduino。在使用串口监视器时，需要先设置串口波特率，当 Arduino 与 PC 的串口波特率相同时，两者才能够进行通讯。Windows PC 的串口波特率的设置在计算机设备管理器中的端口属性中设置。
- “串口”，需要手动设置系统中可用的串口时选择的，在每次插拔一个 Arduino 电路板时，这个菜单的菜单项都会自动更新，也可手动选择哪个串口接开发板。
- “板卡”，用来选择串口连接的 Arduino 开发板型号，当连接不同型号的开发板时需要根据开发板的型号到“板卡”选项中选择相应的开发板。

- “烧写 Bootloader”，将 Arduino 开发板变成一个芯片编程器，也称为 AVRISP 烧写器，读者可以到 Arduino 中文社区查找相关内容。

图 2-16 Arduino 串口监视器

5. 帮助菜单

帮助（Help）菜单是使用 Arduino IDE 时可以迅速查找帮助的选项集合。包括快速入门、问题排查和参考手册，可以及时帮助了解开发环境，解决一些遇到的问题。访问 Arduino 官方网站的快速链接也在帮助菜单中，下载 IDE 后首先查看帮助菜单是个不错的习惯。

2.2 常用的 Arduino 第三方软件介绍

Arduino 开发环境安装完成之后，一些第三方软件可以帮助读者更好地学习和使用 Arduino 制作电子产品。

2.2.1 图形化编程软件 ArduBlock

ArduBlock 是一款专门为 Arduino 设计的图形化编程软件，由上海新车间创客研制开发。这是一款第三方 Arduino 官方编程环境软件，目前必须在 Arduino IDE 的软件下运行。但是区别于官方文本编辑环境，ArduBlock 是以图形化积木搭建的方式进行编程的。就如同小孩子玩的积木玩具一样，这种编程方式使得编程的可视化和交互性大大增强，而且降低了编程的门槛，让没有编程经验的人也能够给 Arduino 编写程序，让更多的人投身到新点子新创意的实现中来。

上海新车间是国内第一家创客空间，新车间网址为：http://xinchejian.com/。新车间开发的 ArduBlock 受到了国际同道的好评，尤其在 Make 杂志主办的 2011 年纽约 Maker Faire 展会上 Arduino 的核心开发团队成员 Massimo 特别感谢了上海新车间创客开发的图形化编程环境 ArduBlock。ArduBlock 的官方下载网址为：http://blog.ardublock.com/zh/。

ArduBlock 软件界面如图 2-17 所示。

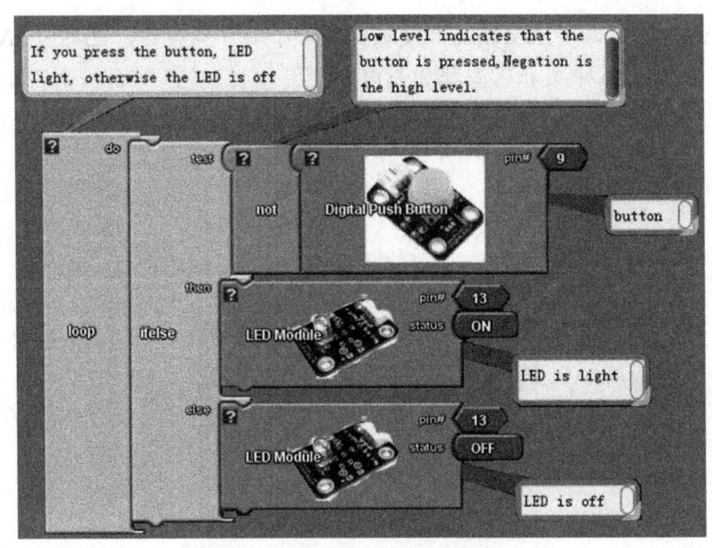

图 2-17　ArduBlock 软件界面截图

2.2.2　Arduino 仿真软件 Virtual breadboard

Virtual breadboard 是一款专门的 Arduino 仿真软件，简称 VBB，中文名为“虚拟面包板”。这款软件主要通过单片机实现嵌入式软件的模拟和开发环境，它不但包括了所有 Arduino 的样例电路，可以实现对面包板电路的设计和布置，非常直观地显示出面包板电路，还可实现对程序的仿真调试。VBB 还支持 PIC 系列芯片、Netduino，以及 Java、VB、C++等主流的编程环境。

Virtual breadboard 软件界面如图 2-18 所示。

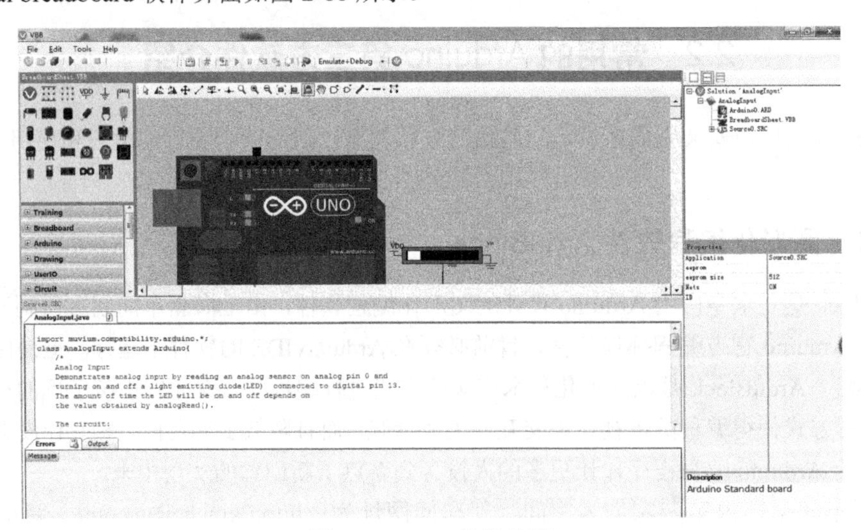

图 2-18　VBB 软件截图

VBB 可以模拟 Arduino 连接各种电子模块，例如液晶屏、舵机、逻辑数字电路、各种传感器以及其他的输入/输出设备。这些部件都可以直接使用，也可以通过组合，设计出更复杂的电路和模块。

使用 VBB 可以更加直观的了解电路设计，能够在设计出原型后快速实现。而且虚拟面板具有的可视性和模拟交互效果，可以实时地在软件上看到 LED、LCD 等可视模块的变化，同时可以确保安全，因为不是实物操作不会引起触电或者烧毁芯片等问题。另外，用 VBB 设计出的作品也可以更快速的分享和整理，使学习和使用更加方便、简单。

VBB 的版本更新很频繁，其官方网站为：http://www.virtualbreadboard.com/。截至到目前为止，官方版本已经更新到了 4.45。随着用户的增多，VBB 由原来的免费下载变更为收费，想要学习的读者需要购买使用。

还有其他不错的第三方软件如 Proteus，既可以进行 Arduino 的仿真，又能画出标准的电路图和 PCB 图样，在国内外使用的人很多。读者如果有兴趣可以自行查阅资料下载学习。

2.3 第一次上手 Arduino

在下载安装好 IDE 之后，下一步就可以实践了。通过编写和上传第一个程序，正式进入 Arduino 的世界。在本节中，需要做的不仅是实现编写和上传程序，更要考虑这些事情背后是如何实现的，通过学习和总结 Arduino 编程的技巧，快速上手 Arduino。

2.3.1 加载第一个程序

在学习一些语言时，比如 C 语言，经典的入门程序就是鼎鼎有名的 Hello World!简短的两个单词敲开了 C 语言的大门，让学习 C 语言者感觉非常简单而有趣，同时这个简单的程序延伸了很多深刻的话题，比如主函数、输入输出、编译过程等等。程序 2-1 便是 C 语言著名的敲门砖。

程序 2-1：C 语言的向世界问好

```
#include <stdio.h>
main()
{
      printf("hello world\n");
}
```

Arduino 语言也像 C 语言一样，同样追随 C 语言的脚步，在硬件的世界里，使用灯光的闪烁代表 hello world，下面我们编写第一个 Sketch！

打开 Arduino IDE 后，需要新建一个空的 Sketch。之后就可以在编辑器上编写第一个 Sketch，如程序 2-2 所示。

程序 2-2：Arduino 向世界问好

```
void setup()
{
  pinMode(13,OUTPUT);                    //将 13 引脚设置为输出引脚
}

void loop()
{
  digitalWrite(13,HIGH);                 //13 引脚输出高电平，即将小灯点亮
```

```
    delay(1000);
    digitalWrite(13,LOW);                    //13 引脚输出低电平，即将小灯熄灭
    delay(1000);
}
```

这个例子是 Arduino 示例 Basics 中的 Blink 程序，也可以通过图 2-19 所示的操作打开该程序。Blink 作为 Arduino 入门的初始程序非常简洁易懂，在每句话的后面作者都给出了注释，官方示例中的程序如图 2-20 所示。

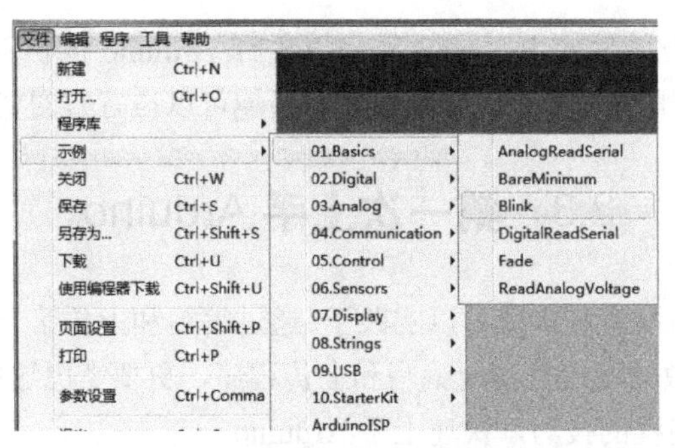

图 2-19　Blink 所在位置

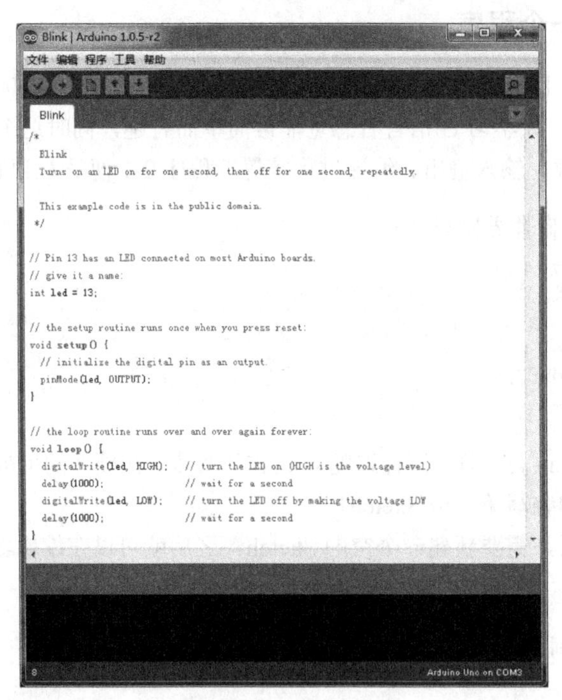

图 2-20　Blink 程序

编写或者打开 Blink 之后，便可以连接 Arduino 开发板，将开发板的 USB 接口连接到电脑上，当系统提示安装成功，并且开发板的绿色“ON”指示灯亮起时，就可以进行 Blink 的上传。单击“上传”按钮，再经过短暂的几秒烧写之后，会发现开发板的串口指示灯闪烁了数次，提示成功之后，开发板装载的 LED 灯便开始不停闪烁。

之后再来看状态区域，状态区域显示“下载成功”和“二进制程序大小 1018 字节”的字样。我们第一个 Arduino 程序就下载并成功运行了。

2.3.2 用 Arduino IDE 开发程序流程

当程序编写好之后，关闭前需要将文件保存到一个目录中。如果是开发一个项目，编写的 Sketch 可能不止一个，负责不同部分和模块开发的人员都各自编写好 Sketch，最后综合 Sketeh 时发现程序特别难以阅读，并且很多变量名称不一致，修改起来非常麻烦，这就需要一个规范的开发流程。

在软件工程中，软件项目开发有很多不同的模型适用于不同的开发需求，例如瀑布模型、螺旋模型等。由于嵌入式项目 bug 排查起来比较费力，为了开发一个稳定的嵌入式系统，往往采用“增量”式模型，即在功能最简单、最基本的系统基础上逐渐扩展其功能。

因此，在编写程序之前，必须对程序所实现的功能有一个详细的规划，对整个系统的基本功能需求有一个清晰的定义。在编写程序时应当约定好各种变量、函数名称，并做好注释和文档记录。不同的模块在开发过程中需要不断的测试，也要做好详细的开发和测试记录。

编写程序时也是同样道理，增量式模型要求迅速将系统整体的基本功能实现出来，对于不同的功能可以利用不同的函数进行实现和测试，而不必在主程序中直接定义和实现，这样既快捷又清晰易读。

2.3.3 函数库和程序架构介绍

Arduino 程序的架构大体可分为 3 个部分。

（1）声明变量及接口的名称。

（2）setup()。在 Arduino 程序运行时首先要调用 setup()函数，用于初始化变量、设置针脚的输出/输入类型、配置串口、引入类库文件等等。每次 Arduino 上电或重启后，setup()函数只运行一次。

（3）loop()。在 setup()函数中初始化和定义变量，然后执行 loop()函数。顾名思义，该函数在程序运行过程中不断地循环，根据反馈，相应地改变执行情况。通过该函数动态控制 Arduino 主控板。

程序 2-3 中包含了完整的 Arduino 基本程序框架。

程序 2-3：闪灯程序

```
int LEDPin = 3;
void setup()
{
  pinMode(LEDPin, OUTPUT);                    //将 3 引脚设置为输出引脚
}

void loop()
{
  digitalWrite(LEDPin, HIGH);                 //3 引脚输出高电平，即将小灯点亮
  delay(1000);
  digitalWrite(LEDPin, LOW);                  //3 引脚输出低电平，即将小灯熄灭
  delay(1000);
}
```

这是一个简单的实现 LED 灯闪烁的程序，在这个程序里，int LEDPin = 3；就是上面架构的第一部分，用来声明变量及接口。void setup()函数则将 LEDPin 引脚的模式设为输出模式。在 void loop()中则循环执行点亮熄灭 LED 灯，实现 LED 灯的闪烁。

Arduino 官方团队提供了一套标准的 Arduino 函数库，如表 2-1 所示。

表 2-1 Arduino 标准库文件

库文件名	说明
EEPROM	读写程序库
Ethernet	以太网控制器程序库
LiquidCrystal	LCD 控制程序库
Servo	舵机控制程序库
SoftwareSerial	任何数字 IO 口模拟串口程序库
Stepper	步进电机控制程序库
Matrix	LED 矩阵控制程序库
Sprite	LED 矩阵图象处理控制程序库
Wire	TWI/I2C 总线程序库

在标准函数库中，有些函数会经常用到。如小灯闪烁的数字 I/O 口输入输出模式定义函数 pinMode(pin,mode)，时间函数中的延时函数 delay(ms)、串口定义波特率函数 Serial.begin(speed)和串口输出数据函数 Serial.print(data)。了解和掌握这些常用函数可以帮助开发人员使用 Arduino 实现各种各样的功能。

2.3.4 Hello World 做了什么

在 2.3.1 小节中实现了第一个 Arduino 闪灯程序，这个程序不只是让开发板上的 LED 灯进行闪烁。在程序的背后，再思考一下，IDE 是如何用编写好的程序来驱动单片机工作的呢，是不是开发板在 Arduino 的语言驱动下直接工作？

在解决这个问题之前，先来了解一下计算机语言的工作原理。对于计算机来说，进行开发的语言并不是计算机直接可以读懂的。那么计算机能够看懂什么语言呢？有经验的读者肯定会说，二进制语言。是的，计算机的脑子只能看懂两个字符，即 0 和 1。以一个最简单的说明为例，假如计算机会说话，那么它的启动方式可看做是两种可能：一种是通电，一种是断电。可以把通电看成是 1，断电看作是 0。那么计算机中的很多零部件也是一样，工作起来的状态为 1，不工作的状态为 0。计算机中的数据通过存储器储存起来，处理器通过一串 0 和 1 组成的地址，找到存储器中数据的位置，对数据进行一系列操作，从而有条不紊的完成了各个程序的执行任务。

因此，在 Arduino IDE 编程并下载程序到开发板的过程，实际上是编译器将程序翻译为机器语言（即二进制语言）的过程。计算机将二进制的指令传送到单片机程序闪存中，单片机识别指令后进行工作。图 2-21 是从编写好的程序到 Arduino 开发板运行程序的流程。

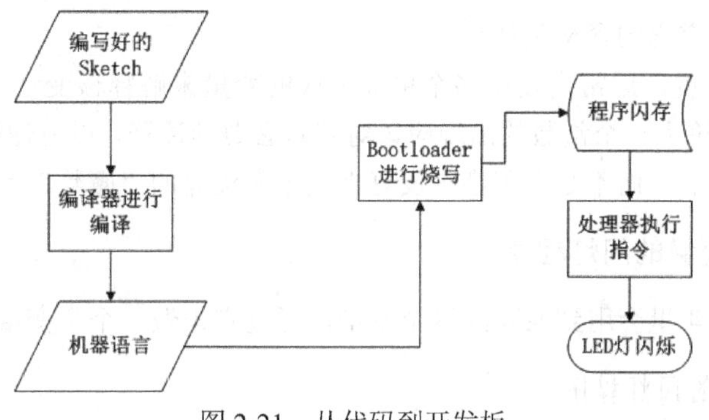

图 2-21　从代码到开发板

Arduino 编译器的作用除了是一位必不可少的翻译官外，还是一位一丝不苟的检察官。写好的程序在编译器翻译成机器语言之前，需要检查程序是否存在语法错误，如果不符合程序框架，或者有些函数没有定义或者使用错误，还有变量类型不正确，编译器都会尽职尽责地检查出来，并明确错误位置。没有编译器，程序编写好后将无法进行解释和分析，也就无法转化成相应的机器语言。

2.4　Arduino 语法——变量和常量

加载第一个程序后，要想写出一个完整的程序，需要了解和掌握 Arduino 语言，本节将对 Arduino 语言做一个初步讲解，首先介绍变量和常量。

2.4.1　变量

变量来源于数学，是计算机语言中能储存计算结果或者能表示某些值的一种抽象概念。通俗来说可以认为是给一个值命名。当定义一个变量时，必须指定变量的类型。如果要变量全是整数，这种变量称为整型（int），那么如果要定义一个名为 LED 的变量值为 11，变量应该这样声明：

```
int led 11;
```

一般变量的声明方法为类型名+变量名+变量初始化值。变量名的写法约定为首字母小写，如果是单词组合则中间每个单词的首字母都应该大写，例如 ledPin、ledCount 等，一般把这种拼写方式称为小鹿拼写法（pumpy case）或者骆驼拼写法（camel case）。

变量的作用范围又称为作用域，变量的作用范围与该变量在哪儿声明有关，大致分为如下两种。

（1）全局变量：若在程序开头的声明区或是在没有大括号限制的声明区，所声明的变量作用域为整个程序。即整个程序都可以使用这个变量代表的值或范围，不局限于某个括号范围内。

（2）局部变量：若在大括号内的声明区所声明的变量，其作用域将局限于大括号内。若在主程序与各函数中都声明了相同名称的变量，当离开主程序或函数时，该局部变量将自动消失。

使用变量还有一个好处，就是可以避免使用魔数。在一些程序代码中，代码中出现但没有解释的数字常量或字符串称为魔数（magic number）或魔字符串（magic string）。魔数的出现使得程序的可阅读性降低了很多，而且难以进行维护。如果在某个程序中使用了魔数，那么在几个月（或几年）后将很可能不知道它的含义是什么。

为了避免魔数的出现，通常会使用多个单词组成的变量来解释该变量代表的值，而不是随意给变量取名。同时，理论上一个常数的出现应该对其做必要地注释，以方便阅读和维护。在修改程序时，只需修改变量的值，而不是在程序中反复查找令人头痛的“魔数”。

【示例 1】 带变量的闪灯程序

在接下来的程序 2-4 里会用到 ledPin 这个变量，通过它来做一个带变量的闪灯程序。

程序 2-4：带变量的闪灯程序

```
int ledPin = 13;
int delayTime = 1000;

void setup()
{
      pinMode(ledPin,OUTPUT);
}

void loop()
{
      digitalWrite(ledPin,HIGH);
      delay(delayTime);                         //延时 1s
      digitalWrite(ledPin,LOW);
      delay(delayTime);                         //延时 1s
}
```

这里还使用了一个名为延时的 delayTime 变量，在延时（delay）函数中使用的参数单位为毫秒，用到 delay 函数中，即延时 1000 毫秒。

【示例 2】 改变闪烁频率的闪灯程序

如果希望小灯闪烁快些，将延时函数值改小就可以了，读者可以尝试将 delayTime 改成 500，可以看到小灯闪烁的频率变大了。如果在程序的后面再加上 1 行代码“delayTime=delayTime+100;”可以发现小灯闪烁的频率越来越小，即小灯闪烁的越来越慢了。当按下“重置”按钮后，小灯闪烁又重新变快了，如下面程序 2-5 所示。

程序 2-5：改变闪烁频率的闪灯程序

```
int ledPin = 13;
int delayTime = 1000;

void setup()
{
      pinMode(ledPin,OUTPUT);
}

void loop()
{
```

```
        digitalWrite(ledPin,HIGH);
        delay(delayTime);                              //延时
        digitalWrite(ledPin,LOW);
        delay(delayTime);
        delayTime=delayTime+100;                       //每次增加延时时间 0.1s
    }
```

2.4.2 常量

常量是指值不可以改变的量，例如定义常量 const float pi = 3.14，当 pi = 5 时就会报错，因为常量是不可以被赋值的。编程时，常量可以是自定义的，也可以是 Arduino 核心代码中自带的。下面就介绍一下 Arduino 核心代码中自带的一些常用的常量，以及自定义常量时应该注意的问题。

1. 逻辑常量（布尔常量）：false 和 true

false 的值为零，true 通常情况下被定义为 1，但 true 具有更广泛的定义。在布尔含义（Boolean Sense）里任何非零整数为 true。所以在布尔含义中-1、2 和-200 都定义为 true。

2. 数字引脚常量：INPUT 和 OUTPUT

首先要记住这两个常量必须是大写的。当引脚被配置成 INPUT 时，此引脚就从引脚读取数据；当引脚被配置成 OUTPUT 时，此引脚向外部电路输出数据。在前面程序中经常出现的 pinMode(ledPin,OUTPUT)，表示从 ledPin 代表的引脚向外部电路输出数据，使得小灯能够变亮或者熄灭。

3. 引脚电压常量：HIGH 和 LOW

这两个常量也是必须大写的。HIGH 表示的是高电位，LOW 表示的是低电位。例如：digitalWrite（pin，HIGH）；就是将 pin 这个引脚设置成高电位的。还要注意，当一个引脚通过 pinMode 被设置为 INPUT，并通过 digitalRead 读取（read）时。如果当前引脚的电压大于等于 3V，微控制器将会返回为 HIGH，引脚的电压小于等于 2V，微控制器将返回为 LOW。 当一个引脚通过 pinMode 配置为 OUTPUT，并通过 digitalWrite 设置为 LOW 时，引脚为 0V，当 digitalWrite 设置为 HIGH 时，引脚的电压应在 5V。

4. 自定义常量

在 Arduino 中自定义常量包括宏定义#define 和使用关键字 const 来定义，它们之间有细微的区别。在定义数组时只能使用 const。一般 const 相对的 # define 是首选的定义常量语法。

2.5 Arduino 语法——数据类型

Arduino 与 C 语言类似，有多种数据类型。数据类型在数据结构中的定义是一个值的集合，以及定义在这个值集上的一组操作，各种数据类型需要在特定的地方使用。一般来说，变量的数据类型决定了如何将代表这些值的位存储到计算机的内存中。在声明变量时需要指定它的数据类型，所有变量都具有数据类型，以便决定存储不同类型的数据。

2.5.1 常用的数据类型

常用的数据类型有布尔类型、字符型、字节型、整型、无符号整型、长整型、无符号长整型、浮点型、双精度浮点型等，本小节会依次介绍这些数据类型。

1. 布尔类型

布尔值（bollean）是一种逻辑值，其结果只能为真（true）或者假（false）。布尔值可以用来进行计算，最常用的布尔运算符是与运算（&&）、或运算（||）和非运算（！）。表 2-2 是与、或和非运算的真值表。

表 2-2 真值表

与

与运算	A 假	A 真
B 假	假	假
B 真	假	真

或

或运算	A 假	A 真
B 假	假	真
B 真	真	真

非

非运算	A 假	A 真
	真	假

如表 2-2 所示的真值表中，对于与运算，仅当 A 和 B 均为真时，运算结果为真，否则，运算结果为假；对于或运算，仅当 A 和 B 均为假时，运算结果为假，否则，运算结果为真。对于非运算，当 A 为真时，运算结果为假；当 A 为假时，运算结果为真。

2. 字符型

字符型（char）变量可以用来存放字符，其数值范围是-128~+128。例如：

```
char A=58;
```

3. 字节型

字节（byte）只能用一个字节（8 位）的存储空间，它可以用来存储 0~255 之间的数字。例如：

```
byte B=8;
```

4. 整型

整型（int）用两个字节表示一个存储空间，它可以用来存储-32768~+32767 之间的数字。在 Arduino 中，整型是最常用的变量类型。例如：

```
int C=13;
```

5. 无符号整型

同整型一样，无符号整型（unsigned int）也用两个字节表示一个存储空间，它可以用来存储0~65536之间的数字，通过范围可以看出，无符号整型不能存储负数。例如：

```
unsigned int D=65535;
```

6. 长整型

长整型（long）可以用4个字节表示一个存储空间，其大小是int型的2倍。它可以用来存储-2147483648~2147483648 之间的数字。例如：

```
long E=2147483647;
```

7. 无符号长整型

无符号长整型（unsigned long）同长整型一样，用4个字节表示一个存储空间，它可以用来存储0~4294967296之间的数字。例如：

```
unsigned long F=4294967295;
```

8. 浮点型

浮点数（float）可以用来表示含有小数点的数，例如：1.24。当需要用变量表示小数时，浮点数便是所需要的数据类型。浮点数占有4个字节的内存，其存储空间很大，能够存储带小数的数字。例如：

```
a = b / 3;
```

当b = 9时，显然a = 3，为整型。

当b = 10时，正确结果应为3.3333，可是由于a是整型，计算出来的结果将会变为3，这与实际结果不符。

但是，如果方程为：float a = b / 3.0。

当b = 9时，a = 3.0。

当b = 10时，a = 3.3333，结果正确。

如果在常数后面加上“.0”，编译器会把该常数当做浮点数而不是整数来处理。

9. 双精度浮点型

双精度浮点型（double）同float类似，它通常占有8个字节的内存，但是，双精度浮点型数据比浮点型数据的精度高，而且范围广。但是，双精度浮点型数据和浮点型数据在Arduino中是一样的。

2.5.2 数据类型转换

在编写程序过程中需要用到一些有关数据类型转换的函数，这里介绍几个常见的数据类型转换函数。

（1）char()

功能：将一个变量的类型变为 char。

语法：char(x)

参数：x：任何类型的值

返回值：char 型值

（2）byte()

功能：将一个值转换为字节型数值。

语法：byte(x)

参数：x：任何类型的值

返回值：字节

（3）int()

功能：将一个值转换为整型数值。

语法：int(x)

参数：x：任何类型的值

返回值：整型的值

（4）long()

功能：将一个值转换为长整型数值。

语法：long(x)

参数：x：任何类型的值

返回值：长整型的值

（5）float()

功能：将一个值转换换浮点型数值。

语法：float(x)

参数：x：任何类型的值

返回值：浮点型的值

（6）word()

功能：把一个值转换为 word 数据类型的值，或由两个字节创建一个字符。

语法：word(x)或 word(H,L)

参数：x：任何类型的值，H：高阶字节（左边），L：低阶字节（右边）

返回值：字符

2.5.3 自定义数据类型

在 Arduino 中可以根据自己的需要定义结构类型的数据，其方法和 C 语言是一致的。

```
struct  名称
{
```

```
        成员列表;
};
```

例如：

```
struct  Student
{
        char[20]   name;
        int        number;
        char[2]    sex;
        int        score;
};
```

2.6 Arduino 语法——数组

数组是一种可访问的变量的集合。Arduino 的数组是基于 C 语言的，实现起来虽然有些复杂，但使用却很简单。

2.6.1 创建或声明一个数组

数组的声明和创建与变量一致，下面是一些创建数组的例子。

```
arrayInts [6];
arrayNums [] = {2，4，6，8，11};
arrayVals [6] = {2，4，-8，3，5};
char arrayString[7] = "Arduino";
```

由例子中可以看出，Arduino 数组的创建可以指定初始值，如果没有指定，那么编译器默认为 0，同时，数组的大小可以不指定，编译器在监察时会计算元素的个数来指定数组的大小。在 arrayString 中，字符个数正好等于数组大小。

提 示

在声明时元素的个数不能够超过数组的大小，即小于或等于数组的大小。

2.6.2 指定或访问数组

在创建完数组之后，可以指定数组的某个元素的值。

```
int intArray[3];
intArray[2]=2;
```

数组是从零开始索引的，也就说，数组初始化之后，数组第一个元素的索引为 0，如上例所示，arrayString[0]为“A”即数组的第一个元素是 0 号索引，并以此类推。这也意味着，在包含 10 个元素的数组中，索引 9 是最后一个元素。因此，在下个例子中：

```
int intArray[10] = {1,2,3,4,5,6,7,8,9,10};
//intArray[9]的数值为 10
```

```
// intArray[10]，该索引是无效的，它将会是任意的随机信息（内存地址）
```

出于这个原因，在访问数组时应该注意。如果访问的数据超出数组的末尾——如访问intArray[10]，则将从其他内存中读取数据。从这些地方读取的数据，除了产生无效的数据外，没有任何作用。向随机存储器中写入数据绝对是一个坏主意，通常会导致一些意外的结果，如导致系统崩溃或程序故障。顺便说一句，不同于 Basic 或 Java，C 语言编译器不会检查访问的数组是否大于声明的数组。

【示例 3】　串口打印数组

数组创建之后在使用时，往往在 for 循环中进行操作，循环计数器可用于访问数组中的每个元素。例如，将数组中的元素通过串口打印，程序可以这样写。

程序 2-6：串口打印数组

```
void setup() {
  // put your setup code here, to run once:
  int intArray[10] = {1,2,3,4,5,6,7,8,9,10};   //定义长度为 10 的数组
  int i;
  for (i = 0; i < 10; i = i + 1)               //循环遍历数组
  {
    Serial.println(intArray[i]);               //打印数组元素
  }
}

void loop() {
  // put your main code here, to run repeatedly:
}
```

2.7　Arduino 语法——运算符

本节介绍最常用的一些 Arduino 运算符，包括赋值运算符、算数运算符、关系运算符、逻辑运算符和递增/减运算符。

2.7.1　赋值运算符

=（等于）为指定某个变量的值，例如：A=x，将 x 变量的值放入 A 变量。

+=（加等于）为加入某个变量的值，例如：B+=x，将 B 变量的值与 x 变量的值相加，其和放入 B 变量，这与 B=B+x 表达式相同。

-=（减等于）为减去某个变量的值，例如：C-=x，将 C 变量的值减去 x 变量的值，其差放入 C 变量，与 C=C-x 表达式相同。

=（乘等于）为乘入某个变量的值，例如：D=x，将 D 变量的值与 x 变量的值相乘，其积放入 D 变量，与 D=D*x 表达式相同。

/=（除等于）为和某个变量的值做商，例如：E/=x，将 E 变量的值除以 x 变量的值，其商放入 E 变量，与 E=E/x 表达式相同。

%=（取余等于）对某个变量的值进行取余数，例如：F%=x，将 F 变量的值除以 x 变量的值，其余数放入 F 变量，与 F=F%x 表达式相同。

&=（与等于）对某个变量的值按位进行与运算，例如：G&=x，将 G 变量的值与 x 变量的值做 AND 运算，其结果放入 G 变量，与 G=G&x 表达式相同。

|=（或等于）对某个变量的值按位进行或运算，例如：H|=x，将 H 变量的值与 x 变量的值相 OR 运算，其结果放入变量 H，与 H=H|x 相同。

^=（异或等于）对某个变量的值按位进行异或运算，例如：I^=x，将 I 变量的值与 x 变量的值做 XOR 运算，其结果放入变量 I，与 I=I^x 相同。

<<=（左移等于）将某个变量的值按位进行左移，例如：J<<=n，将 J 变量的值左移 n 位，与 J=J<<n 相同。

>>=（右移等于）将某个变量的值按位进行右移，例如：K>>=n，将 K 变量的值右移 n 位，与 K=K>>n 相同。

2.7.2 算数运算符

+（加）对两个值进行求和，例如：A=x+y，将 x 与 y 变量的值相加，其和放入 A 变量。

-（减）对两个值进行做差，例如：B=x-y，将 x 变量的值减去 y 变量的值，其差放入 B 变量。

*（乘）对两个值进行乘法运算，例如：C=x*y，将 x 与 y 变量的值相乘，其积放入 C 变量。

/（除）对两个值进行除法运算，例如：D=x/y，将 x 变量的值除以 y 变量的值，其商放入 D 变量。

%（取余）对两个值进行取余运算，例如：E=x%y，将 x 变量的值除以 y 变量的值，其余数放入 E 变量。

2.7.3 关系运算符

==（相等）判断两个值是否相等，例如：x==y，比较 x 与 y 变量的值是否相等，相等则其结果为 1，不相等则为 0。

!=（不等）判断两个值是否不等，例如：x!=y，比较 x 与 y 变量的值是否相等，不相等则其结果为 1，相等则为 0。

<（小于）判断运算符左边的值是否小于右边的值，例如：x<y，若 x 变量的值小于 y 变量的值，其结果为 1，否则为 0。

>（大于）判断运算符左边的值是否大于右边的值，例如：x>y，若 x 变量的值大于 y 变量的值，其结果为 1，否则为 0。

<=（小等于）判断运算符左边的值是否小于等于右边的值，例如：x<=y，若 x 变量的值小等于 y 变量的值，其结果为 1，否则为 0。

>=（大等于）判断运算符左边的值是否大于等于右边的值，例如：x>=y，若 x 变量的值大等于 y 变量的值，其结果为 1，否则为 0。

2.7.4 逻辑运算符

&&（与运算）对两个表达式的布尔值进行按位与运算，例如：（x>y）&&（y>z），若 x 变量的值大于 y 变量的值，且 y 变量的值大于 z 变量的值，则其结果为 1，否则为 0。

||（或运算）对两个表达式的布尔值进行按位或运算，例如：（x>y)||（y>z），若 x 变量的值大于 y 变量的值，或 y 变量的值大于 z 变量的值，则其结果为 1，否则为 0。

！（非运算）对某个布尔值进行非运算，例如：!（x>y），若 x 变量的值大于 y 变量的值，则其结果为 0，否则为 1。

2.7.5　递增/减运算符

++（加 1）将运算符左边的值自增 1，例如：x++，将 x 变量的值加 1，表示在使用 x 之后，再使 x 值加 1。

--（减 1）将运算符左边的值自减 1，例如：x--，将 x 变量的值减 1，表示在使用 x 之后，再使 x 值减 1。

2.8　Arduino 语法——条件判断语句

Arduino 语言基于 C 和 C++，有过开发经验的都知道，C 语言中有一些内建指令，这些内建指令中有很重要的几个语句经常用到，这里介绍常用的条件判断语句 if 和 else。

if 语句

在考虑问题和解决问题的过程中，很多事情不是一帆风顺的，需要进行判断再做出不同的行为。这里就需要用到了条件语句，有些语句并不是一直执行的，需要一定的条件去触发。同时，针对同一个变量，不同的值进行不同的判断，也需要用到条件语句。同样，程序如果需要运行一部分，也可以进行条件判断。

if 的语法如下：

```
if(delayTime<100)
{
    delayTime=1000;
}
```

如果 if 后面的条件满足，就执行{ }内的语句。

if 中表示判断的语句使用到的关系运算符如表 2-3 所示。

表 2-3　关系运算符

运算符	含义	例子	结果
<	小于	1<2	真
		2<1	假
>	大于	2>1	真
		1>1	假
<=	小于等于	2<=2	真
		3<=2	假

（续表）

运算符	含义	例子	结果
>=	大于等于	3>=3	真
		2>=3	假
==	等于	2==2	真
		1==2	假
!=	不等于	1!=2	真
		2!=2	假

【示例 4】 使用 if 制作改变闪烁频率的闪灯程序

在介绍变量时，用了一个闪灯的例子进行举例说明，最后加了一行代码来使小灯闪烁的频率越来越小，即小灯越闪越慢。可是如果希望小灯越闪越快，并且到一定的程度重新恢复初始的闪灯频率，应该怎么办呢？看下面的程序。

程序 2-7：改变闪烁频率的闪灯程序

```
int ledPin = 13;
int delayTime = 1000;

void setup()
{
    pinMode(ledPin,OUTPUT);
}

void loop()
{
    digitalWrite(ledPin,HIGH);                //点亮小灯
    delay(delayTime);                         //延时
    digitalWrite(ledPin,LOW);                 //熄灭小灯
    delay(delayTime);
    delayTime=delayTime-100;            //每次将延时时间减少 0.1s
    if(delayTime<100)
    {
        delayTime=1000;                 //当延时时间小于 0.1s 时，重新校准延时为 1s
    }
}
```

在这个程序中用到了 if 条件判断语句，程序每次运行到 if 语句时都会进行检查，在 delayTime>=100 时，大括号里面的 delayTime=1000 是不执行的，程序进入下一次循环。当 delayTime<100，delayTime=1000 被执行，delayTime 的值改变成为 1000，并进入到下一次循环中。

【示例 5】 使用 if...else 制作改变闪烁频率的闪灯程序

if 语句另一种形式也很常用，即 if...else 语句。这种语句语义为：在条件成立时执行 if 语句下括号的内容，不成立时执行 else 语句下的内容。

对闪灯的程序进行修改，使用 else 语句，如程序 2-8 所示。

程序 2-8：使用 else 语句的闪灯程序

```
int ledPin = 13;
int delayTime = 1000;

void setup()
{
      pinMode(ledPin,OUTPUT);
}

void loop()
{
      digitalWrite(ledPin,HIGH);
      delay(delayTime);
      digitalWrite(ledPin,LOW);
      delay(delayTime);
      if(delayTime<100)
      {
            delayTime=1000;                    //当延时小于 0.1s 时校准延时时间为 1s
      }
      else
      {
            delayTime=delayTime-100; //大于或等于 0.1s 时将延时时间缩短
      }
}
```

if-else 语句还可以多次连用来进行多次选择判断。使用时应判断准确逻辑关系，以避免产生错误。

2.9 Arduino 语法——循环语句

循环语句用来重复执行某一些语句，为了避免死循环，必须在循环语句中加入条件，满足条件时执行循环，不满足条件时退出循环。本节介绍 for 循环和 while 循环。

2.9.1 for 循环

在 loop()函数中，程序执行完一次之后会返回 loop 中重新执行，在内建指令中同样有一种循环语句可以进行更准确的循环控制——for 语句，for 循环语句可以控制循环的次数。

for 循环包括 3 个部分：

```
for(初始化，条件检测，循环状态){程序语句}
```

初始化语句是对变量进行条件初始化，条件检测是对变量的值进行条件判断，如果为真则运行 for 循环语句大括号中的内容，若为假则跳出循环。循环状态则是在大括号语句执行完之后，执行循环状态语句，之后重新执行条件判断语句。

【示例 6】　使用计数器和 if 语句的闪灯程序

同样以闪灯程序为例，这次是让小灯闪烁 20 次之后停顿 3 秒。在没有学习 for 循环语句之前，用 if 语句是完全可以实现的。由于 loop()函数本身就可以进行循环，因此，设置一个计数器再用 if 语句进行判断便可以实现，如程序 2-9 所示。

程序 2-9：使用计数器和 if 语句的闪灯程序

```
int ledPin = 13;
int delayTime = 1000;                       //定义延时变量 delayTime 为 1s
int delayTime2 = 3000;                      //定义延时变量 delayTime2 为 2s
int count=0;                                //定义计数器变量并初始化为 0

void setup()
{
    pinMode(ledPin,OUTPUT);
}

void loop()
{
    digitalWrite(ledPin,HIGH);
    delay(delayTime);
    digitalWrite(ledPin,LOW);
    delay(delayTime);
    if(count==20)
    {
        delay(delayTime2);                  //当计数器数值为 20 时，延时 3s
    }
}
```

【示例 7】　使用 for 语句的闪灯程序

如果使用 for 语句，就可以在一次 loop 循环中实现。下面是一个具体的示例。

程序 2-10：使用 for 语句的闪灯程序

```
int ledPin = 13;
int delayTime = 1000;                       //定义延时变量 delayTime 为 1s
int delayTime2 = 3000;                      //定义延时变量 delayTime2 为 2s

void setup()
{
    pinMode(ledPin,OUTPUT);
}

void loop()
{
    digitalWrite(ledPin,HIGH);
    delay(delayTime);
    digitalWrite(ledPin,LOW);
```

```
        delay(delayTime);
        for(int count=0;count<20;count ++)            //执行 20 次延时 3s
        {
            delay(delayTime2);
        }
}
```

这段代码虽然可以在一次 loop 语句中完成闪烁 20 次后延时 3 秒，但是 loop 语句会执行时间过长，Sketch 中的 loop()函数经常可以用来检查是否有中断或者其他信号，如果处理器被一个循环占用大多数时间，难免会增加程序的响应时间。因此比较而言，用 if 语句和 count 计数器更方便。

2.9.2 while 循环

相比 for，while 语句更简单一些，但是实现的功能和 for 是一致的。while 语句语法为“while(条件语句){程序语句}”。条件语句结果为真时则执行循环中的程序语句，如果条件语句为假时则跳出 while 循环语句。相比 for 语句，while 语句循环状态可以写到程序语句中，更方便易读。

while 的语法如下：

```
while(count<20)                    //满足( )内的条件时，执行循环中的内容
    {
        ……
    }
```

【示例 8】 使用 while 语句的闪灯程序

同样以小灯闪烁 20 次延时 3 秒为例，用 while 语句也可以实现。

程序 2-11：使用 while 语句的闪灯程序

```
int ledPin = 13;
int delayTime = 1000;                          //定义延时变量 delayTime 为 1s
int delayTime2 = 3000;                         //定义延时变量 delayTime2 为 2s
int count=0;                                   //定义计数器变量并初始化为 0

void setup()
{
    pinMode(ledPin,OUTPUT);
}

void loop()
{
    while(count<20)                        //当计数器数值小于 20 时，执行循环中的内容
    {
        digitalWrite(ledPin,HIGH);
        delay(delayTime);
        digitalWrite(ledPin,LOW);
        delay(delayTime);
```

```
        count++;                              //计数器数值自增 1
    }
}
```

2.10　Arduino 语法——函数

在编写程序的过程中，有时一个功能需要多次使用，反复写同一段代码既不方便又难以维护。开发语言提供的函数无法满足特定的需求，同时，一些功能写起来并不容易，为了方便开发和阅读维护，函数的重要性便不言而喻，使用函数可以使程序变得简单。

函数就像一个程序中的小程序，一个函数实现的功能可以是一个或多个功能，但是函数并不是实现的功能越多越强大。优秀的函数往往是功能单一的，调用起来非常方便。一个复杂的功能很多情况下是由多个函数共同完成的。

【示例 9】　使用闪灯函数的闪灯程序

继续以闪灯为例，LED 灯要闪烁 20 次，闪灯这个功能可以封装到一个函数里面，当多次需要闪灯的时候便可以直接调用这个闪灯函数了。

程序 2-12：使用闪灯函数的闪灯程序

```
int ledPin = 13;
int delayTime = 1000;                         //定义延时变量 delayTime 为 1s
int delayTime2 = 3000;                        //定义延时变量 delayTime2 为 2s

void setup()
{
    pinMode(ledPin,OUTPUT);
}

void loop()
{

    for(int count=0;count<20;count ++)        //调用 20 次闪烁函数
    {
        flash();
    }
    delay(delayTime2);                        //延时 3s
}

void flash()                                  //定义无参数的闪灯函数
{
    digitalWrite(ledPin,HIGH);
    delay(delayTime);
    digitalWrite(ledPin,LOW);
    delay(delayTime);
}
```

在该程序里，调用的 flash()函数实际上就是 LED 闪烁的代码，相当于程序运行到那里便跳入该 4 行闪灯代码中，其函数非常简单。在这个例子中，flash()函数是一个空类型的函数，即没有任何返回值。flash()函数也没有任何参数，有些函数需要接受参数才能执行特定的功能。

【示例 10】　改进使用闪灯函数的闪灯程序

所谓的函数参数，就是函数中需要传递值的变量、常量、表达式、函数等。接下来的例子会将闪灯函数改造一下，使其闪烁时间可以变化。

程序 2-13：改进使用闪灯函数的闪灯程序

```
int ledPin = 13;
int delayTime = 1000;                        //定义延时变量 delayTime 为 1s
int delayTime2 = 3000;                       //定义延时变量 delayTime2 为 2s

void setup()
{
      pinMode(ledPin,OUTPUT);
}

void loop()
{

      for(int count=0;count<20;count ++)
      {
            flash(delayTime);                //调用 20 次闪烁灯光的函数，延时为 3s
      }
      delay(delayTime2);                     //延时 3s
}

void flash(int delayTime3)                   //定义具有参数的闪灯函数
{
      digitalWrite(ledPin,HIGH);
      delay(delayTime3);
      digitalWrite(ledPin,LOW);
      delay(delayTime3);
}
```

在改进的闪灯例子中，flash()函数接受一个整型的参数 delayTime3，称为形参，全名为形式参数。形参是在定义函数名和函数体时使用的参数，目的是用来接收调用该函数时传递的参数，值一般不确定。形参变量只有在被调用时才分配内存单元，在调用结束时，即刻释放所分配的内存单元。因此，形参只在函数内部有效。函数调用结束返回主调用函数后则不能再使用该形参变量。

而 loop()函数中 flash 接受的参数 delayTime，称为实参，全名为实际参数。实参是传递给形参的值，具有确定的值。实参和形参在数量上，类型上、顺序上应严格一致，否则将会发生类型不匹配的错误。

如果是非空类型的函数，在构造函数时应注意函数的返回值应和函数的类型保持一致，在调用该函数时函数返回值应和变量的类型保持一致。程序 2-14 中是一个比较两个整数大小的函数

max，程序中给出了这个具有返回值的函数的定义和调用。

程序 2-14：具有返回值的函数 Max()

```
int Max(int a,int b)
{                                    //定义具有参数和返回值的求两个数最大值的函数{
    if(a>=b)
    {
        return a;                    //a>=b 时返回 a
    }
    else{
        return b;                    //a<b 时返回 b
    }
}

void setup() {
int x=Max(10,20);                    //调用 Max()函数
Serial.println(x);
}

void loop() {
  // put your main code here, to run repeatedly:
}
```

使用 Arduino 进行编程时，经常会遇到一些函数，这里对这些函数做一下简单的介绍：

- pinMode(接口名称,OUTPUT 或 INPUT),将指定的接口定义为输入或输出接口,用在 setup() 函数里。
- digitalWrite(接口名称，HIGH（高）或 LOW（低）)，将数字输入输出接口的数值置高或置低。
- digitalRead(接口名称)，读出数字接口的值，并将该值作为返回值。
- analogWrite(接口名称, 数值)，给一个模拟接口写入模拟值（PWM 脉冲）。
- analogRead(接口名称)，从指定的模拟接口读取数值，Arduino 对该模拟值进行数字转换，这个方法将输入的 0~5V 电压值转换为 0~1023 间的整数值，并将该整数值作为返回值。
- delay(时间)，延时一段时间，以毫秒为单位，如 1000 为 1 秒。
- Serial.begin(波特率)，设置串行每秒传输数据的速率（波特率）。在与计算机进行通讯时，可以使用下面这些值：300、1200、2400、4800、9600、14400、19200、28800、38400、57600 或 115200，一般 9600、57600 和 115200 比较常见。除此之外还可以使用其他需要的特定数值，如与 0 号或 1 号引脚通信就需要特殊的波特率。该函数用在 setup()函数里。
- Serial.read()，读取串行端口中持续输入的数据，并将读入的数据作为返回值。
- Serial.print(数据，数据的进制)，从串行端口输出数据。Serial.print(数据)默认为十进制，相当于 Serial.print(数据，十进制)。
- Serial.println(数据，数据的进制)，从串行端口输出数据，有所不同的是输出数据后跟随一个回车和一个换行符。但是该函数所输出的值与 Serial.print()一样。

有关 Arduino 标准库中其他自带的函数，在接下来的章节中还会继续进行讲解。

2.11 Arduino 语法——输入与输出

Arduino 独立能够完成的事情很少，很多情况下 Arduino 需要其他装置如传感器、网络扩展板、电机等协调进行工作。Arduino 开发板具有很多数字输入输出针脚和模拟输入输出针脚，这些针脚相当于 Arduino 与其他装置连接的桥梁，Arduino 驱动这些装置并且和它们沟通都是通过这些针脚进行的，Arduino 那么这些针脚是如何工作的呢，本节将会进行详细讲解。

2.11.1 数字的输入与输出

输入/输出设备读者应该不陌生，以个人计算机为例，键盘和鼠标是输入设备，显示器和音响设备是输出设备。

在微机控制系统中，单片机通过数字 I/O 口来处理数字信号，这种数字信号包括开关信号和脉冲信号。这种信号是以二进制的逻辑“1”和“0”或高电平和低电平的形式出现的。例如开关的闭合与断开，继电器的吸合与释放，指示灯的亮与灭，电机的启动与关闭以及脉冲信号的计数和定时等。

Arduino 常用的数字输入输出则是电压的变化，输入输出时电压小于 2.5V 时则视为 0，若为 2.5V 则为 1。有兴趣的读者可以通过下面的例子来测量输出的电压。

【示例 11】 测试数字的输入输出

准备工具：

万用表一部，导线两根，Arduino 开发板。

实验步骤：

Arduino 开发板上标有 0-13 的是数字输入输出引脚，因此将一根导线连接 7 号引脚，另一根连接 GND 引脚。为了便于区分和查错，连接 GND 引脚的导线应尽量用黑色。将万用表的功能指针拨向电压部分，量程调到 0-10V 或 0-20V，正极线（红色）接连接 7 号的导线，而负极线（黑色）接连接 GND 的导线。

在 Arduino IDE 中编写如下程序并上传。

程序 2-15：测试数字输入输出

```
int outPin =7;
int delayTime = 3000;                    //定义延时变量 delayTime 为 2s

void setup()
{
    pinMode(outPin,OUTPUT);
}

void loop()
{
    digitalWrite(outPin,HIGH);           //将 7 号引脚输出高电平
```

```
    delay(delayTime);
    digitalWrite(outPin,LOW);                    //将 7 号引脚输出低电平
    delay(delayTime);
}
```

在实验中可以看到，万用表上显示的电压在 0 和 5V 中反复循环变化，如图 2-22 和 2-23 所示。

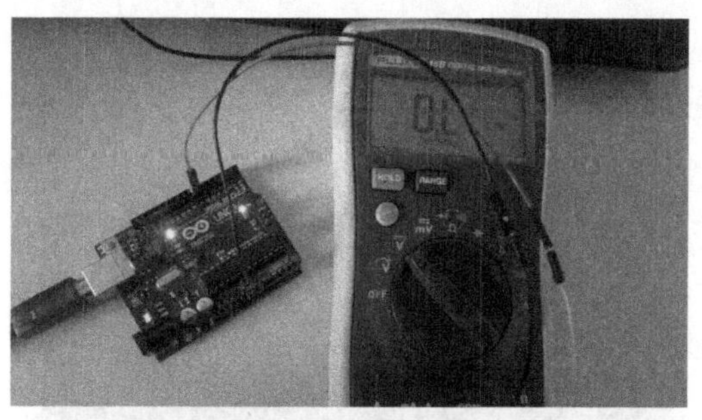

图 2-22　万用表显示电压为 0V

图 2-23　万用表显示为 5V

2.11.2　模拟输入输出

Arduino 开发板上数字输入输出引脚中的 3、5、6、9 和 11 都提供 0V 和 5V 之外的可变输出。在这些引脚的旁边，会标有 PWM——脉冲宽度调制，PWM 是英文“Pulse Width Modulation”的缩写，简称脉宽调制，是利用微处理器的数字输出来对模拟电路进行控制的一种有效技术，这种技术被广泛应用在从测量、通信到功率控制与变换的许多领域中。

数字输出与模拟输出最直观的区别就是数字输出是二值的，即只有 0 和 1，而模拟输出可以在 0~255 之间变化。就好比是一辆汽车，数字输出控制着汽车跑或者不跑，而模拟输出可以精确地控制汽车跑的速度。模拟输出用到的函数为 analogWrite(pin, value)，其中 pin 是输出的引脚号，value 为 0~255 之间的数值。通过这种函数，硬件 PWM 通过 0~255 之间的任意值来编程，其中 0 为关闭，255 为全功率，0~255 之间的任意一个值都会产生一个约 490Hz 的占空比可变的脉冲序列。Arduino 软件限制 PWM 通道为 8 位计数器。

【示例 12】　使用 PWM 控制小灯闪烁频率

为了更好地理解 PWM 是如何工作的以及 analogWrite()这个函数的用法，可以继续做下面这个小实验——使用 PWM 来控制小灯亮度。

准备工具：

1 支直插 LED 灯，直插 220 Ω 电阻 1 个，导线若干，Arduino 开发板。

实验步骤：

将小灯正极引脚连接到 3 号引脚，小灯的负极和电阻用导线串联到 GND 引脚上，如图 2-24 所示。

图 2-24　LED 灯与 Arduino 的连线

在 Arduino IDE 中编写如下代码。

程序 2-16：使用 PWM 控制小灯闪烁频率

```
int pwm =0;                              //声明 pwm 变量
int PinMode=3;

void setup()
{
  Serial.begin(9600);
}

void loop()
{
      analogWrite(PinMode,pwm);          //设置 PWM 占空比
      delay(100);
      pwm++;                             //增加输出的 PWM 占空比
}
```

实验中可以看到小灯逐渐变暗。

提　示

在程序 2-16 中，analogWrite()函数不需要在 setup 中设置输出引脚的方向。

除了 PWM，在 Arduino 开发板上，有一排标着 A0-A5 的引脚，这些引脚不仅具有数字输入输出的功能，还具有模拟信号输入的功能。Arduino 中的片内 ADC 设备通过逐次逼近法测量输入电压的大小得到输入电压，模拟输入可以给 Arduino 输入 0~1023 的任意值。

2.12 本章小结

本章需要掌握的知识有：

- Arduino IDE 的安装及使用方法。
- Arduino 程序架构必须有两个函数 setup()和 loop()，项目程序尽量使用增量式开发。
- 学会使用 Arduino 语言，学会查询和使用 Arduino 内建函数。
- 一些优秀的第三方软件如 ArduBlock、Virtual breadboard，可以帮助更快速安全的开发 Arduino 项目。

第 3 章　进入硬件的世界

在进行电子产品设计之前，掌握常见的电子技术基础知识是非常有必要的。了解每一个工具的用途、常用的电子元器件、绘制电路图，这是电子设计必须掌握的技能。本章将从单片机介绍讲起，并适当深入讲解内外围设备和内核的一些知识。之后介绍电路图相关的知识和各种常用的元器件，各种工具、串口及电源知识。通过本章的学习，读者能够掌握很多有用的知识和经验，对以后制作电子产品及开发项目十分有益。

本章知识点：

- 单片机的相关知识
- AVR 单片机及 ATmega 芯片深入讲解
- 电子技术基础知识

3.1　单片机简介

本节主要介绍 Arduino 的处理器，也就是被称为“大脑”的单片机，单片机全称为单片微型计算机（Single-Chip Microcomputer），又被称为微控制器。它不是完成某一个逻辑功能的芯片，而是把中央处理器、存储器、定时/计数器、输入输出装置等集成在一块集成电路芯片上的微型计算机。

单片机于 1971 年诞生，早期的单片机都是 8 位或 4 位的。其中最著名的是 Intel 公司研制生产的 8051，此后在 8051 的基础上发展出了 MCS51 系列和 MCU 系统。基于这一系统的单片机系统得到了广泛的使用。随着电子科技的发展和工业控制领域要求的提高，后来出现了 16 位单片机，但是因为价格太高并没有得到广泛应用。90 年代之后才是单片机盛行的时代，随着 INTEL i960 系列特别是后来的 ARM 系列的广泛应用，32 位单片机迅速取代了 16 位单片机的高端地位，开始占领主流市场。

目前研发和生产单片机著名的公司有美国的英特尔（Intel）、美国国家半导体公司（NS）、美国德克萨斯仪器仪表公司（TI）、美国 Atmel、日本松下（National）、日本电气公司（NEC）等。表 3-1 介绍了世界上著名的几家 8 位单片机生产厂家和部分主要机型。

表 3-1　世界上较著名的部分 8 位单片机生产厂家及其部分主要机型

公司名称	所在地	主要机型
Intel （英特尔公司）	美国	MCS-51/96 及其增强型列
RCA（美国无线电）公司	美国	CDP1800 系列

（续表）

公司名称	所在地	主要机型
TI（美国得克萨斯仪器仪表）公司	美国	TMS700 系列
Cypress（美国 Cypress 半导体）公司	美国	CYXX 系列
Rockwell（美国洛克威尔）公司	美国	6500 系列
Motorola（美国摩托罗拉）公司	美国	6805 系列
Fairchild（美国仙童）公司	美国	FS 系列及 3870 系列
Zilog（美国齐洛格）公司	美国	Z8 系列及 SUPER8 系列
Atmel（美国 Atmel）公司	美国	AT89 系列
National（日本松下）公司	日本	MN6800 系列
NEC（日本电气）公司	日本	UCOM87（UPD7800）系列
Philips（荷兰菲利浦）公司	荷兰	P89C51XX 系列

根据冯诺依曼计算机体系结构，历史上公认的计算机经典结构是由运算器、控制器、存储器和输入设备、输出设备组成，而单片机将 CPU（中央处理单元）、存储器、I/O 接口电路集成到一块芯片上，作为一个非常微型的计算机，单片机主要构成部分如图 3-1 所示。

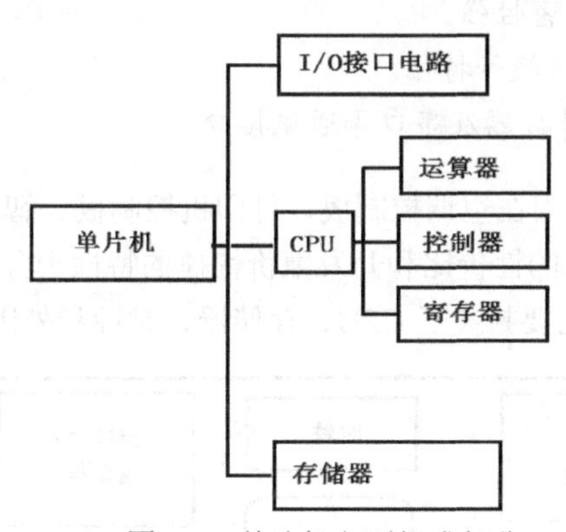

图 3-1　单片机主要组成部分

现在，单片机的使用领域已经十分广泛，如智能仪表、实时工业控制、通讯设备、医用设备、航空航天、导航系统、家用电器等。各种电子产品一旦用上单片机，常在产品名称前冠以形容词——“智能型”，这也说明单片机对电子产品起到了升级换代的作用。同时，单片机加强了产品加密的可靠性。

单片机自被研制产生以来得到了快速的发展，90 年代至今，单片机的发展可以说又进入了一个新的阶段，其正向着高性能和多品种方向发展，发展趋势将是进一步向着低功耗、小体积、大容量、高性能、低价格等几个方面发展。

3.2　Atmel AVR 单片机

Atmel 公司有基于 8051 内核、AVR 内核和 ARM 内核的三大系列微处理器，其单片机产品中，使用了先进的 EEPROM 和 Flash ROM 快速存储技术，在结构、性能和价格功能等方面具有很大优势。可以说，Atmel 公司对 Arduino 的出现起了很大的作用，Atmel 提供了 Arduino 开发板使用的核心处理器，而且其单片机的优点也被 Arduino 很好的继承并且扩展开来。本节将对 AVR 单片机做一个详细的介绍。

3.2.1 Arduino 与 AVR

Arduino 开发板上的单片机使用的是 Atmel 公司生产的 AVR 单片机。AVR 单片机是 1997 年被 Atmel 研发出来的、增强型内置 Flash 的 RISC（Reduced Instruction Set Cpu）精简指令集高速 8 位单片机。相比较早出现的 51 单片机系列，AVR 系列的单片机片内资源更加丰富，拥有更多更强大的接口，同时具有廉价的优势，在很多场合可以代替 51 单片机。Arduino 使用的单片机型号是 ATmega328、ATMega2560，都属于 Atmel 的 8 位 AVR 系列的 ATmega 分支。

Atmel 公司生产的 AVR 单片机是使用 RISC 结构的 8 位单片机，采用了单级流水线、快速单周期指令系统等先进技术，具有 1MIPS/MHZ 的高速运行处理能力。

Atmel 公司生产的 AVR 单片机还具有如下特点：

- 简单易学，成本廉价。
- 高处理速度，低功耗，保密性强。
- I/O 口功能多，具有 AD 转换等特性。
- 具有功能强大的定时器/计数器及串口等通讯接口。

目前，AVR 单片机被广泛应用在空调控制板、打印机控制板、智能手表、智能手电筒、LED 控制屏、医疗设备等方面，其较高的性价比和开发廉价快捷的特性十分受欢迎。Arduino UNO 开发板上的 AVR 单片机 ATmega328 主要封装了 CPU、存储器、时钟和外围设备等，如图 3-2 所示。

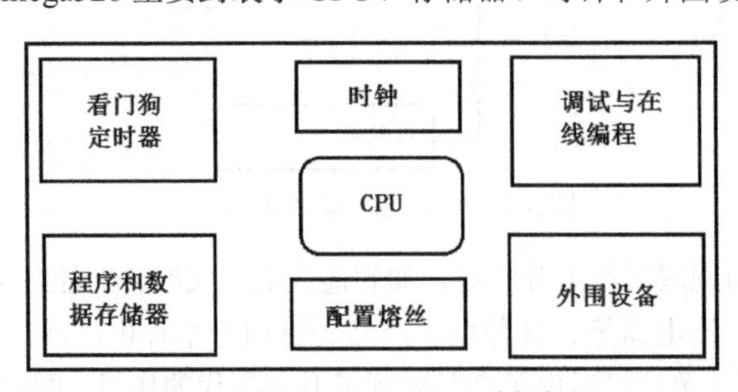

图 3-2　AVR ATmega328 功能部分

看门狗定时器（Watch Dog Timer，WDT）是单片机的一个组成部分，实际上这是一个计数器，工作时给看门狗一个大数，程序开始运行后看门狗开始倒计数。如果程序运行正常，过一段时间 CPU 应发出指令让看门狗复位，重新开始倒计数。如果看门狗减数减到 0，就认为程序没有正常工作，强制整个系统复位。

AVR 配置熔丝并不是像熔丝一样只能使用一次，相比其他厂家的芯片，AVR 配置熔丝可以反复擦写，即可以进行多次编程。一般配置熔丝是由外部芯片编程器进行读写的，配置熔丝控制了单片机的一些运行特性。ATmega328 和 ATmege2560 都有 3 个熔丝字节：1 个高字节，1 个低字节，1 个扩展字节。每个字节均有 8 个独立的熔丝配置。熔丝位状态包括 Unprogrammed（禁止）表示 1：未编程和

Programmed（允许）表示 0：编程。在没有把握的情况下不要轻易设置熔丝位，以免芯片报废。

时钟系统由一个片内振荡器组成，其时钟频率由外部的晶体或振荡器决定的。因为石英等材料受力产生电性的压电效应，石英或陶瓷被用作产生系统振荡脉冲的谐振元件。这个谐振元件就是 Arduino 片内时钟系统的频率来源，同时，在片内也有两个电阻电容振荡器，频率分别是 8.0MHz 和 128KHz，这两个振荡器也可以提供时钟的频率。

ATmega328 处理器可工作的电压范围很大，从 1.8V 到 5.5V 都可以工作。因此很适合用电池供电。AVR 单片机的片内其他部件，将会在下一节进行详细介绍。

3.2.2 芯片封装

自从微处理芯片诞生以来，各种各样的微处理器得到了快速的发展。处理器在电路复杂的同时需要同其他设备一起工作，为了便于芯片的焊接、插放固定在电路板上，同时为了保护芯片，芯片封装技术便发展起来。芯片封装是指安装在半导体集成电路芯片的外壳，其不仅起着安放、固定、密封、保护芯片和增强导热性能的作用，而且还是沟通芯片内部电路同外部电路的桥梁。芯片上的接点通过导线连接到封装外壳的引脚上，这些引脚又通过印刷电路板（PCB）上的导线与其他器件建立连接。

ATmega328 芯片一般采用的封装形式是塑料双列直插（PDIP），完整产品型号的最后两个字母表示封装类型和温度范围。这种封装方式芯片插在插座里，可以小心的拔下来再次插入，但是多次插拔后可能会造成引脚损坏。另外，安装芯片时应注意芯片的引脚标记，以免插错。

ATmega328 还有其他的封装形式，包括 4mm×4mm 的塑料 VQFN（Very thin Quad Flat No lead package）和 4mm×4mm 的 UFBGA（Ultra thin Finc-pitch Ball Grid Array package）。这些微型的封装一般都用在类似移动设备的有特殊要求的产品上。此外，Arduino 团队还发布了允许安装两种 SMD（Surface-Mount Device）封装尺寸的 PCB 设计——Arduino Uno SMD。

3.2.3 管脚定义及指令系统

芯片的管脚是连通外界设备的通道，而不同的管脚执行的功能又各不相同。有的管脚功能单一，如电源 Vcc 和接地 GND 管脚，只有连接电源的功能。而很多管脚都具有两个及两个以上的功能，如 I/O 引脚 PB0，既是数字引脚，支持数字输入输出，又是系统时钟分频输出和定时器/计数器的输入，还可以是引脚变化的中断 0。这些功能是由芯片的配置熔丝和软件设置共同决定的。读者可以查阅相关资料详细了解引脚复用功能。

ATmega 系统需要 1.8V~5.5V 的直流电源。不同的系统类型支持的电压和时钟频率是不同的，ATmega2560 技术手册中只标了一个时钟频率和电压范围，而 ATmega328 支持三种电压和时钟频率，如表 3-2 所示。

表 3-2 ATmega328 电源电压和其对应的时钟频率

最高时钟频率（MHz）	最小供电电压（V）
4	1.8
10	2.7
20	4.5

ATmega 系列的芯片内部都设有两个独立的电源系统：一个是数字电源，用来给芯片的 CPU 内核、内存和数字型外围设备供电，用 Vcc 标识；另一个是模拟电源，用来给模拟比较器和部分模拟电路供电的，用 AVcc 标识。

Atmel 公司推出的 8051 单片机采用了复杂指令系统 CISC（Complex Instruction Set Computer）体系，由于 CISC 结构存在的指令系统不等长，指令种类和个数多，CPU 利用率低，执行速度慢等缺点，逐渐不能满足更高级的嵌入式系统的开发需要。因此 Atmel 公司推出了使用 RISC（Reduced Instruction Set Computer）结构的 AVR 单片机。这种架构采用了通用快速寄存器组的机构，大量使用寄存器，简化了 CPU 中的处理器和控制器等其他功能单元的设计，通过简化 CPU 的指令功能，减少指令的平均执行时间。CPU 在执行一条指令的同时读取下一条指令，这个概念实现了指令的单周期运行，可以有效提高 CPU 运行速度，其使用流水线（Pipelining）操作和等长指令体系可以再一个时钟周期中完成一条或多条指令。在相同情况下，RISC 系统的运行速度是 CISC 系统的 2~4 倍。

3.2.4 AVR 内核

ATmega328 是 ATmega32 系列的一种，ATmega32 是基于增强的 AVR RISC 结构的低功耗 8 位 CMOS 微控制器。其内核选型如表 3-3 所示。

表 3-3 ATmega32 的内核选型

参数	ATmega32
Flash	32
EEROM	1K
快速寄存器	32
SRAM（B）	1K
I/O Pins	32
中断数目	19
外部中断口	3
SPI	1
SUART	1
TWI	Y
硬件乘法器	Y
8 位定时器	2
16 位定时器	1
PWM 通道	4
实时时钟 RTC	Y
10 位 A/D 通道	8
模拟比较器	Y
掉电检测 BOD	Y

（续表）

参数	ATmega32
看门狗	Y
片内系统时钟	Y
JTAG 接口	Y
在线编程 ISP	Y
自编程 SPM	Y
VCC（H）	2.7
VCC（L）	5.5
系统时钟（MHz）	0-16
封装形式	PDIP40,MLF44,TQFP44

AVR 结构主要部分是 AVR 内核，其中包括算术逻辑单元 ALU、一个 32×8bit 的寄存器组、一个状态寄存器和程序计数器 PC、一个指令译码器与内置内存系列，以及片内外围设备的接口。这些部分主要的任务是保证程序的正确运行。AVR 结构的方框图如图 3-3 所示。

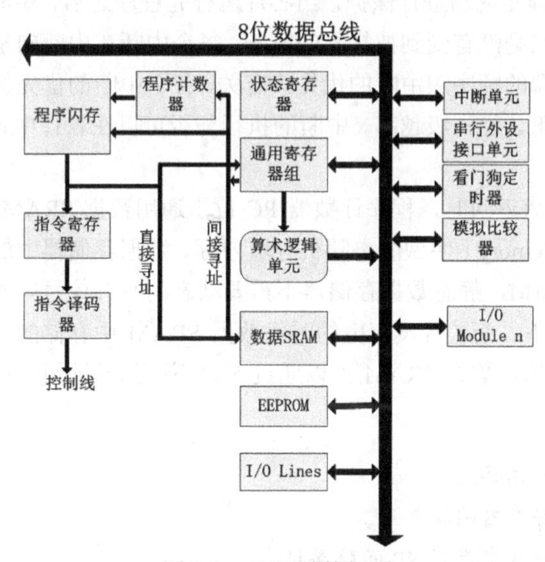

图 3-3　AVR 结构框图

AVR 存储器采用了哈佛结构，具有独立的数据和程序总线。程序存储器是可以在线编程的 Flash，其中的指令通过一级流水线运行。在芯片重新启动后，程序计数器 PC 的值被置零，之后程序存储器根据 0 地址取指到 CPU 中，一般这条指令为跳转指令，跳转到初始化程序中去，然后进一步运行程序。

通用寄存器组包括 32 个 8 位通用工作寄存器，其访问时间为一个时钟周期。寄存器中有 6 个寄存器还可以用作 3 个 16 位的间接寻址寄存器指针以寻址数据空间，从而实现高效的地址运算，其中一个指针还可以作为程序存储器查询表的地址指针。

状态寄存器（SREG）中包括全局中断允许（I）和运算逻辑单元的运算结果处理位 C（进位）、

Z（零位）、N（负数）、V（溢出）及符号位（S）等。这个 8 位状态寄存器的标志位如表 3-4 所示。

表 3-4　状态寄存器标志位

位	标志符号	描述
0	C	进位
1	Z	零位
2	N	负数
3	V	溢出
4	S	符号位
5	H	半进位
6	T	测试位
7	I	全局中断允许

中断单元负责的任务为在 CPU 运行一段程序以后，如果要执行其他任务，中断单元使芯片停止当前运行的程序，并对程序现场进行保护，当芯片运行完程序之后，中断单元恢复现场，让芯片继续之前的工作，该任务丝毫没有受到被打断的影响。每个中断在中断向量表里都有独立的中断向量。中断服务程序运行终端的顺序跟中断的优先级有关，各个中断的优先级与其在中断向量表的位置有关，中断向量地址越低，优先级越高。中断的执行与否可以在软件中设置，在第 4 章会介绍如何运行中断。

中断和调用子程序结束返回时，程序计数器 PC 位于通用数据 SRAM 的堆栈中。数据 SRAM（Static Random-Access Memory）叫做静态随机存取内存。数据存储器中的所有内存单元都可以通过地址访问，相对动态 RAM，静态数据存储器不需要动态的时钟信号来刷新数据，但是保存数据也只能在芯片带电的情况下，而芯片没有电的时候数据 SRAM 中存储的数据如同没有了牧羊犬的羊群，存储情况是不确定的。数据 SRAM 可以通过 5 种不同的寻址模式进行访问。常见的寻址方式有：

- 数据存储器空间直接寻址。
- 数据存储器空间寄存器间接寻址。
- 数据存储器空间堆栈寄存器 SP 间接寻址。

程序存储器要执行的二进制语言指令存储在程序存储器中。因为程序存储器可擦写的次数有限制，因此不适合用来存储数据。正因如此，AVR 采用的哈佛结构将 SRAM、寄存器组和外设 I/O 寄存器数据存储在数据地址空间中，大大提高了 CPU 的运行效率。程序存储器空间分为两个区：引导程序区（Boot）和应用程序区。这两个区都有专门的锁定位进行读和读/写保护。而用于写应用程序区的 SPM 指令必须位于引导程序区。

ATmega328 中有 1KB 的 EEPROM（Electrically Erasable,Programmable Read-Only Memory）——电可擦写只读存储器。EEROM 和程序存储器相似，可以进行擦写，但是 EEROM 可擦写的次数要比程序存储器多得多，因此比较适合保存用户的配置数据或者其他易修改的数据。

3.2.5 片内外围设备介绍

AVR 单片机与外界芯片通信是通过其丰富的 I/O 接口进行的，AVR 主要的片内外围设备包括通用 I/O 口、外部中断、定时/计数器、USRAT（Universal Synchronous/Asynchronous Receiever/Transmitter）和 TWI 模拟输入等。

1. 通用输入输出

输入输出端口作为通用数字 I/O 使用时，所有 AVR I/O 端口都具有读、修改和写功能。每个端口都有 3 个 I/O 存储器地址：数据寄存器、数据方向寄存器和端口输入引脚。每个端口的数据方向寄存器对应每个引脚有一个可编程的位。在复位的情况下该引脚为输入，如果将对应的位置为 1 则为输出。数据寄存器和数据方向寄存器为读/写寄存器，而端口输入引脚为只读寄存器。

关于如何配置引脚，可以参考 ATmega32 的技术手册，在 I/O 端口小节会有详细的讲解。

2. 外部中断

ATmega328 的 INT0 和 INT1 引脚、ATmega2560 的 INT0-7 引脚是其外部中断引脚。在 ArduinoUNO 开发板上则为 D2、D3 引脚。INT 引脚不仅拥有独立的中断向量，还可以配置为低电平触发、上升沿触发、下降沿触发、上升沿或下降沿触发的触发方式。而引脚变化中断方式则只有在电平变化时才触发，且不能给出 3 个端口中的哪个引脚触发了中断。

Arduino 语言中的中断函数是 attachInterrupt()和 detachInterrupt()。这两个函数可以将一个函数连接到 AVR 内核中的可用的外部中断中。每个中断源都可以进行独立的禁止或者触发，熟练的使用中断将会使程序运行不再单一化。

3. 定时器/计数器

ATmega328 有 3 个定时器/计数器，计数器能记录的外界发生的事件，具有计数的功能，定时器是由单片机时钟源提供一个非常稳定的计数源，通常两者是可以互相转换的。

其中一个定时器/计数器 T/C0 是一个通用的单通道 8 位定时器/计数器模块。根据触发的条件不同，其可以在计时器和计数器中转换。主要特点如下：

- 单通道计数器。
- 比较匹配发生时清除定时器（自动加载）。
- 无干扰脉冲，相位正确的 PWM。
- 频率发生器。
- 外部事件计数器。
- 10 位的时钟预分频器。
- 溢出和比较匹配中断源（TOV0 和 OCF0）。

这种定时器/计数器还有一个常用的功能是产生 PWM 信号，可以控制两个不同的 PWM 输出。在 Arduino UNO 中是 D5 和 D6 两个引脚。它和另一个定时器/计数器相似，都是 8 位的计数器，都有两个 PWM 通道，第二种定时器/计数器的两个通道对应的是 Arduino UNO 的 D9 和 D10 引脚。

其他的两个定时器/计数器都具有不同的特点，如有兴趣可以自行查找资料学习和研究。

4. USRAT

USRAT（Universal Synchronous/Asynchronous Receiever/Transmitter）称为通用同步/异步接收/转发器，既可以同步进行接收/转发，也支持异步接收/转发。其主要特点如表 3-5 所示。

表 3-5　USRAT 的特点

全双工操作（独立的串行接收和转发寄存器）
支持异步或同步操作
主机或从机提供时钟的同步操作
支持 5，6，7，8 或 9 个数据位和 1 个或 2 个停止位
高精度的波特率发生器
硬件支持的奇偶校验操作
帧错误检测机制
噪声滤波，包括错误的起始位检测，以及数字低通滤波器
3 个独立的中断：发送结束中断，发送数据寄存器空中断，以及接收结束中断
多处理器通讯模式
倍速异步通讯模式

USART 分为三个主要部分：时钟发生器、发送器和接收器。时钟发生器包含同步逻辑，通过它将波特率发生器及为从其同步操作所使用的外部输入时钟进行同步。USART 支持 4 种模式的时钟：正常的异步模式、倍速的异步模式、主机同步模式和从机同步模式。发送器包括一个写缓冲器、一个串行移位寄存器、一个奇偶发生器、处理不同的帧格式所需的控制逻辑单元。接收器具有时钟和数据恢复单元，它是 USART 模块中最复杂的。接收器支持与发送器相同的帧格式，而且可以检测帧错误，数据过速和奇偶校验错误。

5. 两线串行接口（TWI）

TWI 即 I²C，又叫做 Inter-IC（Inter-Integrated Circuit bus），IC 间总线。在第 4 章将会用到的支持 I²C 通信的单总线 Wire 库 ，其中的 DS18B60 就是支持 I²C 的温度传感器。不止如此，很多厂家制造的设备都支持 I² C 通信，如内存芯片、加速度计、时钟等。

6. 模拟输入

ATmega328 和 ATmega2560 都有模拟输入的端口，不同的是 ATmega328 有 6 个模拟输入的端口，而 ATmega2560 则有 16 个端口。

在 Arduino 上，模拟输入的端口为标着 A0-A5 的 5 个输入输出口，而 ATmega2560 则为 A0-A16。这些模拟输入的电压范围在 0V~5V 之间，工作时将输入的电压转化为 0~1023 的对应值。在 Arduino 语言中有专门的函数来读取这个模拟输入的信号。这个函数为 analogRead(int n)，该函数的参数为输入的引脚，返回一个 0~1023 的数值。

3.3 电子技术基础学习

了解单片机的相关知识后，设计电路和使用常见的电子工具是十分重要的技能，这些技能是迅速开发出电子产品的必要条件，可以帮助开发人员更迅速、完善地开发项目。

3.3.1 电路图

关于电路图的定义，维基百科上是这么描述的：

电路图／原理图（英文：circuit diagram、electrical diagram、elementary diagram、electronic schematic），是一种简化的电路图形表示。电路图使用简单的图示组成电路，电路符号彼此连接，这两种类型的显示设备之间的连接，包括电源和讯号的连接。电路图里各电子元件的位置，并未反应在完成的实体电路上它们的位置。

电路图在生活中很常见，购买一个电器后，通常在说明书中会附上相应的电路原理图供技术人员检修时查阅。会阅读和绘制电路图非常重要，良好的电路图可以使复杂的线路一目了然，容易阅读和改进。开发人员有时会用一些工具搭建一些电路，利用绘制好的电路图进行仿真实验，既安全又省时省力。设计好电路图之后，可以按照电路图中的设计进行电路搭建，确保搭建好的电路能够运行和测试。

经常遇到的电子电路图有原理图、方框图、装配图和印板图等。电路图基本上是由元件符号、连线、结点、注释四大部分组成。元件符号表示实际电路中的元件，它的形状与实际的元件不一定相似，甚至完全不一样。但一般都表示出了元件的特点，各种参数是一致的，引脚的数目和实际元件也保持一致。连线表示的是实际电路中的导线，在实际电路中，除了用导线的方式连接的，还有可能使用其他的方式连接。节点表示两条或者多条导线的连通关系，如果相交连通则用节点符号表示。电路图的文字或其他标注都可以看做是注释，注释的作用非常重要的，就如同编写的程序一样，所用变量代表的意义，如果不通过注释则非常晦涩难懂。电路图也是一样，有时一些连接方法和符号难以理解其中的意义，通过阅读注释可以迅速了解电路图描述的连接方法。

图3-4为点亮一个LED小灯的电路图示例。

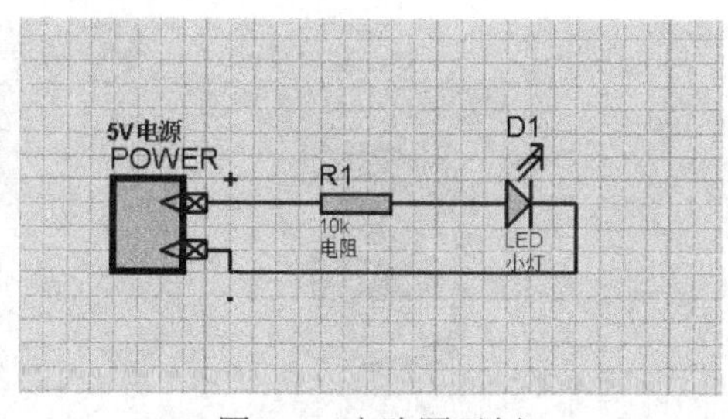

图3-4 电路图示例

3.3.2 电子元件

常用的电子元件种类很多，在与Arduino打交道的过程中常会遇到这些元件，别看元件的个头不大，作用却不可替代，一个完整的电路必然会出现一些电子元件，下面就来介绍这些电子元件。

1．电阻器

电阻器简称电阻，是一种常见的控制电压电流的电子元件，其表面的色环表示其阻值，5 色环精度较 4 色环高。电阻器的单位为 Ω，称作欧姆，1MΩ=1000kΩ=1000000Ω。电阻器一般如图 3-5 所示。

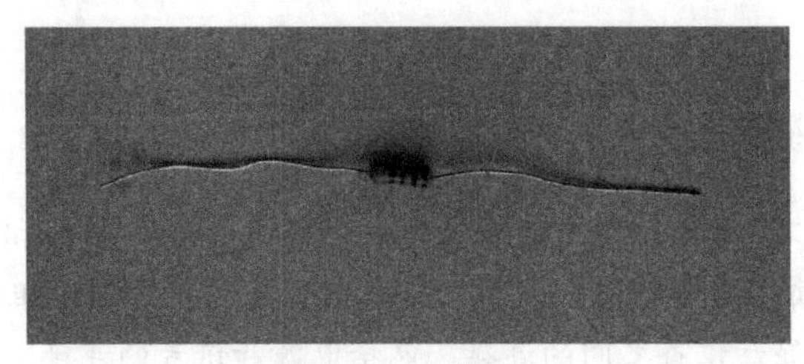

图 3-5　电阻器

2．发光二极管

发光二极管（LED）作为常见的指示元件，短引脚为负极，长引脚为正极，一般工作电压为 1.8V~4.5V，电流为几十 mA~几百 mA。图 3-6 为一个发光二极管。

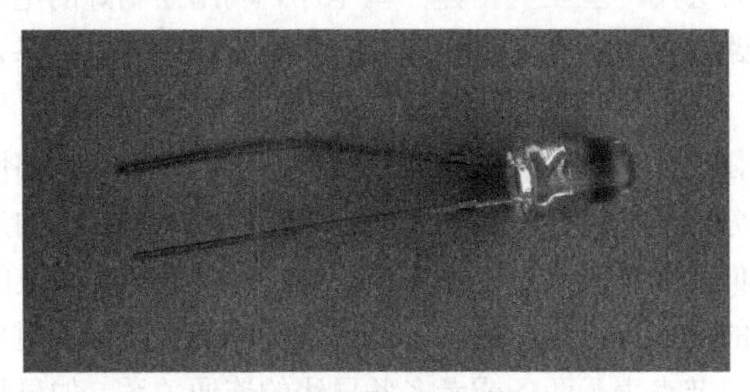

图 3-6　发光二极管

3．开关

即机械开关，常用的有拨动开关、微动开关、按钮开关、DIP 开关等，它主要用来实现电气上的连接与断开，如图 3-7 所示。

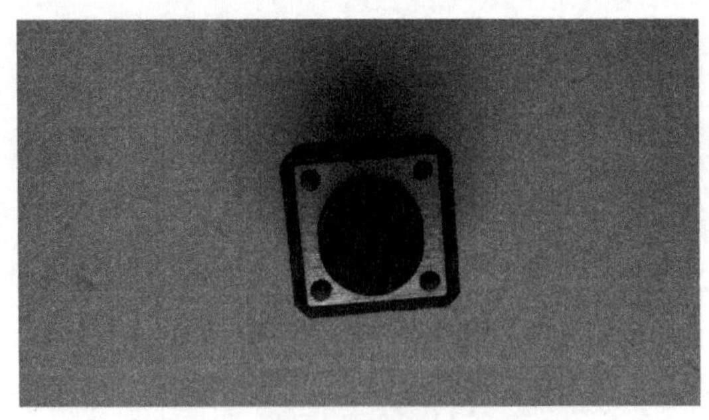

图 3-7　按钮开关

4．电容器

电容器简称电容，是一种储能元件，能实现滤波、耦合等功能。其换算单位是 1F = 1E6μF =

1E9nF = 1E12pF。常见的电容有独石电容和电解电容，独石电容没有正负极，上面标写的数值代表其容量，如 104=1E4pF=0.1μF。电解电容带有正负极，长脚为正短脚为负，负极一侧有一条白色的指示带作为标示，电容上印有额定电压和容量。电容器如图 3-8 所示。

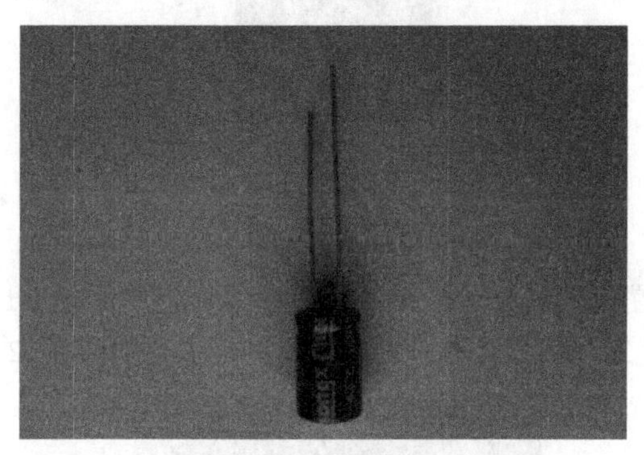

图 3-8　电容器

5．晶体振荡器

石英晶体振荡器简称晶振，是以机械的方式产生系统时钟信号的，常见的晶振分为有源晶振和无源晶振。图 3-9 为插在一块面板上的晶振。

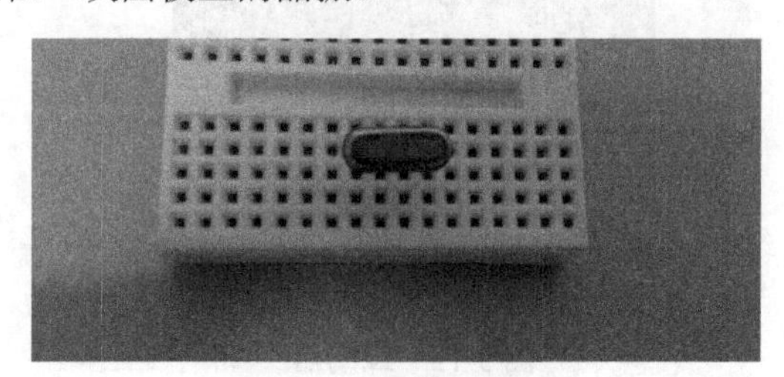

图 3-9　晶体振荡器

6．七段数码管

七段数码管是有七个发光二极管组成的电子元件，可以独立的发光和熄灭，从而可以显示 0~9 数字。七段数码管又分为共阴极和共阳极两种类型，电源与所有的发光二极管的正极相连为共阳极，反之为共阴极。七段数码管如图 3-10 所示。

图 3-10　七段数码管

7．米字数码管

米字数码管是七段数码管的加强版，包含 16 个发管二极管，可以显示 0~9 数字以及一些英文字母。图 3-11 为米字数码管。

图 3-11　米字数码管

8．蜂鸣器

蜂鸣器是一种报警装置，能实现电声转换，只要两个引脚接上电压，即可发出声音，一般的工作电流为 35mA，电压有 3、6、12V 等几种。常见的蜂鸣器如图 3-12 所示。

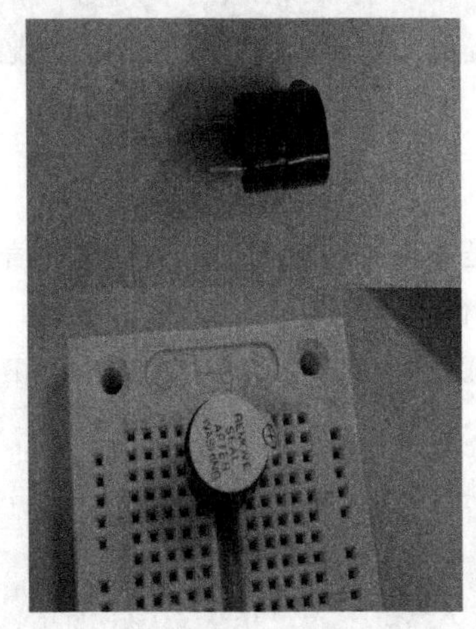

图 3-12　蜂鸣器

9．三极管

三极管是一个很基础的电子元件，用来实现小电流控制大电流的功能，3 个引脚，分别为基极、集电极、发射极，分别用 B、C、E 来表示。常见的三极管有 PNP 和 NPN 两种类型。图 3-13 为一个常见的三极管。

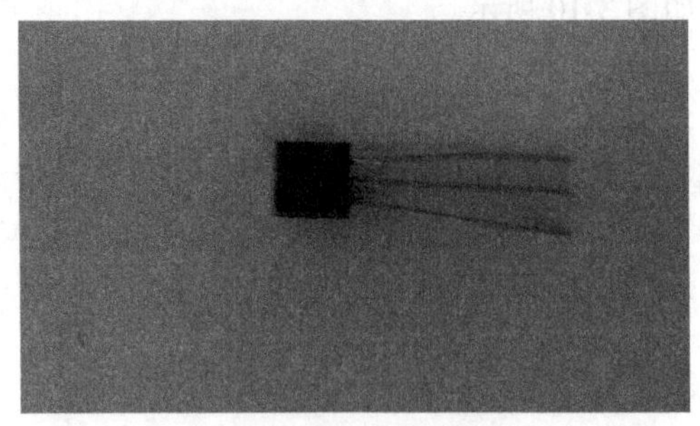

图 3-13　三极管

10．三态缓冲器 74125

74125 是一种高速三态缓冲器，驱动能力强、低功耗，芯片内部有 4 个独立的缓冲器。

11. 二极管

二极管利用其内部的PN结的单向导通性而成，二极管一端的白色环代表负极，具有良好的高频特性。二极管如图3-14所示。

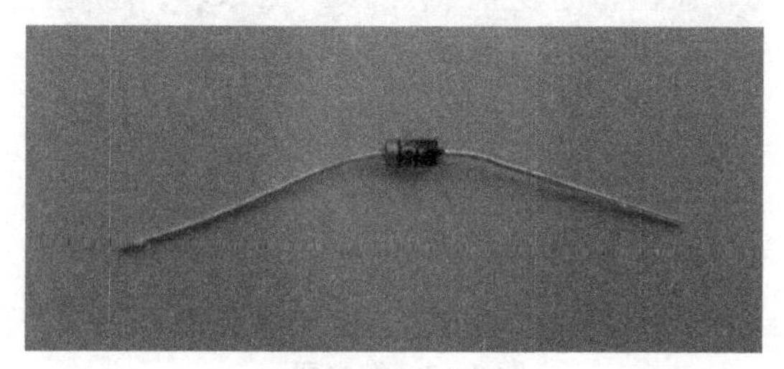

图3-14 二极管

12. 光电耦合器

光电耦合器可以实现电-光-电的转换，从而起到良好的隔离作用，内部的发光元件通常为发光二极管。常用的光电耦合器如图3-15所示。

图3-15 光电耦合器

13. 电位器

电位器可以实现通过旋转旋钮调节电阻的功能，内部实现上可以等价成为一种滑动变阻器。它有3个引脚A、B、P，如图3-16所示。

图3-16 电位器

14. 继电器

继电器是一种电控器件，实际上是一种能够用小电流控制大电流的“自动开关”，在电路中起着自动调节、安全保护、转换电路等作用。通常用于自动化的控制电路中。图 3-17 为一个六脚继电器。

图 3-17 继电器

3.3.3 基本工具介绍

在动手过程中，很多材料都配有特定的工具去剪裁和操作，有些电路也需要测量电压电流电阻等数值。配备合适的电子工具在开发过程中是十分必要的，这些电子工具就如同原始人手中的长矛一样，会发挥非常重要的作用，本小节将会介绍一些常用的电子工具。

1. 万用表

万用表是非常常用的测量仪表，如图 3-18 所示。

图 3-18 万用表

万用表又被称为复用表、多用表、三用表等，是电力电子等方面不可或缺的测量仪表，一般可以测量电压、电流和电阻。有的万用表还可以测量电容等数值。

万用表可以看做是由表头、测量电路、转换开关和表笔构成的。

表头的灵敏度决定了万用表的性能，是由一个高灵敏度的磁电式直流电流表构成。表头指针满偏的电流值越小，表示其越灵敏。表头的表盘上印有多个符号，常见的有 A、V 和 Ω，分别代表该万用表可以测量电流、电压和电阻。符号“-”和“DC”表示测量直流电流，符号“～”和“AC”表示测量的是交流电流。此外，表头上还设有机械调零按钮，用来调整校正表头的指针处于零刻线。

测量电路的作用是将各种被测量的量转换成适合表头测量的电流，它由电池、电阻和一些半导体元件构成。

转换开关用来选择不同的测量类型，一般可以选择不同的测量档位和测量量程。表盘上的刻度值代表了测量该段的量程，即测量的最大值不超过该刻度值。

通常万用表是不需要进行机械调零的，如果有必要可以自行进行机械调零。使用万用表首先要熟悉万用表的刻度盘上的各个符号代表的测量类型和量程，将转换开关调整到该档位和该量程上，测量电压时，量程可以大于被测量数值，但是不能小于被测数值，否则会有烧坏万用表的危险。如果不清楚电压的范围，可以从最大量程的电压开始测起，逐渐缩小量程。测量电压和电流时，红色表笔（+）要接在高电位上，黑色表笔（-）接在低电位上。测量电阻时，将转换开关拨到电阻的电路上，将两个表笔接在电阻的两端即可。读数时模拟万用表测量的值=刻度值×量程，数字电压表能够直接显示出来数值，现在已经成为主流万用表。

2．电烙铁、焊锡和松香

电烙铁、焊锡和松香是电子制作和电器维修时的必备工具，主要用来焊接元件及导线等，如图 3-19 所示。

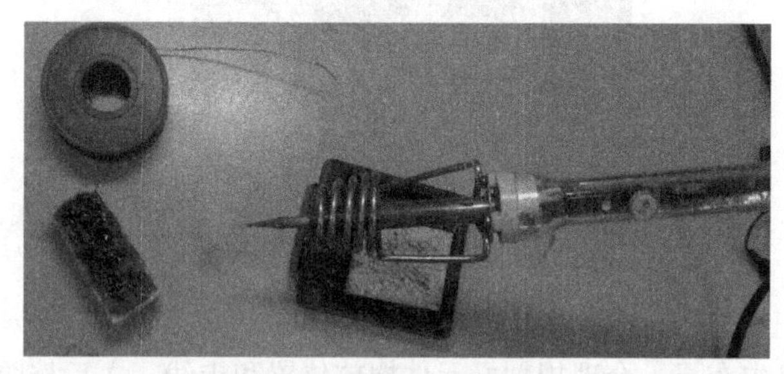

图 3-19　电烙铁、焊锡和松香

更换或者焊接电路板上的元件时需要使用电烙铁，使用时应选择好合适的焊锡，为了避免虚焊、短路甚至焊坏电路板等情况，需要选择合适的电烙铁，如恒温调温防静电电烙铁等。松香是焊接时常用的助焊剂，锡和其他金属在高温下都会发生氧化，氧化之后的锡是很难流动，也很难与金属焊接在一起，松香等助焊剂将锡表面与空气接触部分的被氧化的锡还原成金属锡，以增强它的流动性和附着力。

使用时，电烙铁通电烧热之后，将烙铁头沾上松香之后接触焊锡，使烙铁头均匀镀上一层焊锡，这样可以便于焊接和防止烙铁头表面氧化。如果烙铁头已经氧化，需要用硬物或者砂纸打磨至重新露出金属光泽才能使用。焊接前需要将即将焊接的元件引脚和焊盘用细砂纸打磨干净，涂上助焊剂，之后用烙铁头沾取适量焊锡，轻轻接触焊点，等到焊点上的焊锡全部熔化并浸没元件引线头后，烙铁头沿着元器件的引脚轻轻往上一提离开焊点。烙铁不用时要将其放在烙铁架上。

提 示

烙铁头接触元件引脚的过程不能过长，否则会过烫导致元件损坏，良好的焊点应呈正弦波峰形状，表面应光亮圆滑。如果不慎焊错可以使用吸锡器将融化的焊锡吸出。

使用完毕后，要用酒精把线路板上残余的助焊剂清洗干净，以防炭化后的助焊剂影响电路正常工作。

3．万能板

万能板又称万用板、点阵板和洞洞板，是一种按照标准 IC 间距（2.54MM）布满焊盘的印制电路板。万能板可以按照自已的意愿插装元器件及连线，万能板具有使用门槛低、成本低廉、使用方便、扩展灵活等特点。可以用来快速搭建和焊接电路以便迅速开发出作品。图 3-20 是使用万能板焊接好的电路。

图 3-20　使用万能板完成的简易电路示例

使用万能板需要事先布局，合理规划好元件摆放位置和走线。之后按照电路原理，焊接时分步进行制作调试。做好一部分就可以进行测试和调试，不要等到全部电路都制作完成后再测试调试，否则不利于调试和排错。焊接时应注意焊接工艺，镀锡不应过多，走线应该规整，一边焊接一边做出标记。焊接时要按照焊接的步骤进行操作，焊接过程中要格外小心，以免短路和虚焊的发生。

4．剥线钳

剥线钳顾名思义，是用来剥除导线绝缘外皮的工具。剥线钳利用杠杆原理，使用时钳头一侧夹住导线的一端，通过刃孔剥除导线的绝缘层。图 3-21 为剥线钳。

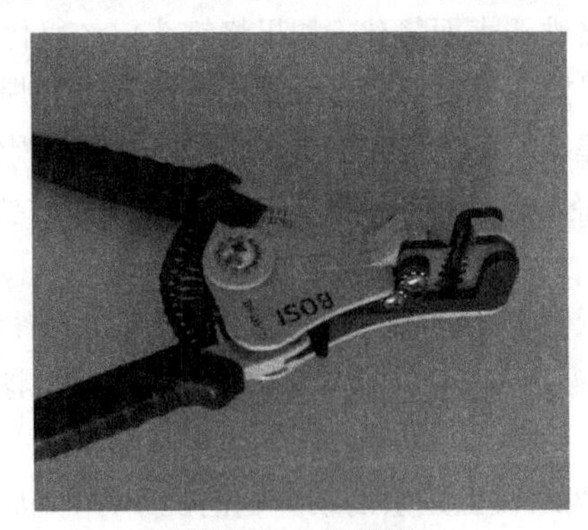

图 3-21　剥线钳

剥线钳使用前应根据导线的粗细，选择相应的剥线刃口，将准备好的导线放在剥线钳的刃口中央，选择好要剥线的长度，之后握住钳柄，夹住导线后缓缓用力将导线另一侧绝缘外皮剥除。

用力过猛可能会导致导线内部金属部分与绝缘外皮一同断掉。

除这些常用的工具外，经常用到的工具还有螺丝刀、尖嘴钳、放大镜、镊子、打孔机、示波器等工具，在电子产品的制作过程中必不可少，应熟练的掌握这些工具的使用方法。

3.4 本章小结

本章主要学习了硬件的相关知识，需要读者掌握的有：

- 单片机及 AVR ATmega32 系列的单片机结构，包括内核及片内外围设备。
- 电子技术的基础知识，初步对电路图有基本的概念。
- 认识一些常用的电子元件，会使用一些基本工具。

第二篇

探索 Arduino

在学习了 Arduino 软件和硬件相关的基础知识后，相信很多读者已经跃跃欲试想要做点什么出来了。接下来开始用 Arduino 探索电子创作的世界，按照本篇给出的步骤一步一步来，相信每个人都能做出一些有用的小东西，学习到更多的知识。

在动手的过程中不仅可以得到很多经验，增长很多知识，更重要的是对 Arduino 的认识不断加深，相比其他单片机，在动手的过程中读者更能体会到实现功能的乐趣。

第 4 章　Arduino 示例演练

上一篇的学习使我们在 Arduino 这片肥沃的土地上进行了第一次耕耘，收获了一些简单的编程知识，读者看过一些基础的电子学知识和输入输出方法后，是否发现原来学习 Arduino 可以如此的简单？一个简单的 hello world 敲开了进入电子艺术设计之门，其实 Arduino 的探索就是这么简单有趣而且丰富多彩，本章将继续利用开发板做更多有趣的实验，从中可以掌握 Arduino 对各类传感器和执行器的使用，更深入的 Arduino 编程语言和技巧，以及与网络相关的知识，将 Arduino 连接到 Internet，让你的项目与互联网时时刻刻相连，是不是很有意思？

本章知识点：

- LCD 液晶显示器的使用
- Arduino 编程的深入学习
- 传感器的使用
- 执行器的使用
- 网络编程

4.1　制作 LCD 温度显示器

这是一个用液晶显示屏显示当前监测温度的例子，在这个例子中会了解有关显示字符和符号的元件——LCD（Liquid Crystal Display，液晶显示器）以及温度传感器的相关知识，并能够自己动手制作 LCD 温度显示器。

4.1.1　硬件准备

实验需要的硬件准备如下：

- 16x2 LCD 显示器，型号为 1602。
- DS18B20 单总线温度传感器。
- 电位计。
- 杜邦线若干。

4.1.2　有关硬件的小贴士

- LCD 是当前主流的液晶显示器，其构造原理为两片平行的玻璃基板中放置液态晶体，其中的液晶组成每一个像素，散布在偏振滤镜之间。液晶通过光膜效应工作，当光线通过第一个滤镜时，光波会向一个方向振动，通过第二个滤镜时，由于方向垂直导致光线无法通过，在电流作用下液晶产生电场使得液晶排列改变方向，从而使光线偏转 90°，再通过第二个滤镜。

- 典型的 16×2 LCD 可以显示两行字符，每个字符像素组成为 5×8，将对比度调高后像素将显示出来。这实际上就是 LCD 简单的工作原理。图 4-1 和图 4-2 为 LCD1602 实物图。
- DS18B20 是 DALLAS 公司生产的一种常用的温度传感器，其具有体积小巧、硬件功耗低、抗干扰能力强、精准度高的特点。该传感器具有单总线通讯的能力，电压范围为 3.0V~5.5V，测量温度在-55℃~+125 ℃之间。
- 电位器是一种可调的电子元件。它是由一个电阻体和一个转动或滑动系统组成。相当于我们生活中的滑动变阻器。

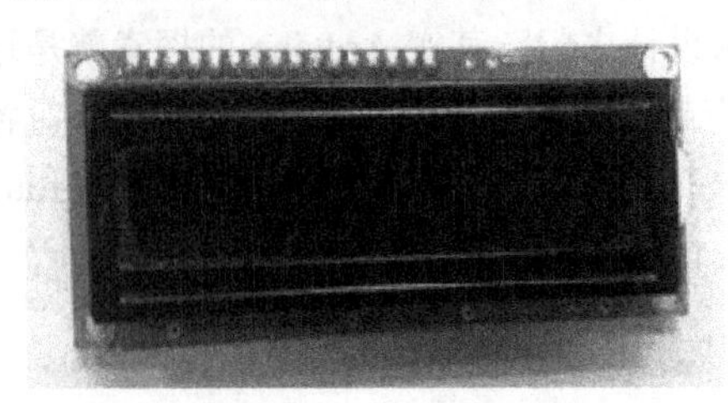

图 4-1 LCD1602 正面

图 4-2 LCD1602 背面

4.1.3 设计电路

在设计电路之前，我们先详细了解一下 LCD 是如何驱动的，表 4-1 为 1602 的引脚说明。

表 4-1 引脚接口说明表

编号	符号	引脚说明	编号	符号	脚说明
1	VSS	GND 接地	9	D2	数据
2	VDD	电源正极	10	D3	数据
3	VL	显示偏压	11	D4	数据
4	RS	数据/命令选择	12	D5	数据
5	R/W	读/写选择	13	D6	数据
6	E	使能信号	14	D7	数据
7	D0	数据	15	BLA	背光源正极
8	D1	数据	16	BLK	背光源负极

说明：

- VDD 接+5V 电源。
- VL 为对 LCD 显示器对比度调整端，接正电源时对比度最低，接地时对比度最高，对比度过高时会产生方块，使用时可以通过一个 0~ 20K 的电位器调整对比度。
- RS 为寄存器选择，高电平时选择数据寄存器、低电平时选择指令寄存器。
- R/W 为读写信号线，高电平为读操作，低电平为写操作。当 RS 和 R/W 共同为低电平可以写入指令或显示地址，当 RS 为低电平 R/W 为高电平可以读出信号，当 RS 为高电平 R/W 为低电平可以写入数据。

- E 为使能端，当使能端由高电平跳变成低电平时，液晶模块执行命令。
- BLA 为背光源正极，在这里接 3.3V 电源。

提 示

在不同的液晶屏上接的上拉电阻是不同的，因此本次试验给出的是用电位器操作。

LCD1602 的基本操作如表 4-2 所示。

表 4-2　1602LCD 显示器基本操作

读状态	输入	RS=L,R/W=H,E=H	输出	D0~D7=状态字
写状态	输入	RS=L,R/W=H,D0~D7=指令码，E=H	输出	无
读数据	输入	RS=H,R/W=H,E=H	输出	D0~D7=数据
写数据	输入	RS=H,R/W=L,D0~D7=数据，E=H	输出	无

提 示

L 为低电平（LOW），H 为高电平（HIGH）。

温度传感器 DS18B20 有三个引脚，引脚功能如图 4-3 所示。

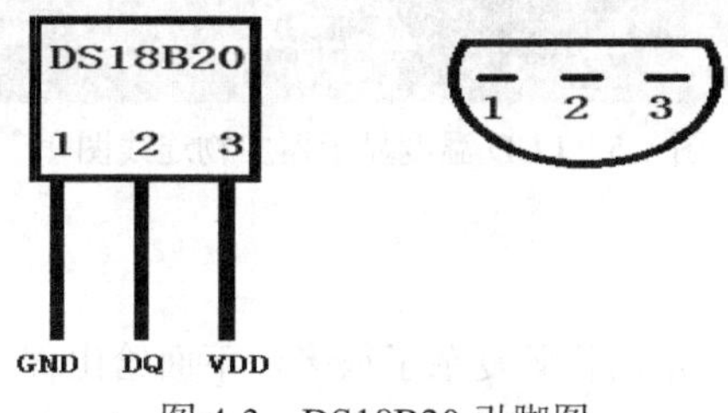

图 4-3　DS18B20 引脚图

提 示

其中，GND 和 VDD 均接地，DQ 接正 5V 电源和 I/O 数据口。

在了解 LCD 基本引脚功能和控制指令之后，下面可以搭建电路了。细心的读者可以看到，数据端有 8 个引脚，所以一种连接方法是八位接法，实际搭建实物图时由于开发板 I/O 口有限，因此这里采用四位接法，其中四位接线和八位接线区别是，在八位模式下可以一次向 LCD 送一个字节的数据，而在四位模式下要分两次输送，即每次输送半个字节。四位连接方法节省了引脚，在需要连接其他设备时更加高效一点。

电路设计如图 4-4 所示。

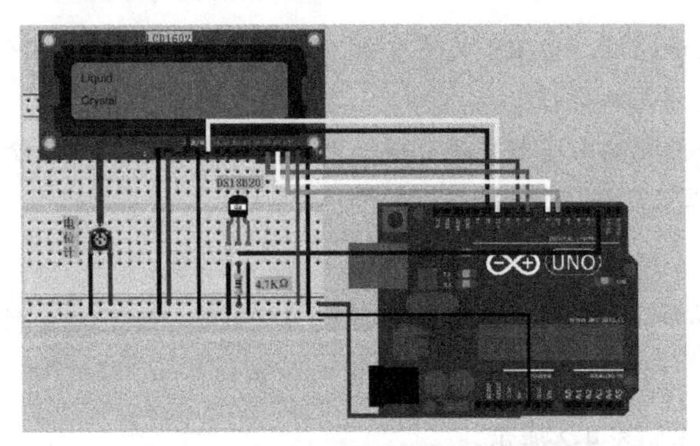

图 4-4　LCD 温度显示器电路设计图

图 4-5 为搭建好的实物图。

图 4-5　LCD 温度显示器实物连线图

4.1.4　编写代码

本次试验的代码量相比上一章的代码复杂了很多，下面给出程序代码，并在代码中标注相应的注解。后面会对程序中出现的 Arduino 库函数做进一步的说明。

程序 4-1：LCD 温度显示器程序

```
#include <LiquidCrystal.h>              //调用 Arduino 自带的 LiquidCrystal 库
#include<OneWire.h>                     //调用 Arduino 单总线库
#include<DallasTemperature.h>           //调用 ds18b20 温度传感器库

#define ONE_WIRE_BUS 2                  //设置单总线数据 I/O 口为 2 号引脚
OneWire temp(ONE_WIRE_BUS);             //初始化一个单总线类，以 2 号引脚作为输出口
DallasTemperature sensors(&temp);       //初始化一个温度传感器类。
LiquidCrystal lcd(12, 11, 9, 8, 7, 6);  //初始化一个 LiquidCrystal，设置相应的接口，其中 RS 为 12 号引
脚，E 为 11 号引脚，9~6 为数据输入引脚
float temperature = 0;                  //设置 temperature 为浮点变量

void setup()
{
```

```
    Serial.begin(9600);                    //初始化串口
    sensors.begin();                       //初始化温度传感器
    lcd.begin(16, 2);                      //初始化 LCD
    lcd.print("Arduino world");            //使屏幕显示文字 Arduino world
    delay(1000);                           //延时 1000ms
}

void loop ()
{

    sensors.requestTemperatures(); //对传感器进行一个温度请求
    temperature=sensors.getTempCByIndex(0); //读取传感器输出的数据，以摄氏度为单位赋值给
temperature 变量。
    delay(100);
    temperature = (temperature*10);        //把读取到的 temperature 转换为 10 倍
    lcd.clear();                           //清屏
    lcd.print("temperature is ");          //使屏幕显示文字
    lcd.setCursor(0, 1) ;                  //设置光标位置为第二行第一个位置
    lcd.print((long)temperature / 10);     //显示温度整数位
    lcd.print(".");                        //显示小数点
    lcd.print( (long)temperature % 10);    //显示温度小数点后一位
    lcd.print((char)223);                  //显示 o 符号
    lcd.print("C");                        //显示字母 C
    delay(1000);                           //延时 1s，刷新速度
}
```

【程序说明】

（1）调用库文件

这段程序调用了 3 个类库，其中 LiquidCrystal.h 是 Arduino 自带的类库；OneWire.h（单总线类库）和 DallasTemperature.h（Dallas 温度传感器类库）是第三方的类库，需要到网上下载。网址为：

- http://www.pjrc.com/teensy/td_libs_OneWire.html
- http://milesburton.com/?title=Dallas_Temperature_Control_Library

（2）函数小助手

- 在 DallasTemperature 头文件中，可以看到 DallasTemperature 这个类的构造函数参数是一个单总线类的指针，在程序中声明了 temp 这个类，因此在参数的位置应该加&符号表示 temp 类的地址。
- sensors.begin 将传感器地址、数量初始化，DS18B20 传感器另一个优点是可以连接多个传感器到一条总线上，通过传感器编号获取数据。
- lcd.begin 将显示器初始化到需要的大小，即 16 列 2 行。
- lcd.print 中 print()函数在光标位置处将参数打印出来，通常光标会默认在第 0 行第 0 列。在执行 clear()函数后，光标会初始化到初始位置。

- requestTemperatures()函数重置总线地址，将传感器获得的数据通过总线传输到相应的引脚上。getTempCByIndex(0)为获得第一个传感器的温度，getTempC 代表以摄氏度输出，getTempF 以华氏度输出，ByIndex（n）为获取第 n+1 个传感器的数据。
- setCursor()函数的作用是设置光标的位置，setCursor(x,y)为第 x+1 列第 y+1 行。

把上面代码编译后下载到开发板中，温度显示器就能工作了，之后会出现如图 4-6 所示的效果，LCD 显示器显示当前温度为 20.8℃。

图 4-6　LCD 温度显示器效果图

这样，一个简单的 LCD 液晶温度显示器就做好了。通过本小节的学习，征服了复杂一些的代码，是不是很有成就感呢？当读到复杂代码时，多数人会感到吃力，代码中一些库函数也许会花费一些时间才能理解，尤其是没有注释而且用了很多“魔数”的代码，可读性不强，会让阅读的人头疼。因此，在开发新的功能时，必须很清楚开发语言和环境，养成良好的编码风格，这样才能高效地开发项目。下一节对 Arduino 语言进行深入一步的探究。

4.2　再探 Arduino 语言

我们在上一节接触了很多陌生的函数，要了解这些函数的功能需要亲自去查看库文件，了解函数原型，同时在实验中去验证。本节会继续接触一些用在程序中的函数，也会接触一位作用巨大、闻名而且常见的朋友——中断。

4.2.1　位操作

由于现代机器只识别二进制语言，因此位操作在程序设计语言中非常常见。位是二进制数的最小数位，即 0 或者 1。英文中一般用“bit（binary digit）”表示比特位。而为了方便表示和计算，在十进制的基础上，人们发明了基于二进制的其他表示方法，如八进制、十六进制等。

事实上所用的大多数整型变量为十六位，但在只用来表示 0/1 的情况下，很多数位浪费了。这里的浪费虽然对于几百 M 甚至几 G 内存来说有些微不足道，但有时却不失为一个压缩内存的方法。

十六进制（Hex）是比较常用的进制表示方法，这种进制是用 4 个二进制数表示 0~15，其中 10~15 用 A~F 表示，任何整数均能用一个四位的二进制数来表示，在 C/C++中可以直接将一个十六进制的数赋值给一个整型变量。在 Arduino 标准函数库中提供了一些函数，可以单独操作一个十六位整数中的某一位，下面的例子将 1 赋值给一个名为“n3_bit”的变量。

```
int x = 0x81;                    //10000001
```

```
int n3_bit = bitRead(x, 7);
```

在这个例子中，bitRead 函数返回整数中十六位的某一个指定数位的值。这个函数接受两个参数，其中 x 为操作数，在上面例子中 x 为 0x81，从右向左依次为第 0 位到第 15 位，第 2 个参数为第 7 位 1，因此将 1 赋值给 n3_bit 变量。

相应地，位操作还有函数 bitWrite，这个函数用于给某个操作数的第 n 位赋值。下面的例子将 0 赋值给一个名为 change_bit 的变量。

```
int x = 3;                          //00000011
int change_bit(x, 1, 0);
```

在这个函数中，第 1 个参数为操作数，第 2 个为要操作的位，第 3 个是将操作位改成参数值，这个例子将 3 的第 1 位改成了 0，因此 x 就变成了 2。

4.2.2 数学函数

有时我们需要在程序中进行简单的数学运算。如果要编写相应的函数，也不是什么难事，毕竟自己动手，丰衣足食。不过在 Arduino 标准库中同样会有一些数学函数可以直接使用，非常方便。

表 4-3 介绍了一些常见的标准库数学函数。

表 4-3　常见的数学函数

函数名称	函数公式	函数说明	函数示例
最大值函数	max(x,y)	返回两个参数中较大者	max(3,5)→5
最小值函数	min(x,y)	返回两个参数中较小者	min(3,5)→3
绝对值函数	abs(x)	返回该参数的绝对值	abs(-1)→1
平方函数	sq(x)	计算该参数的平方	sq(2)→4
开方函数	pow(base,exponent)	返回 base 的 exponent 次方	pow(2,2)→4
平方根函数	sqrt(x)	返回 x 的平方根	sqrt(4)→2
正弦函数	sin(rad)	返回 rad 的正弦值（不常用）	sin(2)→ 0.90929737091
余弦函数	cos(rad)	返回 rad 的余弦值（不常用）	cos(2)→ -0.41614685058
正切函数	tan(rad)	返回 rad 的正切值（不常用）	tan(2)→ -2.18503975868
约束范围函数	constrain(x, a, b)	压缩数字防止溢出范围，x 为被压缩的数，a、b 为范围。即 a<x<b 时 x 被返回。	constrain(8,2,10)→8 constrain(11,2,10)→10 constrain(1,2,10)→2
映射函数	map(x, fromL, fromH, toL, toH)	源范围 fromL<x<fromH,映射后范围 toL<x<toH	map(x,0,10,0,100)
对数函数	log(x)	返回 ln(x)	log(1)→0

有了这些数学函数，相信很多数学计算问题会迎刃而解，下面一起来学习随机函数及其用法。

4.2.3 随机函数

生活中总有一些未知的元素在等着你，正如同阿甘所言：你永远不知道下一块巧克力是什么口味的。有一天也许你会做一个转盘或者设计一个可以自己转动的骰子，随机便成了你的主题。Arduino 标准库同样提供了随机函数——random()函数。

random()返回一个整数，函数可以接受一个或者两个参数，如 random(5)，返回 0~4 之间的随机数；而 random（1,10）则返回 1~9 之间的随机数。

如果写一个程序使用这个随机函数多次的话，会惊奇地发现每次都会出现同一串随机数。正如同 C/C++一样，这些函数产生的随机数称为伪随机数。之所以会产生伪随机数，是因为产生随机数的初始点是一样的，这就如同看一部电影，如果都是从同一个地方开始观看，那么观赏到的画面总是一样的。

既然这样，聪明的读者一定想到会给随机函数生成初始点来保证每次产生的随机数不是同一串。一个常用的方法便是利用读取到模拟输入的数值来设置初始点，即为随机数播种。

实现这一功能的函数叫做 randomSeed。程序 4-2 将利用读取到的模拟输入值进行播种。

程序 4-2：随机数程序

```
#define DATAIN 0

void setup()
{
    Serial.begin(9600);                          //初始化串口
    randomSeed(analogRead(DATAIN));              //将读取到的模拟值作为随机数种子
}

void loop()
{
    int num = random(1,10);                      //随机产生一个 1-10 的整型数值
    Serial.println(num);                         //打印该数值
    delay(1000);
}
```

在多次按“重置”（reset）按钮后，会发现随机数序列不会每次都相同了。一种更好的方式是通过硬件随机生成，有些硬件基于随机事件生成随机数，在统计学家的眼里有其奇特的作用。

4.2.4 高级输入输出

在处理多个输入输出任务时，比如使用火焰传感器和红外线传感器进行监测时，需要通过蜂鸣器进行报警工作，如果能通过不同的声音来区分那效果真是再好不过了。在 Arduino 标准库里就提供了这样一个函数，是不是很神奇？

tone()函数在一个输出引脚产生一个方波信号，通常用来使蜂鸣器或者扬声器产生特定的声音信号。方波信号如图 4-7 所示。

图 4-7 方波信号示例

tone()函数接受两个或者三个参数，第一个参数为输出引脚，第二个为输出频率（Hz），第 3 个为声音长度。

在接受两个参数时，如 tone(3,400)，声音会持续的以 400Hz 的频率响下去。

如果希望声音停止而又没有在 tone()函数中指定的话，可以通过 noTone()函数来停止。noTone()函数参数为输出的引脚。

4.2.5 时间函数

时间函数很常见，大多数程序里都会用到时间函数。在第 4 章示例的两个程序中，均有用到时间函数。对，就是 delay()函数！

delay()函数以毫秒（ms）作为单位，如 delay（500）即延时 500ms。常见的延时函数还有 delayMicroseconds(value)，以微秒（μs）为单位。

如需要记录程序从运行开始执行的时间长度，这时需要用到 millis()函数，该函数最长记录时间为 9 小时 22 分，如果溢出，时间将从 0 开始。函数返回值为 unsigned long 型，用其他数字类型保存时会出错，该函数无参数。函数原型如程序 4-3 所示。

程序 4-3：millis()函数原型

```
unsigned long millis()
{
        unsigned long m;
        uint8_t oldSREG = SREG;

        cli();
        m = timer0_millis;
        SREG = oldSREG;

        return m;
}
```

在 IDE 示例程序库中，打开 Digital 目录下的 BlinkWithoutDelay 例子，可以找到该函数的应用。

4.2.6 中断

1．中断的概念

当出现需要时，CPU 暂时停止当前程序的执行转而执行处理新情况的程序，执行完之后回到原程序继续执行原程序的过程称之为中断。可以通过生活中一个简单的例子来形象理解中断的含义。当某人 A 正在家中看书时，突然电话铃响了，他停止看书，去接电话，和来电话的人进行交谈，通话结束后回来继续从刚才停止的位置看书。看书就相当于 CPU 当前正在执行的程序，电话铃响就相当于出现需要，接电话就相当于执行中断服务程序。

2. 中断的分类

Arduino 中的中断可以分为两类：外部中断和定时中断。

- 外部中断：一般是指由外设发出的中断请求，即中断源在外部。如键盘中断、打印机中断等。外部中断需要外部中断源发出中断请求才能发中断。
- 定时中断：主程序在运行的过程中停一段时间就进行一次中断，执行中断服务程序，不需要中断源的中断请求触发，这有时是自动进行的。

4.2.7 中断的使用

首先要介绍的是关中断和开中断函数，即 Interrupt()和 noInterrupt()，用法如下：

```
program                    //可以被中断的代码
Interrupt()
program                    //不可以被中断的代码
noInterrupt()
program                    //可以被中断的代码
```

当一个程序的某一部分不想被执行时，就可以采用上面的方法，即把不想被执行的程序放在函数 Interrupt()和 noInterrupt()之间。

1. 外部中断

外部中断需要外部的触发，在 Arduino UNO 中数字引脚 2 和 3 是连接外部触发电路的，它们的中断号分别是 0 和 1。在写程序时通常把中断函数写在 setup()中。下面介绍两个基本的外部中断函数。

（1）设置外部中断函数 attachInterrupt(interrupt, function, mode)，其中:

- Interrupt: 中断号，UNO 只能使用 0 或 1 ，即代表 D2 与 D3 口。
- Function: 调用中断函数，中断发生时调用的函数。
- Mode: 中断触发模式。

UNO R3 支持 4 种中断触发模式:

- LOW: 当针脚输入为低时，触发中断。
- CHANGE: 当针脚输入发生改变时，触发中断。
- RISING: 当针脚输入由低变高时，触发中断。
- FALLING: 当针脚输入由高变低时，触发中断。

注意:

- 中断服务程序不能够有参数和返回值。即 void FunctionName（void）{........}。
- 在中断函数中 delay()函数将不再起作用。
- 在中断函数中 millis()函数的值将不会增加。

- 得到的串行数据将会丢失。
- 需要在中断函数内部更改的值需要声明为 volatile 类型。
- 中断函数通常是短小、执行效率比较高的函数。
- 不同型号的 Arduino 板，其外部中断的触发的引脚和引脚数目，以及中断触发方式都不太一样，在使用外部中断时一定要弄清楚使用的 Arduino 板的型号。

下面就给出一个官方实例。

程序 4-4：使用外部中断的程序示例

```
int pin = 13;                                   //LED 灯的引脚
volatile int state = LOW;                       //设置 LED 灯状态

void setup()
{
  pinMode(pin, OUTPUT);
  attachInterrupt(0, blink, CHANGE);   //设置触发类型为 CHANGE，中断号 0，即数字 2 口
}

void loop()
{
  digitalWrite(pin, state);                     //对指示灯写入状态值
}

void blink()                                    //中断服务程序
{
  state = !state;                               //将状态变量求反
}
```

当程序运行时，数字端口 2 接收到的电位发生变化时就会触发中断，执行中断服务程序 blink()改变指示的状态。

（2）取消中断函数 detachInterrupt(interrupt)

当需要取消已经设置中断的程序时，可以执行 detachInterrupt(interrupt)函数，其中 interrupt 是中断号。执行此语句后，系统不会对中断有反应，例如上例中，程序不会再对灯状态进行改变。

取消中断和关中断是两个不同的概念。当关中断之后，所有的中断都不能执行，但是取消某个中断之后，其他的中断还是可以执行的。

2. 定时中断

有时程序需要每隔一段时间执行一次某个程序，这时就需要用到定时中断函数。由于 Arduino 的开源特性，很多的极客牛人已经写好了定时中断的库函数，其他人可以直接拿来使用，这对于对底层了解较少的学习者来说是一个好消息。常用的库有 FlexiTimer2.h 和 MsTimer2.h，这两个库的用法是大同小异的。下面对其中几个常用的函数进行详细说明。这两个库可以很轻松的从网上下载。

（1）设置定时中断函数 void set(unsigned long ms, void (*f)())

这个函数设置定时中断的时间间隔和调用的中断服务程序。ms 表示的是定时时间的间隔长度，

单位是 ms，void(*f)()表示被调用中断服务程序，只写函数名字就可以了。并且这里的中断服务程序不能够有参数和返回值。

（2）开启定时中断函数 void start()和关闭定时中断函数 void stop()

这两个函数通常是放在一起使用的，从 start()位置起定时中断开始，在 stop()位置，定时中断函数结束。当然，也可以只有 start()函数，它表示整个程序都执行定时中断。这与中断使能函数有点类似。

```
program                    //不需要执行定时中断代码段
MsTimer2::start();
program                    //需要执行定时中断代码段
MsTimer2::stop();
program                    //不需要执行定时中断代码段
```

以上三个函数都是在 MsTimer2 的作用域中进行的，在使用时都要加上作用域，如：MsTimer2::start()，可以将下面这个例子改一下来深入了解一下定时中断。

程序 4-5：使用定时中断的程序示例

```
#include <MsTimer2.h>                           //定时器库的头文件
int pin = 13;                                   //LED 灯的引脚
volatile int state = LOW;                       //设置 LED 灯状态

void sctup()
{
  pinMode(pin, OUTPUT);
  MsTimer2::set(500, blink);                    //中断设置函数，每 500ms 进入一次中断
  MsTimer2::start();                            //开始计时
}

void loop()
{
  digitalWrite(pin, state);                     //对指示灯写入状态值
}
void blink()                                    //中断服务程序
{
  state = !state;                               //将状态变量求反
}
```

这个程序的主要功能是每隔 500ms，执行一次 blink()，即每隔 500ms 指示灯的状态改变一次。

以上便是关于 Arduino 中断的一些基础介绍，中断在编写程序的时候非常重要，使用好中断将会使程序的执行效率更高。

4.3 用 Arduino 制作火焰报警器

本节介绍一个简单的智能工具——火焰报警器。在制作火焰报警器之前，首先了解一下火焰

报警器的工作原理。火焰报警器的火焰传感器利用红外线对火焰非常敏感的特点，使用特制的红外线接收管来检测火焰，然后将接收到的信息转换成高低变化的电平信号传给 Arduino 的处理器进行处理，当检测到的火烟信息经过处理后高于程序中的设定值时报警器就会响起来进行报警。

4.3.1 硬件准备

实验需要的硬件准备如下：

- 火焰传感器 1 个。
- Arduino UNO 1 个。
- 蜂鸣器 1 个。
- 10K 电阻 1 个。
- 面包板和实验跳线若干。

这些实验硬件设备在火焰报警器中的作用如下。

- 火焰传感器：采集所在环境中的火焰信息并将采集到的火焰信息转换成电平信号。
- Arduino UNO：负责火焰报警器的数据处理与设备控制。将接收到的电平信息进行处理，并根据处理的结果控制蜂鸣器。
- 蜂鸣器：发出响声报警。
- 10K 电阻：作为上拉电阻和起到限流作用。
- 面包板和实验跳线若干：负责整个火焰报警器各个器件的连接。

4.3.2 有关硬件的小贴士

1. 火焰传感器（即红外接收三极管）

（1）工作原理

不同的厂家生产的火焰传感器，在形状、大小等方面虽然有所不同，但是其工作原理基本是一样的。火焰传感器可以用来检测火源或其他波长在 760nm~1100nm 范围内的光源。火焰传感器利用红外线对火焰非常敏感的特点，使用特制的红外线接叐管来检测火焰，然后把火焰的亮度转化为高低变化的电平信号，输入到中央处理器，中央处理器根据信号的变化做出相应的程序处理。如图 4-8 便是这次试验所用的火焰传感器。

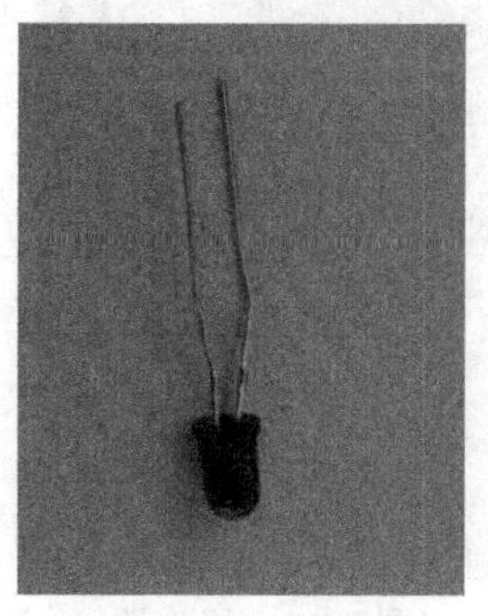

图 4-8 火焰传感器

（2）连接方式

火焰传感器的短引线端为负极，长引线端为正极。将负极接到 5V 接口中，然后将正极和 10K 电阻相连，电阻的另一端接到 GND 接口中，最后从火焰传感器的正极端所在列接入一根跳线，跳线的另一端接在模拟口 A5 中。连线电路图如图 4-9 所示。

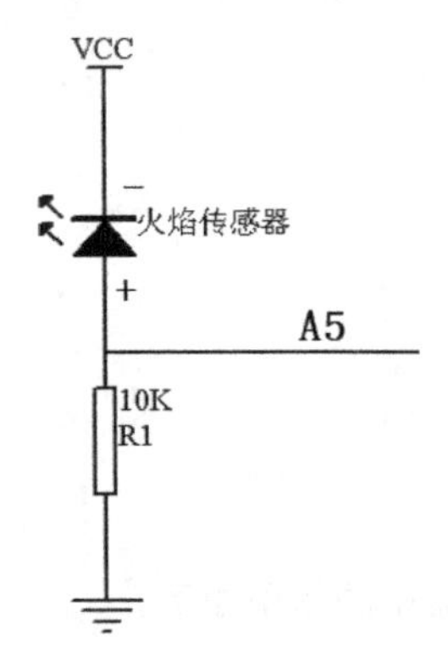

图 4-9　火焰传感器的连线方式

2．蜂鸣器

（1）蜂鸣器的种类

蜂鸣器按照其工作原理的不同可以分为两种，即压电式蜂鸣器和电磁式蜂鸣器。

- 压电式蜂鸣器主要由多谐振荡器、压电蜂鸣片、阻抗匹配器及共鸣箱、外壳等组成。多谐振荡器由晶体管或集成电路构成。当接通电源后，多谐振荡器起振，输出音频信号，阻抗匹配器推动压电蜂鸣片发声。
- 电磁式蜂鸣器由振荡器、电磁线圈、磁铁、振动膜片及外壳等组成。接通电源后，振荡器产生的音频信号电流通过电磁线圈，使电磁线圈产生磁场。振动膜片在电磁线圈和磁铁的相互作用下，周期性地振动发声。

（2）连接方式

连接电路时要注意一点就是蜂鸣器有正负极之分，且控制接口也是数字接口，通常情况下长引脚连接 Arduino 的数字口，短引脚连接 GND。蜂鸣器的样图如图 4-10 所示。

图 4-10　蜂鸣器

4.3.3　电路设计

在了解了火焰报警器的工作原理和相关硬件的连接方式之后就可以设计电路了。本书中的火焰报警器电路连接设计如下：

- 火焰传感器的数据输出口连接 Arduino UNO 的模拟口 A5。
- 蜂鸣器的正极连接 Arduino UNO 的数字口 7。

其他的连接方式按照上节所讲的内容即可。电路设计实物图连接如图 4-11 所示。

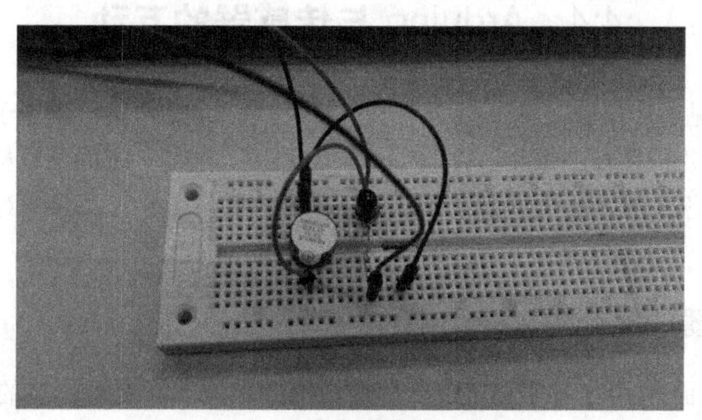

图 4-11　火焰报警器连线实物图

4.3.4　程序设计

Arduino 的程序运行特点是不停地循环执行 loop 中的内容，这样就可以不断的检测火焰传感器所处的环境的火焰发生的情况了。具体代码参见程序 4-6 所示。

程序 4-6：火焰报警器程序示例

```
int FlameSensor = A5;                  //定义火焰传感器接口为模拟接口 5
int Beep = 7;                          //定义蜂鸣器接口为数字接口 7
int Value = 0;                         //定义数字变量 Value

void setup()
{
  pinMode(Beep,OUTPUT);                //定义蜂鸣器接口为输出
  pinMode(FlameSensor,INPUT);          //定义火焰传感器接口为输入
  Serial.begin(9600);                  //设定波特率为 9600
}

void loop()
{
  Value = analogRead(FlameSensor);     //读取火焰传感器的模拟值
  Serial.println(Value);               //输出模拟值
  if(Value >= 600)                     //当模拟值大于等于 600 时蜂鸣器鸣响
  {
    digitalWrite(Beep,HIGH);
  }
```

```
    else
    {
      digitalWrite(Beep,LOW);
    }
}
```

代码编译上传后，在火焰传感器旁边点燃一点火焰（蜡烛），就可以发现蜂鸣器报警了，拿开火焰后蜂鸣器就不再继续鸣响了。

4.4 Arduino 与传感器的互动

Arduino 非常常见的应用就是和一些传感器进行互动。这些传感器相当于人类的眼睛和鼻子，用来感知物理世界中各种各样的事物。有的可以检测温度、湿度，有的可以检测光照、声音，有的则可以检测障碍物。各式各样的传感器让 Arduino 不停地感知着环境，并能对采集到的数据进行分析。

4.4.1 传感器的简介

当今世界正在全面进入信息时代，信息量的激增要求捕获和处理信息的能力不断提高，那么怎样捕获所需要的信息呢？各种各样的传感器使我们获取所需的不同种类的高精度的信息成为可能。传感器就是一种感受并采集被检测信息，并能将采集到的信息转换成所需形式的信息（比如电平信号）输出的装置。传感器通常由敏感器件和转换电路两部分组成，敏感器件用来感受采集信息，转换电路用来转换信息。传感器性能的优劣将直接影响整个系统的功能。不同的系统对传感器的要求是不一样的，在选用传感器之前应先了解一下传感器的各种分类方法。

传感器的种类有很多：

（1）按照传感器的转换原理分，可以将传感器分为物理传感器、化学传感器和生物传感器等。

（2）按照传感器的输出信号分，可以将传感器分为模拟传感器、数字传感器和开关量传感器等。

（3）按照传感器的用途分，可以将传感器分为温度传感器、压力传感器、湿敏传感器、气敏传感器、烟雾传感器、振动传感器等。

当然，还有其他的分类方法，在这里就不做赘述了。在选用传感器时要根据具体的测量目的、测量对象以及测量环境等来选择合适的传感器。

在选用传感器时除了以上要求，还要考虑传感器的精度、灵敏度、稳定性、线性范围、频率响应特性等因素。

4.4.2 Arduino 如何使用传感器

在一个包含传感器的 Arduino 设计中，传感器则作为设计的前端，采集信息并将采集到的信息转换成电信号，而 Arduino 通常是负责处理传感器采集到的数据和控制相关的执行器件。其简化的基本的工作那流程如图 4-12 所示。

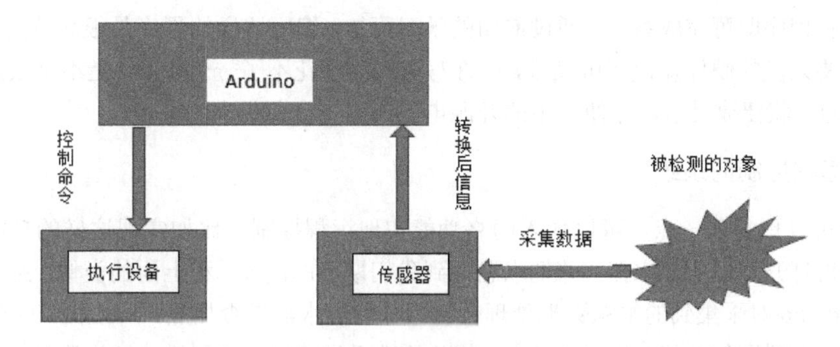

图 4-12 Arduino 通过传感器进行数据采集的基本流程

在一些复杂的系统中可能会涉及到很多的传感器和执行设备，其基本的工作原理与此是相同的，只不过在整个 Arduino 设计中要考虑到各个传感器以及其他设备之间的协调性，还有整个系统的稳定性问题。

在包含有传感器的 Arduino 设计中特别要注意以下几点：

（1）传感器只能起到采集数据，转换信息类型的作用，不能作为执行设备。也就是说传感器只负责向 Arduino 传送数据，而不能接收 Arduino 发给它的任何命令。

（2）通常一个传感器有两个以上的引脚，一定要事先弄清楚传感器的连接方法，分清楚哪个引脚链接正极，哪个引脚链接负极，哪个引脚是信号数输出。

（3）在 Arduino 与传感器进行连接时，数字式传感器就接到 Arduino 的数字口，模拟式传感器就接到 Arduino 的模拟口。有时也可以将数字传感器的链接到 Arduino 的模拟口，但是不建议采用这样链接。常见的数字传感器有：磁感应传感器、触摸开关、震动、传感器、倾角传感器、按钮模块等；常见的模拟传感器有：线性温度传感器、环境光线传感器、GP2D12 红外测距传感器等。在使用传感器时，一定要先判断该传感器是数字传感器还是模拟传感器，在使用前可以阅读一下传感器的使用说明。

4.4.3 利用传感器设计更棒的互动应用

Arduino 能通过各种各样的传感器来感知环境，并对采集到的相关的数据进行处理，根据处理的结果来控制执行设备比如灯光、马达等以实现预期的功能。在一个相对复杂的 Arduino 与传感器互动的系统中，将会涉及到更多的种类不同的传感器和更多的其他的技术（比如网络网络、移动通信技术等），有时甚至需要几个 Arduino 协同工作。如何设计出更棒的 Arduino 与传感器互动产品呢？这需要读者每个人自己的创意，下面用两个例子来说明。

1. 厨房的危险报警系统

本例要实现的功能是当厨房发生火灾或发生煤气泄漏时，进行报警，并打开窗子或排气风扇，排出烟雾和煤气。需要的器件也非常的简单，主要有烟雾传感器、对煤气进行检测的传感器、蜂鸣器、继电器、Arduino 板等。用传感器来检测厨房内的烟雾或煤气，用蜂鸣器产生声音进行报警，用继电器连接排气风扇，让 Arduino 可以控制高电压的设备。

只要把传感器安装在厨房适当的地方，正确的连接 Arduino 和各个设备，编写 Arduino 处理数据程序和控制程序即可完成系统。通过前面的学习可知，编写这样的程序是很简单的，对于实践者根本就不需要太多的硬件知识即可完成，或许写这些程序花不了一个小时。是不是很简单？这就是 Arduino 作为一款便捷灵活、方便上手的开源电子原型平台所带来的方便。

2. 可远程控制的系统

当然还可以更复杂一点，可以加入网络功能实现远程控制。比如实现这样的功能：在回家的路上通过手机打开家里的热水器，并把水温调到我们期望的温度。和上面的类似，用温度传感器检测水温，Arduino 对采集到的水温数据处理分析后控制热水器是否加热。和上面一个例子的不同之处就是多了一个联网的功能，利用 Arduino 的开放性提供的网络扩展模块，并掌握相关的库和一些基础的网络知识就可以轻松地实现网络远程控制了。

当然，要实现手机的远程控制，还要有手机客户端和相应的服务器平台，如果这些东西自己弄的话，确实有点麻烦，需要学习一些其他的知识。不过，也有一些现成的免费服务器平台供我们使用，比如 Yeelink、乐联网等。可以根据实际情况来确定采用哪种方式。

利用 Arduino、传感器以及其他相关的一些技术可以设计出很多很实用、很智能、很酷的东西，可以很容易地实现自己的创意，这就是 Arduino 发展快速的原因。马上动手试一试自己的创意吧！

4.5 用 Arduino 驱动电机

是时候来接触电机的相关知识了，电机的作用很大，那些会动的、会跑的电子产品都离不开电机的驱动，电机就如同人的双腿，如果要让自己设计的东西动起来，学习电机的相关的知识是十分重要的。

4.5.1 电机简介

电机（Electric machinery）又叫做电动机，是一种可以将电能转化为机械能的装置，其工作原理是磁场和电流的相互作用，使电动机转动。通电导线在磁场中受力运动的方向跟电流方向和磁感线（磁场方向）方向有关。电机工作的原理不做过多介绍，有兴趣的读者可以去查阅相关资料。

电机根据结构、用途等可以分为很多种类，如：

- 按照电源分类可以分为直流和交流电机。
- 按照结构或者工作原理分可以分为直流电机、同步和异步电机。
- 按照用途分还可以分为驱动用电动机和控制用电动机。

不同的电机用途不同，在需要时不仅要看电机的功率、参数，更需要设计相应的驱动电路。

4.5.2 Arduino 与直流电机的应用

直流电机是典型的磁感效应进行工作的电机，其结构由定子和转子两大部分组成。直流电机一般不能直接接 Arduino 开发板，因为开发板中数字引脚的最大输出电流为 40mA。而一个直流电机需要的电流要远大于 Arduino 的输出能力，如果使用 Arduino 开发板数字输入输出引脚来直接驱动电机，将会对开发板造成非常严重的损害。而 5V 的输出电源连接到外部电源时可以输出高达

800mA 的电流，这足够用来驱动一个小型的直流电机，但是由于电磁感应，直接连接直流电机容易损坏开发板。

因此需要一个电源额外给直流电机供电，这时需要用到三极管作为开关来控制电机。当电流被加到基极时，集电极的电源被打开，此时电流流过集电极和发射极。当输入脉冲信号时，三极管每秒钟会进行多次开关，因此可以用集电极和发射极之间的脉冲电流来控制电机速度。

同时，为了避免反向电压的危害，还需要用到二极管。二极管只允许单相电流的特性。

在驱动电机时，会使用一个非常常用的电机驱动芯片 L293D，使用这个芯片可以同时控制两台电机并且可以控制电机的转向。

如果要制作一个小车或者机器人时，掌握驱动电机的技巧是很重要的。读者可以进一步查阅相关的资料掌握使用电机的方法。

4.5.3 Arduino 与步进电机的应用

步进电机是一种将电脉冲转化为角位移的执行机构。

通俗一点讲：当步进驱动器接收到一个脉冲信号，步进电机就按设定的方向转动一个固定的角度（及步进角）。使用步进电机可以通过控制脉冲个数来控制角位移量，从而达到准确定位的目的；也可以通过控制脉冲频率来控制电机转动的速度和加速度，从而达到调速的目的。

使用步进电机前一定要仔细查看说明书，确认是四相还是两相，如何连接线路。步进电机的用处很广泛，在包装机械和电子钟里经常可以看到步进电机的身影。那么，Arduino 与步进电机的组合可以用来做什么呢，当设计一个机械手臂时，步进电机就派上用场了，使用 Arduino 可以控制步进电机的方向、角度和速度。这也就是机械手能够灵活做出相应动作的原因，有兴趣的读者可以查阅相关资料，做一做用 Arduino 驱动步进电机的实验。

4.5.4 Arduino 与舵机的应用

舵机实际上是一种位置伺服的驱动器，主要是由外壳、电路板、无核心马达、齿轮与位置检测器所构成。其工作原理是由接收机或者单片机发出信号给舵机，其内部有一个基准电路，产生周期为 20ms、宽度为 1.5ms 的基准信号，将获得的直流偏置电压与电位器的电压比较，获得电压差输出。经由电路板上的 IC 判断转动方向，再驱动无核心马达开始转动，透过减速齿轮将动力传至摆臂，同时由位置检测器送回信号，判断是否已经到达定位。一般舵机旋转的角度范围是 0°~180°。

舵机一般都外接三根线，分别用棕、红、三种颜色进行区分。但是由于舵机品牌不同，颜色也可能会有所差异，一般棕色为接地线（GND），红色为电源正极线（VCC），橙色为信号线（PWM）。

舵机的转动角度是通过调节 PWM（脉冲宽度调制）信号的占空比来实现的。用 Arduino 控制舵机的方法有两种：

- 一种是通过 Arduino 的普通数字传感器接口产生占空比不同的方波，模拟产生 PWM 信号进行舵机定位。
- 一种是直接利用 Arduino 自带的 Servo 函数进行舵机的控制，这种控制方法的优点在于方便编写程序控制，缺点是只能控制 2 路舵机，因为 Arduino 自带函数只能利用数字 9、

10 接口。

Arduino 的驱动能力有限，所以当需要控制 1 个以上的舵机时需要外接电源。

Arduino 控制舵机有自带的函数库“Servo.h”，其中几个常用的函数在这里做一些简单的说明：

- Attach(接口)——设定舵机的接口，只有数字 9 或 10 接口可利用。
- Write(角度)——用于设定舵机旋转角度的语句，可设定的角度范围是 0°~180°。
- Read()——用于读取舵机角度的语句，可理解为读取最后一条 write()命令中的值。
- attached()——判断舵机参数是否已发送到舵机所在接口。
- detach()——使舵机与其接口分离，该接口（数字 9 或 10 接口）可继续被用作 PWM 接口。

【示例 3】 打印舵机转动的角度

本小节将介绍 Arduino 控制舵机的一个小程序，该程序可以让舵机转动一个角度并将角度打印到串口上显示出来。

硬件准备：

RB-412 舵机 1 个，跳线若干，Arduino 开发板。

进行连线：

电源正极线和接地线分别接到 Arduino 开发板的正极和接地引脚。信号线接在具有 PWM 功能的引脚 9 上。

编写程序：

打开 IDE，编写控制舵机的程序，代码如下。

程序 4-7：舵机控制程序

```
#include <Servo.h>
Servo myServo;                          //定义舵机变量名

void setup()
{
     myServo.attach(9);                 //定义舵机接口
}

void loop() {
   delay(1000);
   myServo.write(180);                  //旋转 180°
   delay(2000);
   myServo.write(0);                    //旋转回原位置

}
```

4.6 用 Arduino 访问网络

Arduino 与其他的网络扩展板配合就可以连接网络，常见的网络扩展板有 W5100 和 ENC28J60，虽然他们所使用的库不一样，但是实现的功能都是一样的，工作的原理也都大同小异。下面将以 ENC28J60（如图 4-13 所示）网络扩展板为例，对 Arduino 访问网络的相关知识进行学习。

在进行深入的学习之前，首先了解一下 ENC28J60 与 Arduino 的连接方法（如表 4-4 所示）。ENC28J60 既可以直插在 Arduino 开发板上，又可以连接相应的端口。了解端口的连接，可以使以后编程中端口的分配更加合理，避免不必要的错误。

另外，在使用 ENC28J60 网络扩展板需要包含 ENC28J60 的库文件，很多公司和个人开发了 ENC28J60 配套的库文件，本教程使用的库文件是 JeeLabs Café 编写的 EtherCard 库。EtherCard 库文件被放在了开源的 GitHub 上了，读者可以通过 Web 下载，本节例子所用到的许多和网络相关的函数都在这个库里面。

图 4-13　ENC28J60

EtherCard 库文件的 GitHub 连接：https://github.com/jcw/ethercard。

表 4-4　ENC28J60 与 Arduino 端口连接方法

ENC28J60 Module	Arduino UNO	Arduino Mega
VCC	3.3V	3.3V
CLKOUT	-	-
ENC-WOL	-	-
RESET	RESET	RESET
ENC-INT	2	2
GND	GND	GND
SCK	13	52
MISO	12	50
MOSI	11	51
CS	10	53

4.6.1 Arduino 如何连接网络

Arduino 有没有连接到网络，可以利用 Windows 中 ping 这个命令来检验。ENC28J60 连接网络需要用到函数 ether.begin()，ether.dhcpSetup()和 ether.staticSetup()，它们的具体功能和参数如下：

（1）ether.begin()

功能：连接网络。

语法：

```
ether.begin(sizeof Ethernet::buffer,mymac,10)
//or
ether.begin(sizeof Ethernet::buffer,mymac)
```

参数：共有 3 个参数分别为缓冲大小、MAC 地址和 Arduino 的片选引脚。这个引脚通常情况下使用 Arduino UNO 的第 10 引脚，这个参数也可以不写，如果不写默认为第 8 引脚。通常根据自己的电路来进行选择。另外 sizeof 这个关键字是用来计算缓冲大小的。

返回值：连接成功返回 1，失败则返回 0。

（2）ether.dhcpSetup()

功能：寻找一个 DHCP 服务器，获得一个 IP 地址，并要求使用权限。也就是说通过 DHCP 服务器自动获取一个 IP 地址。

语法：

```
ether.dhcpSetup()
```

参数：无

返回值：如果成功将返回 1，这种方法等待 30 秒后，如果还没获得 IP 地址，它将返回 0。

（3） ether.staticSetup()

功能：配置静态 IP 地址。

语法：

```
ether.staticSetup(myIP， gwIP， dnsIP)
```

参数：myIP 表示要设定的 IP 地址，这个是必须的。后面的两个参数代表的是网关和 DNS，这两个参数是可选的，可有可无。ether.staticSetup(myIP)这种形式也是可以的，可以根据实际情况来决定参数的个数。

返回值：如果成功将返回 1，失败则返回 0.

了解这些函数之后，就可以进行网络连接了，连接好 ENC28J60 与 Arduino 开发板之后，打开 IDE，导入 Ethernet 库，就可以编写相应的代码了。连接网络的简单代码如下：

程序 4-8：使用 Arduino 连接网络程序示例

```
#include <EtherCard.h>
static byte mymac[] = {0x74,0x69,0x69,0x2D,0x30,0x31};          //设置网络板的物理地址即 MAC
static byte myip[] = {10,31,244,81};                            //设置网络板的 IP
byte Ethernet::buffer[700];                                     //设置缓冲区的大小，缓冲区是用来暂
时存储从网络获得的数据以及要发往网络的数据
```

```
void setup () {
    Serial.begin(57600);                                        // 设置串口的波特率
    Serial.println("PING Demo");
    if (ether.begin(sizeof Ethernet::buffer, mymac, 10) )       //连接网络
      Serial.println( "Succeed to access Ethernet controller");
    if (ether.staticSetup(myip))                                //设置网络板的 IP 地址
      Serial.println("Succeed to set IP address");
  }

void loop() {
   ether.packetLoop(ether.packetReceive());                     //获取一个数据包
}
```

提 示

在代码中通过上面的函数（1）和（3）或者是函数（1）和（2）对 Arduino 网络模块进行配置之后就可以检验 Arduino 板是否可以与网络联通了。在命令提示符里面的输入命令被 ping 方的 IP，即 ENC28J60 的 IP ，就可以检验是否 ping 通了，图 4-14 表示已 ping 通。

图 4-14 检验 Arduino 与网络连通

在程序 4-8 的例子中，用到的是（1）和（3）两个函数，当然也可以用（1）和（2）。这时就不需要定义 IP 地址了。但是这种情况下使用 ping 时又怎样知道 ENC28J60 的 IP 地址呢？不要紧，ENC28J60 已经将 IP 信息储存起来了，只要通过串口打印出来就可以知道 ENC28J60 的 IP 地址了，这里调用 ether.printIp()函数将 IP 地址打印来。

（4） ether.printIp()

功能：在串口上打印一个“点分十进制表示法”的 IP 地址，它是以 uint8_t 数组的形式存储在以太网缓冲区中。

语法：

```
ether.printIp("字符串",ether.myip)
//or
ether.printIp(ip)
```

参数：第 1 种情况时字符串是随意的，ether.myip 是已经设置好的或者是自动获取的 IP，将其以点分十进制表示法打印出来，例如：ether.printIp("My IP: ", ether.myip)，第 2 个是将一个随意的

IP 以点分十进制表示法打印到串口，这个 IP 可以和 Arduino 毫无关系。

返回值：无。

接下来是几个相应的例子，其中 ether.myip 、ether.mymask 、ether.gwip 分别是 ENC28J60 自动获取的 IP、子网掩码和网关。当然也可以用此函数打印其他的自己设置的 IP，它都可以用十进制的方式打印到串口。

```
ether.printIp("My IP: ", ether.myip);
ether.printIp("Netmask: ", ether.mymask);
ether.printIp("GW IP: ", ether.gwip);
```

在程序 4-8 中 loop()函数里只有一行代码，包含了两个函数，这两个函数又是做什么用的呢？根据函数命名法不难猜出这是接收消息的两个函数，看下面的（5）和（6）。

（5）ether.packetReceive()

功能：从网络接收一个新传入的数据包。

语法：

```
ether.packetReceive()
```

参数：无

返回值：接收到的数据包的大小。

（6）ether.packetLoop()

功能：对具体收到的信息作出回应，包含 ping 请求（ICMP echo 请求）。

语法：

```
ether.packetLoop(len)
```

参数：len 表示的是接收到的数据包的大小。类型为 word 型。

返回值：数据在缓冲区中的偏移量。

ether.packetReceive 和 ether.packetLoop(len)这两个函数通常是放在一起使用的。对于网络部分的学习最好有一定的网络基础知识，这样就可以比较容易理解一些术语和网络工作的原理了。连接好了网络，就可以和网络互动了。

4.6.2 Arduino 与 Yeelink 的互动制作

看到这个标题或许就会感到疑惑，Yeelink 是什么呢？Yeelink 实际上就是一个网络服务平台，能够同时完成海量的传感器数据接入和存储任务，确保数据能够安全的保存在互联网上，只在数据拥有者允许的范围内共享。

首先在 Yeelink 上注册一个账户，并学会设置装置。可以访问 Yeelink 的官方网站 http://www.yeelink.net/，对于如何上传和下载数据，Yeelink 上有详细的介绍，这里就不作赘述了。

【示例 3】 Yeelink 互动：手机遥控小灯

下面就介绍一个简单的例子来了解一下 Arduino 是怎样通过 Yeelink 互动的。

这个例子通过手机客户端远程控制 LED 小灯。它的基本工作流程是 Arduino 板通过网络扩展板 ENC28J60 获取 Yeelink 上指定位置的开关状态，然后判断开关状态，根据开关状态来控制小灯的关灭。

程序示例如 4-9 所示。

程序 4-9：使用手机客户端远程控制小灯的程序示例

```
#include<EtherCard.h>
uint8_t Ethernet::buffer[700];                                  //设置缓冲区大小
const uint16_t PostingInterval = 5000;                          //设置为 5s 时比较稳定
uint32_t lastConnectionTime = 0;
String reply;
int LEDpin = 3;
char RETURN;

static char website[] PROGMEM = "api.yeelink.net";              //网站地址
static byte mymac[] = {   0x74,0x69,0x69,0x2D,0x30,0x31 };      //物理地址
char apiKey[] PROGMEM    = "************";                      //换成自己的 APIkey
char URLBUF[] PROGMEM = "/v1.0/device/****/sensor/****/";
                                                                //换成自己的设备号
void setup() {
  Serial.begin(57600);                                          //设置波特率
  pinMode(LEDpin,OUTPUT);                                       //设置 3 号引脚为输出引脚
  Serial.println("\n[yeelink client]");
  if (ether.begin(sizeof Ethernet::buffer, mymac,10)){          //初始化连接网络
    Serial.println( "Succeed to access Ethernet controller");
  }
  if (ether.dhcpSetup()){                              //通过 DHCP 服务器自动获取一个 IP 地址
    Serial.println("DHCP Succeed");
  }

  ether.printIp("My IP: ", ether.myip);                         //打印 IP
  ether.printIp("Netmask: ", ether.mymask);                     //打印子网掩码
  ether.printIp("GW IP: ", ether.gwip);                         //打印网关的 IP
  ether.printIp("DNS IP: ", ether.dnsip);                       //打印域名系统 IP

  if (ether.dnsLookup(website)){                                //解析域名
     Serial.println("DNS Succeed");
  }
  ether.printIp("Server: ", ether.hisip);                       //打印网络服务器 IP
}

void ResponseCallback(uint8_t status, uint16_t off, uint16_t len)
                                                                //将获取的数据在串口打印出来
{
    reply = (const char*)Ethernet::buffer + off;                //将收到的数据强制转换成字符型
    RETURN = reply.charAt(reply.length() - 2);                  //提取开关状态
    if(RETURN == 1){                                            //开关状态为 1
      digitalWrite(LEDpin,HIGH);                                //点亮小灯
```

```
        }
        else
        {
          digitalWrite(LEDpin,LOW);                                  //关闭小灯
        }
    }

    void loop()
    {
        ether.packetLoop(ether.packetReceive());             //循环从网络接收一个新传入的数据包
        if(millis() - lastConnectionTime > PostingInterval){ //间隔一段时间接收数据包
              lastConnectionTime=millis();
            //将网络数据放入缓存
            ether.browseUrl(URLBUF,"datapoints",website,apiKey,ResponseCallback);
        }
    }
```

通过上面的例子就可以实现远程 LED 小灯的亮/灭了。这里的许多函数可能不易理解，我们将会在下一节中介绍这些函数的用法。

4.6.3 Arduino 和 Web 服务器通信

在学习 Arduino 与服务器的通信之前，还要做一些准备工作，这些工作都是关于网络的一些基础知识，如果缺乏网络知识，建议读一读，这对以后网络功能的开发十分有利，如果以前学习过计算机网络基础知识就可以直接跳过了。本小节将以 Yeelink 为研究对象来学习 Arduino 与服务器的通信。

1. URL

Yeelink 可以存储许多传感器传送的数据，每一个传感器都有各自的数据存放地址，每次在 Yeelink 上存放或读取数据时只要找到这个地址就可以了，而这个地址就是统一资源定位服务器地址 URL，也就是通常所说的网址。URL（全球统一资源定位器）由 4 部分组成，其一般形式是：

```
协议类型://服务器地址（必要时需加上端口号）/路径/文件名
```

比如：URL:http://api.yeelink.net/v1.0/device/5677/sensor/8771/datapoints

其中 http 是网络协议类型，api.yeelink.net 是服务器地址，v1.0/device/5677/sensor/8771 是文件路径，datapoints 是文件名。

2. DNS

DNS（域名系统，Domain Name System 的缩写）是干什么用的呢？对客户机来说，查找服务器实际上就是查找服务器的 IP 地址，记住一个服务器的 IP 远比记住一个服务器的名称要麻烦的多，所以就用 DNS 将服务器名称与其 IP 一一映射起来，这样当访问某一个网站，直接输入名字就可以了，DNS 服务器可以将网站的名字自动转化成 IP 地址，这样在网络上寻找网站，就不用费事的输入难以记忆的 IP。所以 Arduino 在与 Yeelink 互动之前，必须先检验域名服务器是否正常工作，在 Arduino 的 EtherCard 库中有一个函数可以实现这个功能，其具体用法如下：

ether.dnsLookup()

功能：验证域名服务器是否正常。

语法：

```
ether.dnsLookup()
```

参数：无

返回值：如果成功将返回 1，失败则返回 0。

有了以上了解就可以开始 Arduino 与 Yeelink 的互动了。Arduino 与 Yeelink 的互动这里主要是指上传和下载数据。用到的函数有三个。其具体用法如下：

① ether.browseUrl()

功能：与指定的服务器建立连接，并从相应的位置获取数据，即从网络获取数据。

语法：

```
browseUrl (prog_char *urlbuf,
        const char *urlbuf_varpart,
        prog_char *hoststr,
        void (*callback)(byte,word,word)));

browseUrl(prog_char *urlbuf,
        const char *,urlbuf_varpart
        prog_char *hoststr,
        prog_char *header,
        void (*callback)(byte,word,word)))
```

参数：

```
prog_char *urlbuf,                           //路径;
        prog_char *hoststr,                  //服务器地址;
        prog_char *header,                   //APIkey;
        prog_char *urlbuf_varpart,           //文件名;
        void (*callback)(byte,word,word)) //回调函数，连接结束时执行
```

返回值：无

这个函数的第二种形式比较常用。它用来获取指定网络上的数据。比如，可以获取之前存储在 Yeelink 上的温度传感器的数据。

② ether.httpPost()

功能：与指定的服务器建立连接并向相应的位置发送数据。即向网络发送数据。

语法：

```
httpPost (prog_char *urlbuf,
        prog_char *hoststr,
        prog_char *header,
        const char *postval,
        void (*callback)(byte,word,word));
```

参数：

```
prog_char *urlbuf,                        //路径;
      prog_char *hoststr,                 //服务器地址;
      prog_char *header,                  //APIkey;
      const char *postval,                //要发送的数据;
      void (*callback)(byte,word,word))   //回调函数，连接结束时执行
```

返回值：无

它的用法和上面的 ether.browseUrl()函数几乎是一样的，只不过参数中的文件名换成了要发送的数据。

③ 回调函数

一般格式：void (*callback)(byte,word,word))

回调函数是在连接结束时执行的。这个函数将缓冲区中得到的网络数据在串口打印出来，当然也可以根据需要来对回调函数进行编写。如下便是一个简单的回调函数。

```
static void ResponseCallback(uint8_t status, uint16_t off, uint16_t len)
{
…
}
```

通过以上函数可以实现 Arduino 与网络的互动了，接下来用一个实例来实现 Arduino 上传温度信息的功能。

【示例 4】 服务器通信：使用 Arduino 上传温度

本例需要准备一个温度传感器，导入单总线类库 OneWire.h 库文件和温度传感器类库库文件 DallasTemperature.h，程序中作为输入输出口的引脚是 A0，连线方式请参照第 4.1.3 小节的 LCD 温度显示器连线内容。

程序 4-10：使用 Arduino 上传温度信息

```
#include <DallasTemperature.h>                          //DS18B20 要用到的库
#include <EtherCard.h>
#include <OneWire.h>                                    //单总线库

#define ONEWIRE_PIN1 A0                                 //定义接收温度传感器数据的引脚

OneWire DS1(ONEWIRE_PIN1);
DallasTemperature sensor(&DS1);                         //定义一个温度传感器类

char website[] PROGMEM = "api.yeelink.net";             //网站地址
static byte mymac[] = {  0x74,0x69,0x69,0x2D,0x30,0x31 };  //物理地址
char apiKey[] PROGMEM   = "************";               //换成自己的 APIkey

char URLBUF[] PROGMEM = "/v1.0/device/****/sensor/****/";
char urlBuf[] PROGMEM = "/v1.0/device/****/sensor/****/datapoints";
//换成自己的设备号
```

```
uint8_t Ethernet::buffer[700];                                      //设置缓冲区大小
char sensorData[20];
const uint16_t PostingInterval = 5000;                              //设置为 5s 时比较稳定
uint32_t lastConnectionTime = 0;
String reply;

static void ResponseCallback(uint8_t status, uint16_t off, uint16_t len)   //将获取的数据在串口打印出来
{
        reply = (const char*)Ethernet::buffer + off;                //将收到的数据强制转换成字符型
        Serial.println(reply);
}

static void SendCallback(uint8_t status, uint16_t off, uint16_t len){}

void setup()
{
        Serial.begin(57600);
        sensor.begin();                                             //传感器的初始化
        Serial.println("\n[yeelink client]");
        if (ether.begin(sizeof Ethernet::buffer, mymac,10)){
        Serial.println( "Succeed to access Ethernet controller");
}
        if (ether.dhcpSetup())
        {
                Serial.println("DHCP Succeed");
        }

        ether.printIp("My IP: ", ether.myip);
        ether.printIp("Netmask: ", ether.mymask);
        ether.printIp("GW IP: ", ether.gwip);
        ether.printIp("DNS IP: ", ether.dnsip);

        if (ether.dnsLookup(website))
        {
                Serial.println("DNS Succeed");
        }
        ether.printIp("Server: ", ether.hisip);
}

void loop()
{
        sensor.requestTemperatures();                               //从温度传感器获取温度
        ether.packetLoop(ether.packetReceive());
        if(millis() - lastConnectionTime > PostingInterval){
        lastConnectionTime = millis();
        uint16_t Tc_100 = sensor.getTempCByIndex(0)*10;
        uint8_t whole, fract;
        whole = Tc_100/10 ;
```

```
        fract = Tc_100 % 10;
        sprintf(sensorData,"{\"value\":%d.%d}",whole,fract);
        //以上部分是将数据转化成网站指定的格式
        //发送一个温度到指定的位置
        ether.httpPost(urlBuf,website,apiKey,sensorData,SendCallback);
    }
        ether.packetLoop(ether.packetReceive());
        if(millis() - lastConnectionTime > PostingInterval){
            lastConnectionTime = millis();
            //从指定的位置获取自己的数据
            ether.browseUrl(URLBUF,"datapoints",website,apiKey,ResponseCallback);
        }
    }
```

这个实例是上传从温度传感器 DS18B20 采集到的温度数据到 Yeelink 上面，并下载 Yeelink 上的数据来观察。程序下载运行后上传的温度信息如图 4-15 所示。

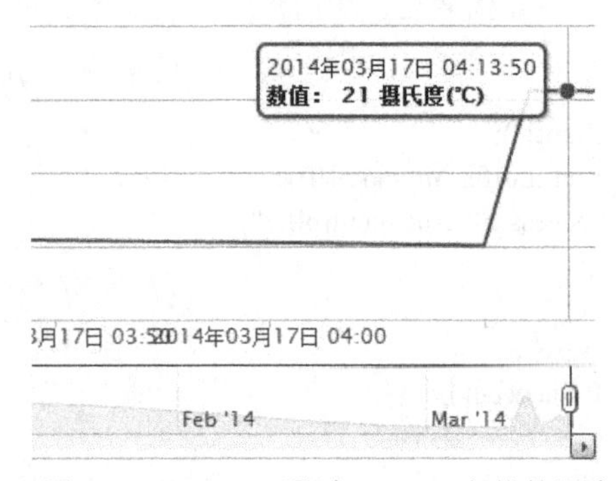

图 4-15　Arduino 通过 Yeelink 上传的温度

4.6.4　Arduino 用作 Web 服务器

Arduino 与 ENC28J60 除了可以作为客户端之外，还可以作为 Web 服务器来使用。由于这个并不常用，所以就只做简单的介绍。它的基本工作原理是，当网络上的某个用户向 Arduino 与 ENC28J60 发出请求时，即向目标 IP 地址发送请求，这个简易的服务器通过网络获取这个请求，然后用一个简单的网页进行响应。这里需要对 http 协议和 HTML 有一定的了解，读者可以找相关的书籍学习一下，下面只列举重要部分的代码。

首先是两个比较重要的函数 ether.packetReceive()和 ether.packetLoop(len)。前者接收从网络传来的数据，后者则对从网络接收到的信息做一个回应。返回值分别是从网络上接收到的数据包的大小和数据在缓冲区中的偏移量。可以使用一个数据来保存数据的偏移量，当程序接收到请求时，则数据在缓冲区中的偏移量必定是大于零的，然后将获得的请求打印到 COM 口。

```
word pos =   ether.packetLoop(ether.packetReceive);
if(pos){
    Serial.println("Get a request");
    Serial.println((char *)Ethernet::buffer + pos);
}
```

还需要使用 BufferFiller 类申请一个对象来存储对客户端浏览器的响应。

```
BufferFiller buff = ether.tcpOffset();
```

以上代码表明是以太网缓冲区（Ether::buffer）的这个地址（tcpOffset）开始存储响应。

响应的网页信息该怎么写呢？可以用 HTML 语言编写响应的网页，其写法如下：

```
buff.emit_p(PSTR("HTTP/1.0 200 OK\r\n"
"Content-Type: text/html\r\nPragma: no-cache\r\n\r\n"
"<html><body><h1>Server</h1></body></html>"));
```

上面的网页将显示 Server 这个词。emit_p()将数据保存在缓冲区中，用 PSTR()宏将字符串存储在 flash 空间中。

最后只需要将这个网页信息发送到客户端浏览器就可以完全实现 Web 服务器的功能了，使用 httpServerReply()函数，可以将响应信息发送到客户端浏览器。

```
ether.httpServerReply(buff.position());
```

其中 position()函数，用于获得 BufferFiller 包含的字符数。

完成上述所有的代码之后就可以实现一个 Web 服务器的功能了。

4.7 Arduino 与无线通信

无线通信在生活中很常见，人们用手机相互拨打电话、发送短信或者使用手机上其他即时通信工具如 QQ 等进行沟通，这些都属于无线通信。如今智能手机越来越多，在很多地方都可以通过 Wi-Fi 连接互联网，或者使用蓝牙传送照片等信息，这也是无线通信的内容。无线通信应用十分广泛，小到身边的手机，大到航空航天，无线通信都起着十分重要的作用。

4.7.1 无线通信简介

无线通信是一种利用电磁波（而不是电缆线）进行通信的方式，无线通信包括微波通信和红外线通信等方式。目前，无线通信逐渐从长距离无线通信分化成为长距离无线通信和短距离无线通信两大阵营。

长距离无线通信主要是指卫星通信，或者传播距离为几千米的微波通信，卫星通信通过利用卫星作为中继站，在两个或者两个以上的地球站或移动物体之间建立通信，微波中继站通常需要相隔几千米就建立一个，以便实现微波的全面覆盖。而短距离无线通信则是在无线局域网的发展前提下发展起来，短距离无线通信主要是指在较小的范围内，一般为数百米内的通信，目前常见的技术有 802.11 系列无线局域网、蓝牙、HomeRF 和红外传输技术。

使用无线通信协议一般连接各种便携式电子设备，计算机外设和家用电器设备，从而实现各个设备之间的信息交换或共享。目前使用较广泛的短距无线通信技术是蓝牙（Bluetooth），无线局域网 802.11（Wi-Fi）和红外数据传输（IrDA）。同时还有一些具有发展潜力的近距离无线技术标准，它们分别是：ZigBee、超宽频（Ultra WideBand）、短距通信（NFC）、WiMedia、GPS、DECT 和专用无线系统等。一般根据不同的要求如功耗、传输速度或者距离使用不同的技术方案。

Arduino 同样支持多种短距离无线通信，常见的有 Wi-Fi 和蓝牙（Bluetooth）等。不仅如此，如果给开发板外接可以发短信的芯片如 SIM900 系列的 GPRS 模块，Arduino 同样可以用来通过发短信进行长距离无线通信。使用 Wi-Fi 和使用蓝牙控制小设备如小车、玩具飞行器或者连接手机等都非常有趣。

4.7.2 无线通信协议有哪些

无线接入技术则主要包括 IEEE 的 802.11、802.15、802.16 和 802.20 标准，分别指无线局域网 WLAN（采用 Wi-Fi 等标准）、无线个域网 WPAN（包括蓝牙与超宽带 UWB 等）、无线城域网 WMAN（包括 WIMAX 等）和宽带移动接入 WBMA。

一般来说，使用 802.11 协议的 Wi-Fi 具有热点覆盖、低移动性和高数据传输速率的特点。而 WPAN 能够提供超近距离覆盖和高数据传输速率，能够实现城域覆盖和高数据传输速率，还可以提供广覆盖、高移动性和高数据传输速率。

4.7.3 Wi-Fi

Wi-Fi 是一种短距离无线通信技术，本质上是一种高频的无线信号。Wi-Fi 可以将个人电脑（多指笔记本电脑）、PAD、手机等无线设备终端通过无线信号连接到一起，可以提供访问互联网的功能。

Arduino 同样推出了 Arduino WiFi 板，Arduino WiFi 跟手机的 Wi-Fi 功能一样，可以通过无线连接互联网，并可以通过网络上传和下载数据。Arduino WiFi 如图 4-16 所示。

图 4-16 Arduino WiFi Shield

Arduino WiFi Shield 通过 802.11 无线标准连接至互联网。它基于 HDG104 Wireless LAN 802.11b/g 系统软件包。Atmega 32UC3 提供了一个 TCP 和 UDP 的互联网 IP 堆栈。通过使用 Wi-Fi 库将开发板连接至互联网。WiFi Shield 通过长线转换延伸至扩展板的接头连接到 Arduino 电路板。这使引脚布局保持不变，并允许另一个扩展板插叠到上面。

Arduino WiFi Shield 有几个引脚需要注意，这也是它与普通 Arduino 开发板不同的地方。使用 Wi-Fi 功能时，HDG104 通过数字 I/O 口 10、11、12、13 和 Arduino SPI 总线相连接，数字 I/O 口 4

用来控制存储数据到片内 Micro-SD 卡。片内的 Micro-SD 卡可用来存储文件，可与 Arduino Uno 和 Mega 兼容。同时，Micro-SD 和 HDG104 共用 SPI 总线。

在 Arduino 官方网站上，有使用 Arduino WiFi Shield 的官方案例，如 http://www.arduino.cc/en/Tutorial/WiFiWebClient 上给出了使用 WiFi Shield 作为 Web 客户端访问网络的教程。

4.7.4 蓝牙

目前智能手机大多具有蓝牙的功能，蓝牙是一种传输距离非常短的无线通信方式，一般只有几米，但是由于其建立连接简单，支持全双工传输且传输速率快，一般应用在移动电话、笔记本电脑、无线耳机和 PDA 等设备上。

早在 1994 年，爱立信公司就开始研发蓝牙技术了。经过多年的发展，蓝牙由最初的一家公司研究逐渐成为现在拥有全球性的技术联盟和推广组织。由于蓝牙的低功耗，低成本，安全稳定并易于使用的特性使得蓝牙在全球范围使用非常广泛，蓝牙的标志如图 4-17 所示。

图 4-17 蓝牙的标志

Arduino 同样支持蓝牙通信，只需要安装一个蓝牙串口模块，该模块有 4 个接线引脚，分别是电源 5V、GND 和串口通信收发端 TX、RX。实际上，这个蓝牙模块相当于 Arduino 与其他设备进行通信的桥梁，利用这个蓝牙模块，可以代替 USB 线将 Arduino 连接到电脑上，也可以让 Arduino 连接其他拥有蓝牙功能的设备。

【示例 5】 使用 Arduino 和蓝牙模块同 PC 进行通信

硬件准备：

Arduino UNO 开发板，蓝牙模块，4 根跳线。

进行连线：

将蓝牙模块的 5V 电源引脚和 GND 引脚分别用跳线连接到 Arduino 开发板对应的接口。RX 和 TX 端口分别连接开发板的 0 号和 1 号数字 I/O 口。将 Arduino 开发板用 USB 连线连接至 PC，连线就完成了，非常简单。读者会发现蓝牙模块有个灯常亮而有一个却一直在闪烁，这是因为蓝牙模块背面有两个灯 power 和 state，通电后 power 就亮了，state 灯一直闪烁则是因为蓝牙还未连接设备。

编写程序：

这里通过 PC 向 Arduino 开发板发送字符串“Start”，之后开发板传输一个字符串“Bluetooth”给 PC 来代表一次完整的通信过程。

打开 IDE，编写相应程序。

程序 4-11：Arduino 使用蓝牙模块程序示例

```
int ledPin = 13;
int pinRx = 0;
int pinTx = 1;
String val ="";                              //定义一个字符串类型的变量

void setup()
{
      Serial.begin(9600);                    //初始化串口
      pinMode(ledPin, OUTPUT);
}
void loop()
{
      while(Serial.available() > 0)
      {
          val += char(Serial.read());        //将串口读取的字符串送到变量 val 中
          delay(2);                          //每隔一小段时间再读取一次保证读取的正确性
      }
      if (val == "Start")                    //判断是否接收到 Start
      {
            digitalWrite(ledPin, HIGH);
            digitalWrite(ledPin, LOW);
            delay(1000);
            Serial.println("Bluetooth");
      }
}
```

程序编译后，就可以进行上传了。上传时注意拔掉 Arduino 与蓝牙模块的串口引脚 TX 和 RX，否则因为其占用串口会导致上传失败。上传运行后将 PC 与 Arduino 开发板的连接断掉并使用其他电源供电。之后 PC 端需打开蓝牙管理，然后选择添加新的设备，会找到 Arduino 蓝牙设备“linvor”。打开后点右键连接，跳出配对密码输入框，输入配对密码“1234”即可。连接完成后，可以看到蓝牙模块上的 state 灯长亮了，这表明连接正常，可以进行通信了。之后打开 IDE 自带的串口监视器，在串口中输入“Start”，单击发送后就可以看到串口监视其中显示“Bluetooth”了。这表明使用蓝牙通信成功。

提 示

蓝牙模块的配对信息是可以通过 AT 命令来进行改动的。默认情况下，蓝牙设备名是“linvor”，波特率为 9600，配对密码为“1234”。关于如何使用 AT 指令修改蓝牙模块的信息，请自行查阅相关资料。

4.7.5 ZigBee

ZigBee 是基于 IEEE802.15.4 标准协议规定的一种短距离、低功耗的无线通信技术。细心地读者会发现“Zig”（嗡嗡声）和“Bee”（蜜蜂）这两个单词都同大自然中神奇的蜜蜂相关，蜜蜂就是通过各种造型的舞动来传递信息的，这种神奇的通信方式用来形容 ZigBee 的特点非常的贴切。ZigBee 的特点是近距离、低复杂度、自组织、低功耗、高数据速率、低成本，常用在自动控制和远程控制领域，可以嵌入各种设备中进行通信。

Arduino 官方推荐的 ZigBee 模块叫做 XBee 无线通信模块，由于国内价格较高且数量较少不便购买的原因，国内常用的是 APC220 无线通信模块，APC220 模块频率为 431MHz~478MHz，支持串口通信，而且不仅支持点对点通信，还支持一对多的通信。APC220 与 Arduino 连接同样通过 TX 和 RX 串口，但是其波特率建议为 19200bps。

目前 Arduino 使用 ZigBee 技术制作电子产品的前景十分广阔，比较火热的一个话题就是利用 ZigBee 控制电器和传感器制作智能家居，有兴趣的读者可以欣赏一些相关案例。

4.7.6 移动通信

前面提到过 Arduino 可以控制 GPRS 无线模块收发短信甚至彩信。不仅如此，Arduino 同样还可以利用 GPRS 模块接打电话，这个功能可以用在很多地方。比如利用 Arduino 和一些传感器部署在家中，如果发生紧急情况例如火灾可以通过 Arduino 发送短信通知未在家的主人，或者远程控制 Arduino 执行一些任务，比如打开热水器、打开灯和关闭窗帘等，这时候 Arduino 就相当于一个贴心的管家，一丝不苟地执行既定的任务。

国内 Arduino 使用的 GSM/GPRS 模块以 SIM900 系列为主，SIM900A 是 SIMCom（芯讯通）公司推出的一款仅适用于中国市场的 GSM/GPRS 模块，具有性能稳定、外观精巧、性价比高等特点。SIM900A 采用了工业标准接口，工作频率为 GSM/GPRS 850/900/1800/1900MHz，可以在低功耗的情况下实现语音、SMS、数据和传真信息的传输。

那么如何使用 Arduino 发送一条短信呢，在使用 SIM900A 之前读者有必要了解一下 AT 指令的相关知识。AT 指令中的 AT 即 Attention，一般应用于终端设备与 PC 应用之间的连接与通信。AT 指令的用法为“AT+指令”，例如：AT+CMGC 为发出一条短消息的命令，AT+CMGR 为读短消息。

接下来的例子是 Arduino 通过 SIM900A 发送一条短信给特定的移动手机。

【示例 6】 移动应用：使用 Arduino 发送手机短信

硬件准备：

Arduino UNO，SIM900A 拓展版，跳线若干。

进行连线：

Arduino 开发板与 SIM900A 模块连线方式同其他无线模块类似，该模块有 4 个接线引脚，分别是电源 5V、GND 和串口通信收发端 TX、RX。连接时仍然是电源 5V 和 GND 连接 Arduino 的电源 5V 引脚和 GND 引脚，RX 和 TX 分别连接串口引脚 0 和 1，如图 4-18 所示。

图 4-18 Arduino UNO 和 GPRS 模块连接

编写程序：

连线完成后，就可以打开 IDE，编写程序了，程序代码如下。

程序 4-12：使用 SIM900A 发送短信

```
#define MAXCHAR 81                    //定义数组长度
char array[MAXCHAR];                  //定义数组
int temp=0;                           //用于清理缓存的临时变量 int g_timeout=0; 防止程序跑偏
char ATE0[]="ATE0";
char CREG_CMD[]="AT+CREG?";           //网络注册及状态查询
char SMS_send[]="AT+CMGS=18";         //发送短消息 PDU 格式
char ATCN[]="AT+CNMI=2,1";            //新消息指示
char CMGF0[]="AT+CMGF=0";             //设置短消息的发送格式 PDU
char CMGF1[]="AT+CMGF=1";             //纯文本
char CMGR[12]="AT+CMGR=1";            //读取短消息
char CMGD[12]="AT+CMGD=1";            //删除所有已读短消息
#define SEND_MESSA_TO_YOUR "at+cmgs=\"***********\"\r\n"
                                      //填入你手上的手机号码 不是开发板的
#define SEND_MESSA_CONTENT "arduino group test "

//读取串口输入
int readSerial(char result[])         //将缓冲内容放入 result[]中。
{
  int i = 0;
  while (Serial.available() > 0)      //read from serial
  {
    char inChar = Serial.read();
    if (inChar == '\n')
    {
      result[i] = '\0';
      Serial.flush();                 //缓冲
      return 0;
    }
    if(inChar!='\r')
    {
      result[i] = inChar;
      i++;
    }
  }
}

/*
  清除缓存
 */

void clearBuff(void)                  //清空 buff
{
  int j=0;
  for(temp=0;j<MAXCHAR;j++)
```

```
    {
      array[temp]=0x00;
    }
    temp=0;
  }

  int Hand(char *s)                          //握手函数，用于检测某个关键字是否存在
  {
    delay(200);
    clearBuff();
    delay(300);
    readSerial(array);
    if(strstr(array,s)!=NULL)                //检测开发板和模块的连接
    {
      g_timeout=0;
      clearBuff();
      return 1;
    }

  if(g_timeout>50)
    {
      g_timeout=0;
      return -1;
    }
    g_timeout++;
    return 0;
  }

  void AT(void)                              //测试 gsm 模块状态
  {
    clearBuff();
    Serial.println(ATE0);                    //通知设备准备执行命令
    delay(500);
    readSerial(array);
    while(strstr(array,"OK")==NULL)
    {
      clearBuff();
      Serial.println(ATE0);
      delay(500);
      readSerial(array);
    }
    clearBuff();
    Serial.println(ATCN);                    // 载波控制默认=1，为了保证兼容性，执行号只是返回结果
码而没有其他作用
    delay(500);
    while(Hand("OK")==0);
    while(1)
    {
      clearBuff();
```

```
        Serial.println(CREG_CMD);          /*网络注册及状态查询,返回值共有5个,分别是 0, 1, 2,3,4,5 ,0代表
没有注册网络同时模块没有找到运营商
                                                    1代注册到了本地网络, 2 代表找到运营商但没有注册网络, 3
代表注册被拒绝, 4 代表未知的数据, 5代表注册在漫游*/
        delay(500);
        readSerial(array);
        if((strstr(array,"0,1")!=NULL)||(strstr(array,"0,5")!=NULL))
        {
          clearBuff();
          break;
        }
      }
    }

    /*发送英文信息*/
    void send_english(void)
    {
      clearBuff();
      Serial.println(CMGF1);                           //纯文本格式
      delay(500);
      while(Hand("OK")==0);
      clearBuff();
      Serial.println(SEND_MESSA_TO_YOUR);
      delay(500);
      while(Hand(">")==0);
      Serial.println(SEND_MESSA_CONTENT);      //发短信内容
      delay(100);
      Serial.print("\x01A");                          //发送结束符号
      delay(10);
      while(Hand("OK")==0);
    }

    void setup()
    {
     Serial.begin(9600);                              //设置波特率为9600
    }

    void loop()
     {
        AT();
       send_english();
       delay(200);
       clearBuff();
       delay(1000);
       while(1);                                       //使程序停留在这里
     }
```

在这段程序中，AT()函数的执行是相当于手机开机的过程，在确认 GSM 模块正常后，SIM900A会注册信息到网络上，注册成功之后才能发送信息或者拨打电话。

程序编译成功后，上传之前把 RX 和 TX 引脚拔下来，上传后再插上引脚，打开串口监视器，在看到提示注册成功的“OK”信息之后，就可以查看目标手机是否收到相应的短信了。

4.8 本章小结

本章介绍了很多函数，如位操作、高级输入输出函数、时间函数、中断函数等，这些函数在 Arduino 编程的过程中会经常用到，读者掌握这些函数后要多加的实践，在制作温度显示器、火焰报警器、访问网络等小项目中，相信读者积累了不少经验。经过本章的学习，读者是不是已经摩拳擦掌，想要做点更大的项目了呢。在第 5 章会有更多的项目和例子供读者学习。

第 5 章　Arduino 项目演练

本章将介绍 4 个使用 Arduino 制作的电子产品项目，包括从打造智能家居，使用 Arduino 遥控小车，控制机械手臂和制作小游戏。这 4 个项目非常的生动有趣，要注意有些项目并没有给出全部的实现方法，这就需要读者开动脑筋，查阅相关的资料来完善和维护一个项目。经过本章的学习，相信各位读者的动手能力能再上一个台阶，进入一个新的水平。

本章知识点：

- 了解系统分析与设计
- 进一步使用 Arduino 进行互动制作
- 完善和维护项目
- 网络模块和无线模块的应用

5.1　项目 1——用 Arduino 打造智能家居

智能家居并不是一个新颖的概念了，在日常生活中，我们可以开动脑筋，设计一些小功能安装在家中，既方便了生活，又能提高对生活的品味。只要动起手来，你也可以使用 Arduino 做出自己的创意智能家居。

5.1.1　现状与前景分析

随着经济和技术的发展，尤其是近年来计算机技术、网络通信技术、自动化控制技术的突飞猛进，人们对家居生活方式有了新的理念，在舒适性、便利性和安全性方面有了更高的要求。尤其在智慧城市和物联网逐渐兴起的今天，作为智能城市的重要组成部分，智能家居系统既能给人们的生活带来便利，又提高了安全性，同时提供了全方位的信息交换功能，节约了时间和资源。普及智能家居系统会极大地提高人们的生活质量和生活水平，给人们的生活带来极大的方便，使人们的生活更加舒适。

智能家居这个概念很早就被提出来了，但是一直没有得到广泛的普及，其中除了技术还不成熟，价格因素等，产品的用户体验和功能不能进一步做的精简方便也是一个重要的因素，如果因为要实现一个功能，就要将家居做大装修，显然这是不经济的，那么，怎么样才能做好智能家居产品呢？使用 Arduino 快速设计出原型，并对这些问题进行研究，对现存的问题进行归纳和总结，逐步通过实验设计出交互性更强，用户体验性更好的产品。利用 Arduino 平台开发智能家居系统，成本低廉，方便学习和开发新的功能，降低了开发和使用门槛。具有极大的研究意义和推广价值。

目前，智能家居的技术和产业正不断产品化、成熟化。如何设计和研究低成本、交互性强，稳定而且简单易行的方案和模型成为了智能家居迅速普及的一块跳板，也是目前智能家居市场的机遇与挑战。

5.1.2 设计系统结构与流程

在设计整个系统之前，首先要进行充分的调研，对想要开发的智能家居系统进行分析，了解各个部分是如何运行的，对规划整个系统是十分必要的，这也是减少开发时间和开发误区的一个方法。

整个系统应当使用增量式的开发过程，即首先应该实现系统的整体运行，之后逐渐添加功能。本系统分阶段进行，每个阶段的功能如下。

- 第一阶段：系统通过传感器对周围环境进行信号采集。这些环境包括温度测量模块、湿度测量模块、光亮度测量模块、红外线检测模块、烟雾检测模块。系统将会对这些信号进行输出。在此阶段会进行相应的安全范围分析，通过系统进行判断。
- 第二阶段：Arduino 执行系统将会对采集到的信号进行安全判定，不符合要求的将会通过 GPRS 模块进行报警，同时接受指令进行门窗的开关，以及闭环控制系统的温度控制操作。
- 第三阶段：实现将传感器数据存储到网上，通过手机、网页查看传感器数据并发出指令。相当于实现一个 Arduino 控制中心。
- 第四阶段：系统实现语音交互功能，此时整个系统将会具有语音控制功能。
- 第五阶段：后期可为系统添加无线、蓝牙通信功能，升级为更易使用、易部署的系统。还可为系统增加智能设备，如智能垃圾桶、机械手臂等。

系统拓扑图如图 5-1 所示。

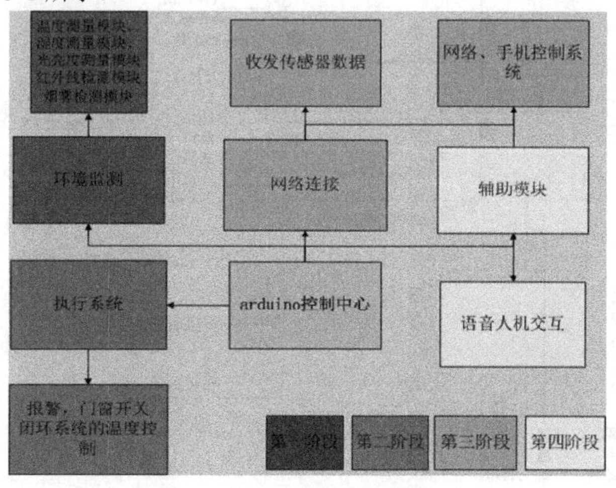

图 5-1 智能家居系统开发阶段

在确定每个阶段的任务之后，需要详细分析每个阶段的实现方法，此时需要寻找合适的硬件和其他资源。例如在做报警模块的时候，红外线传感器可以选择 HC-SR501 红外线模块，该模块的功能和参数大致如下。

（1）全自动感应：人进入其感应范围则输出高电平，人离开感应范围则自动延时关闭高电平，输出低电平。

（2）光敏控制（可选择）：可设置光敏控制，白天或光线强时不感应。

（3）温度补偿（可选择）：当环境温度升高至 30℃～32℃，探测距离稍变短，温度补偿可作一定的性能补偿。

（4）两种触发方式：可跳线选择。

- 不可重复触发方式：即感应输出高电平后，延时一结束，输出将自动从高电平变成低电平。
- 可重复触发方式：即感应输出高电平后，在延时时间段内，如果有人体在其感应范围活动，其输出将一直保持高电平，直到人离开后才延时将高电平变为低电平（感应模块检测到人体的每一次活动后会自动顺延一个延时时间段，并且以最后一次活动的时间为延时时间的起始点）。

（5）具有感应封锁时间（默认封锁时间为 2.5 秒）：感应模块在每一次感应输出后（高电平变成低电平），可以紧跟着设置一个封锁时间段，在此时间段内感应器不接受任何感应信号。此功能可以实现"感应输出时间"和"封锁时间"两者的间隔工作，可应用于间隔探测产品；同时此功能可有效抑制负载切换过程中产生的各种干扰（此时间可设置在零点几秒到几十秒钟内）。

（6）工作电压范围宽：默认工作电压为直流 4.5V~20V。

当每个阶段具体实现、分析好之后，就可以设计拓扑图了，传感器如何部署，具体的功能和效果设计都可以在拓扑图中体现出来，如图 5-2 所示。

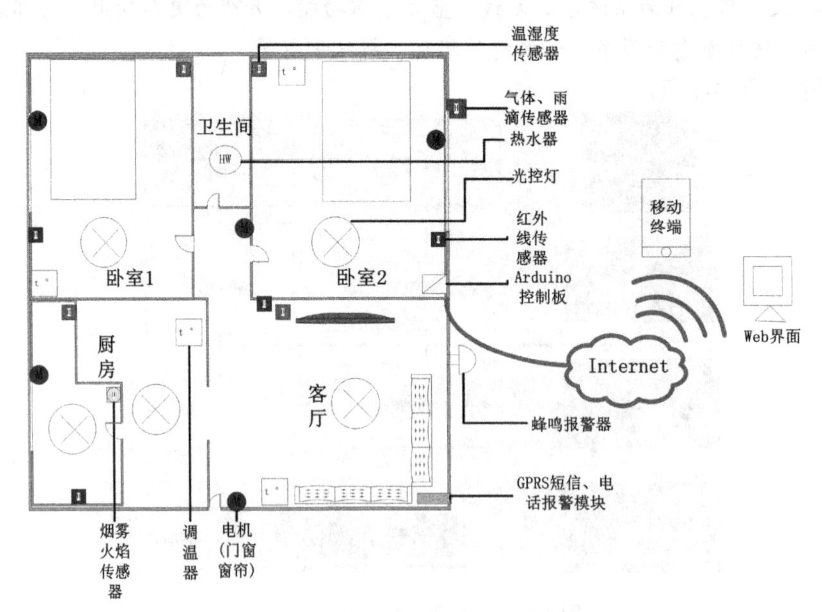

图 5-2　Arduino 智能家居系统拓扑图

之后，就可以着手准备硬件开始正式开发和调试了。

5.1.3　硬件准备

要开发一个项目，硬件和软件是必不可少的。选择硬件要稳定性好，材料要廉价且容易使用为佳。本项目需要准备的硬件大致如下：

- 传感器：单总线温度传感器、温湿度传感器、烟雾传感器、火焰传感器、红外线传感器、光照传感器。
- 电机：舵机
- 拓展模块：SIM900A、网络模块（enc28j60 或 w5100）
- 模型材料：有机玻璃板、合页、铝板等。
- 其他：LED 灯、LCD 液晶显示器、74HC595、继电器、三极管、二极管、风扇、散热铝片、制冷模块、加热片、光电隔离模块、电阻若干、跳线若干等。
- 工具：尖嘴钳、剥线钳、小刀、手锯、胶水、万用表、电烙铁等。

74HC595 芯片具有 8 位移位寄存器和一个存储器，三态输出功能。二极管、三极管以及光电隔离模块和继电器用来在 Arduino 控制加热和制冷模块时隔离电流和稳定电压。

5.1.4 模型与部分示例

准备好工具后可以按照上面五个阶段逐步进行开发了。关于环境监测，即使用传感器监测温湿度的功能开发，本小节就略去不讲了，把重点放在如何使用 74HC595 来控制 LED 灯和 LCD 液晶显示器上。

由于 Arduino 输入和输出口有限的原因，可以使用 74HC595 芯片来控制输出，其作用就是将串行输入的 8 位数字，转变为并行输出的 8 位数字。74HC595 芯片使用 3 个数字 I/O 口就可控制 7 个输出，如果串联一个同样的 74HC595，则使用 4 个 I/O 口就可控制 14 个输出。本项目中使用两个 74HC595 进行级联，控制 LCD1602 液晶显示屏、LED 灯及蜂鸣器。具体连线方式如图 5-3 所示。

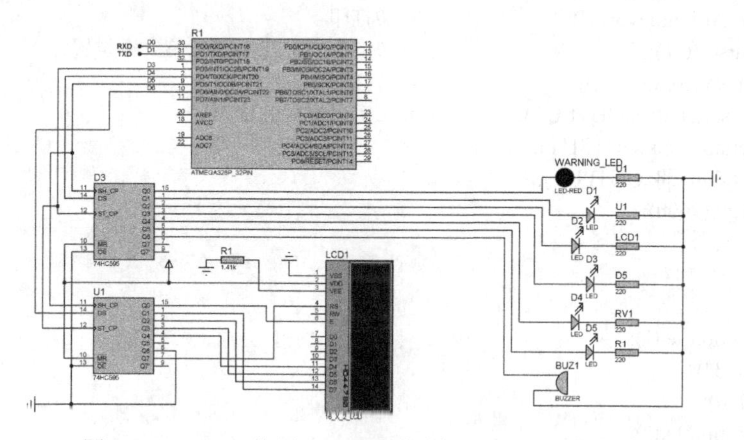

图 5-3 Arduino 使用 74HC595 控制 LCD、LED 和蜂鸣器

连线完成后，就可以进行代码的编写了，打开 IDE 后，在编写代码之前应导入一个库文件“LiquidCrystal595.h”，即使用 74HC595 驱动 LCD 的库文件，该库文件的下载地址为：http://code.google.com/p/arduino-lcd-3pin/downloads/list 。

程序 5-1：Arduino 使用 74HC595 驱动 LCD 程序示例

```
#include <LiquidCrystal595.h>                    // 需要使用 74HC595 和液晶屏的库文件

LiquidCrystal595 lcd(3,5,6);                     // datapin, latchpin, clockpin
int led1=3;
int led2=4;
int serial_data = 4;
int store_clk = 3;
int shift_clk = 5;

//定义移位函数，将输入的数字转换并移到相应的二进制位
void shift_function(int val)
{
    digitalWrite(store_clk,LOW);
    for(int i=0;i<8;i++)
    {
        digitalWrite(serial_data,!!((val & (1<<i))));
        digitalWrite(shift_clk,LOW);             //移位时钟在上升沿时将数据送到移位寄存器中
        delay(10);
        digitalWrite(shift_clk,HIGH);
    }
    digitalWrite(store_clk,HIGH);                //存储时钟在上升沿时将数据送到存储器中
}

void setup() {
    lcd.begin(16,2);                             // 初始化 LCD 屏，2 行 16 列
    lcd.clear();                                 //清屏
    lcd.setCursor(0,0);                          //定位光标在第一行第一个位置
    lcd.print("Arduino world");                  //打印
    lcd.setCursor(0,1);                          //定位光标在第一行第二个位置
    lcd.print("welcome");                        //打印
    pinMode(serial_data,OUTPUT);                 //定义相应的输出口
    pinMode(store_clk,OUTPUT);
    pinMode(shift_clk,OUTPUT);
    Serial.begin(9600);
}

void loop() {
    shift_function(led1);
    lcd.print("3");
    delay(2000);
    shift_function(led2);
    lcd.print("4");
}
```

将代码上传后，可以看到 LCD 显示 Arduino world、welcome 等相应信息，并在 LED 灯亮的时候显示是哪个灯在亮。

解决了这个问题之后，测试和编写传感器环境感知模块，之后上传传感器采集到的数据，使

用中断对临界条件进行判断，一个完整的智能家居系统便初步实现了，之后可以进行维护以及添加其他功能。

图 5-4 为做好的智能家居模型。

图 5-4　智能家居模型

结合第 4 章发送短信和使用传感器进行网络编程的讲解，读者可以开动脑筋，将剩余的模块完成。制作好的模型非常精美，之后再对系统进行改进，相信使用 Arduino 方便生活的日子不再遥远。

5.2　项目 2——用 Arduino 遥控小车

现如今是智能手机的天下，很多手机性能已经能够媲美 PC 了，这种情况下，使用智能手机遥控一台小车自然不在话下了。本节我们用 Arduino UNO 开发板配合 HC-05 蓝牙透传模块制作一辆手机控制的小车，使小车能够发射激光、控制舵机、测量距离并回传到手机，体验一下无线操控的乐趣吧。

5.2.1　硬件准备

首先要准备好以下材料：

- Arduino UNO 板一块，如图 5-5 所示。
- Arduino Sensor shield v5.0 传感器扩展板，带蓝牙直插接口，方便组装模块，如图 5-6 所示。
- L9110 电机驱动板一块，如图 5-7 所示，这种是两路电机驱动板，相对于 L298N 更为小巧，但不支持 pwm 调速，如果需要驱动 4 个电机需要两块，这里我们就用两轮驱动。
- HC-05 主从一体蓝牙透传模块，如图 5-8 所示。
- 超声波测距模块，如图 5-9 所示。
- 普通模拟舵机，如图 5-10 所示。
- 小车轮胎（带直流电机），如图 5-11 所示。
- 激光灯，如图 5-12 所示。

图 5-5　Arduino UNO 板一块

图 5-6　传感器扩展板

图 5-7　L9110 电机驱动板一块

图 5-8　HC-05 主从一体蓝牙透传模块

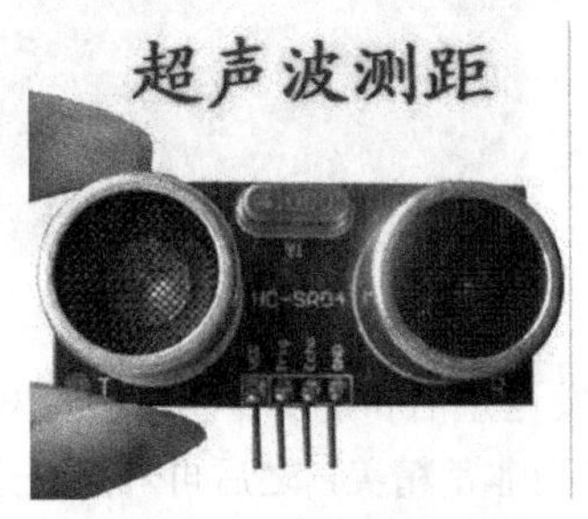

图 5-9　超声波测距模块

图 5-10　普通模拟舵机

图 5-11　小车轮胎（带直流电机）

图 5-12　激光灯

5.2.2　硬件主要功能分析

1．蓝牙模块

首先，我们来简单了解一下 HC-05 蓝牙模块的引脚，如图 5-13 所示。

图 5-13　HC-05 的引脚

引脚的具体含义参见表 5-1。

表 5-1 HC-05 的引脚定义

1	VCC	电源（3.3V~5V）
2	GND	接地
3	TXD	模块串口发送脚，接 UNO 的 RX 引脚
4	RXD	模块串口接收脚，接 UNO 的 TX 引脚
5	KEY	用于进入 AT 指令状态，可直接悬空不做设置
6	LED	配对状态输出。配对成功输出高电平，未配对则输出低电平

这里我们只需要连接 1、2、3、4 引脚，5、6 悬空即可。

模块上电后指示灯快闪表示模块等待配对，用手机搜索蓝牙能搜索到“H-C-2010-06-01”，默认初始密码为“1234”，连接后指示灯慢闪开始工作。

提 示

此模块不需任何程序，与 Arduino 直接连接就能用。

2．超声波测距模块

为了使小车能够进入避障模式自动工作，我们使用了 US100 超声波测距模块，如图 5-14 所示，下面简单介绍一下此模块。

正面图

背面图

图 5-14 US100 超声波测距模块

此模块分串口工作模式和电平触发工作模式。串口模式下向模块发送 0x55，则返回探测到的距离，发送 0x50 则返回当前温度。电平模式下通过向 Triq 引脚发送一个大于 10us 的高电平，模块开始测距，超声波在空中传播的时间就是 Echo 引脚高电平持续的时间，所以通过检测 Echo 引脚的高电平持续时间，由公式“(检测的时间*340m/s)/2”得出距离。

提 示

由于 Arduino UNO 只有一个串口，超声波模块和蓝牙模块共用一个串口时易发生冲突，所以我们在这里采用电平触发模式。

3．舵机

我们可以通过舵机连续的摆动摇动一面小红旗，也可以在舵机上加一个小毛刷让小车能够边走边扫地，下面我们先简单介绍一下普通模拟舵机的控制原理。

图 5-15 为市面上常见的模拟舵机，之所以称为模拟舵机，是因为它是通过输入 pwm 波这种模拟量来控制角度的。舵机每 20ms 接收一次信号脉冲，高电平范围在 0.5ms~2.5ms 内舵机响应。

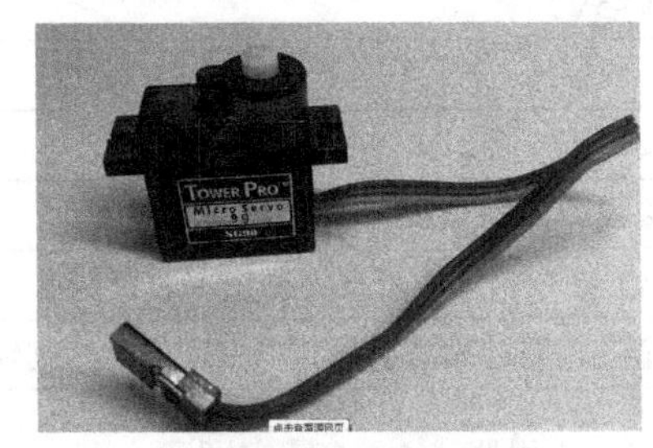

图 5-15　模拟舵机

Arduino 自带舵机函数库，通过调用 Servo.h 头文件，我们可以直接引用以下几个常用函数：

- Attach(接口)——设定舵机的接口，UNO 上只有带“#”号的引脚具备 pwm 输出功能。
- Write(角度)——用于设定舵机旋转角度的语句，模拟舵机可设定的角度范围是 0°～180°，数码舵机角度不受限制。
- read()——用于读取舵机角度的语句，可理解为读取最后一条 write()命令中的值。
- attached()——判断舵机参数是否已发送到舵机所在接口。
- detach()——使舵机与其接口分离，该接口可继续被用作 PWM 接口。

5.2.3　编写代码

下面我们给出遥控小车的程序代码。代码中给出了大量的注释，比较容易理解。

程序 5-2：Arduino 遥控小车程序示例

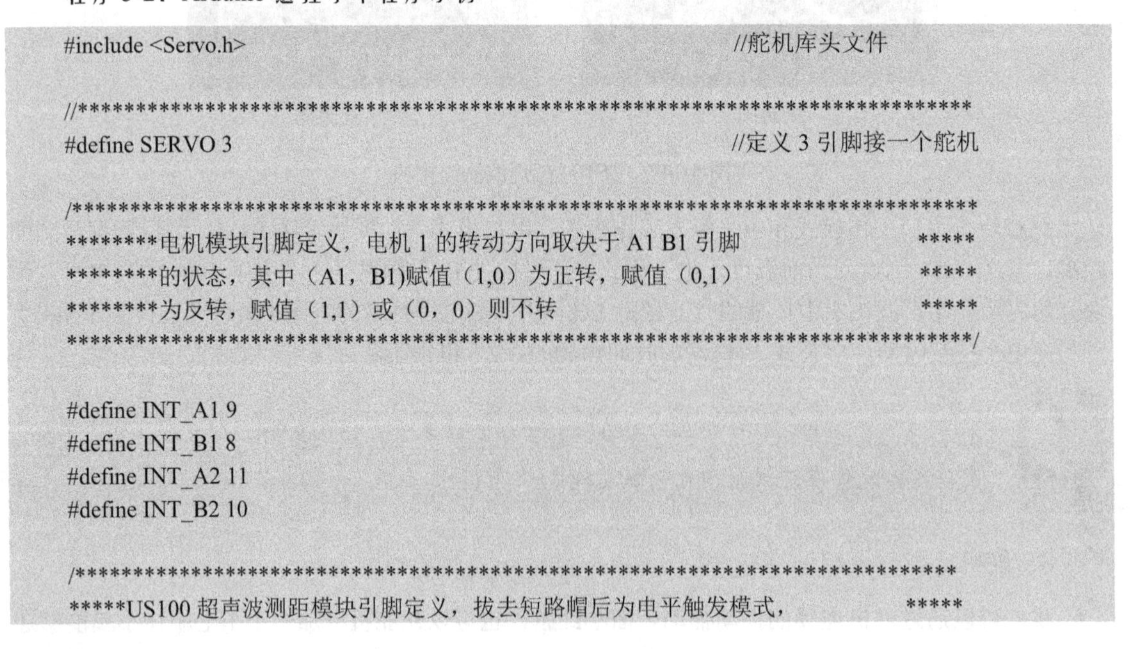

```
#include <Servo.h>                                    //舵机库头文件

//************************************************************************
#define SERVO 3                                       //定义 3 引脚接一个舵机

/*************************************************************************
********电机模块引脚定义，电机 1 的转动方向取决于 A1 B1 引脚              *****
********的状态，其中（A1，B1)赋值（1,0）为正转，赋值（0,1）              *****
********为反转，赋值（1,1）或（0，0）则不转                              *****
*************************************************************************/

#define INT_A1 9
#define INT_B1 8
#define INT_A2 11
#define INT_B2 10

/*************************************************************************
*****US100 超声波测距模块引脚定义，拔去短路帽后为电平触发模式，          *****
```

```
*****只需要在 Trig/TX 管脚输入一个 10US 以上的高电平，系统便可发出 8 个          *****
*****40KHz 的超声波脉冲，然后检测回波信号。当检测到回波信号后， 模块           *****
*****还要进行温度值的测量，然后根据当前温度对测距结果进行校正，                 *****
*****将校正后的结果通过 Echo/RX 管脚输出。                                   *****
*****在此模式下，模块将距离值转化为 340m/s 时的时间值的 2 倍，                  *****
*****通过 Echo 端输出一高电平，可根据此高电平的持续时间来计算距离值。           *****
*****即距离值为：(高电平时间*340m/s)/2。                                      *****
*****************************************************************************/

#define Triq 5
#define Echo 4

#define LASER   6                                        //定义激光灯在 12 引脚
#define LASER_ON     digitalWrite(LASER,1)               //简化程序，方便操作
#define LASER_OFF    digitalWrite(LASER,0)
Servo myservo;                                           //定义舵机名称
float distance;                                          //定义测量的距离值
byte BT_COM;                                             //定义蓝牙接收到的参数值
byte BT_PWM=75;                                          //定义输入舵机的角度值
byte LASER_Flag;                                         //判断激光开关的标志值

/***************初始化******************/
void setup()
{
  pinMode(Triq,OUTPUT);                                  //设置 Triq 引脚为输出模式
  pinMode(Echo,INPUT);                                   //设置 Echo 引脚为输入模式
  pinMode(LASER,OUTPUT);                                 //设置激光灯引脚为输出模式
  myservo.attach(3);                                     //在引脚 3 上添加一个舵机
  Serial.begin(38400);                                   //蓝牙模块的默认传输速率
}

/**************主函数******************/

void loop()
{
   if(Serial.available())                                //判断串口是否接收到数据
   {
      BT_COM=Serial.read();                              //读蓝牙串口的数据
      switch(BT_COM)                                     //数据选择
      {
          case'a':      forward();                       //发送'a'，小车前进
                           break;
          case'b':      turnright();                     //发送'b'，小车右转
                           break;
          case'c':      backup();                        //发送'c'，小车后退
                           break;
          case'd':      turnleft();                      //发送'd'，小车左转
```

```
                break;
        case'e':    stopcar();                  //发送'e'，小车停止
                break;
        case'f':    BT_SERVO_REDUCE();          //发送'f'，舵机左转
                break;
        case'g':    BT_SERVO_ADD();             //发送'g'，舵机右转
                break;
        case'h':    BiZhang();                  //发送'h'，小车进入避障模式自动工作
                break;
        case'i':    MY_DISTANCE();              //发送'i'，小车测距并返回给手机距离值
                break;
        case'j':    if(LASER_Flag==0)LASER_ON_SWITCH();
                else if(LASER_Flag==1)LASER_OFF_SWITCH();
                break;                          //发送'j'，先判断当前激光灯是否亮起，若
                                                //亮起则关闭激光灯，若不亮则打开激光灯
      }
    }
}

/*********************************************************************
**********舵机转动函数，由于蓝牙每次接收的是字符，无法直接给 ***********
**********舵机输入的 pwm 值赋值，所以通过下面两个舵机的左右转向***********
**********函数使舵机连续转动。再通过停止命令结束转动，从而使 ***********
**********舵机转动到任意角度                                 ***********
*********************************************************************/
void BT_SERVO_REDUCE()                          //舵机左转
{
  while(!Serial.available())                    //若无指令到来，则循环执行本条程序
  {
      BT_PWM-=2;
      if(BT_PWM<5)BT_PWM=5;                     //设置最小角度值
      myservo.write(BT_PWM);                    //给舵机输送当前角度值
      delay(50);                                //延时 50ms
  }
}

void BT_SERVO_ADD()                             //舵机右转
{
  while(!Serial.available())                    //原理同上
  {
  BT_PWM+=2;
  if(BT_PWM>150)BT_PWM=150;
  myservo.write(BT_PWM);
  delay(50);
  }
}
```

```
/***********激光灯开关函数*************/
void LASER_ON_SWITCH()                          //打开激光灯
{
    LASER_Flag=1;                               //先判断当前激光灯状态，1 则当前关闭，
                                                //0 则当前打开
   while(!Serial.available())
   {
     LASER_ON;                                  //打开激光灯
   }
}
void LASER_OFF_SWITCH()                         //关闭激光灯，原理同上
{
   LASER_Flag=0;
   while(!Serial.available())
   {
     LASER_OFF;
   }
}

/************测距模块工作函数***********/
void MY_DISTANCE()
{
  digitalWrite(Triq,LOW);                       //先向 Triq 引脚输送一个大于 10μs 的高电平
  delayMicroseconds(2);
  digitalWrite(Triq,HIGH);
  delayMicroseconds(10);

  distance=pulseIn(Echo,HIGH);                  //检测 Echo 高电平持续时间，返回单位是 μs
  distance=distance*0.018;                      //由时间转换成距离
  Serial.print("distance=");                    //串口打印"distance="这几个字符
  Serial.print(distance);                       //串口打印测得的距离值
  Serial.println("cm");                         //串口打印单位 cm
}

/************电机转向函数*************/
void turnleft()                 //通过给(A1，B1，A2，B2)引脚赋值（0,1,1,0），使小车左转
                                //赋 0 表示引脚低电平，赋 1 表示引脚高电平
{
      digitalWrite(INT_A1,0);
      digitalWrite(INT_B1,1);
      digitalWrite(INT_A2,1);
      digitalWrite(INT_B2,0);
}

void turnright()                //通过给(A1，B1，A2，B2)引脚赋值（1,0,0,1），使小车右转
                                //赋 0 表示引脚低电平，赋 1 表示引脚高电平
{
```

```
        digitalWrite(INT_A1,1);
        digitalWrite(INT_B1,0);
        digitalWrite(INT_A2,0);
        digitalWrite(INT_B2,1);
}

void forward()                //通过给(A1，B1，A2，B2)引脚赋值（0,1,0,1），使小车前进
                              //赋 0 表示引脚低电平，赋 1 表示引脚高电平
{
        digitalWrite(INT_A1,0);
        digitalWrite(INT_B1,1);
        digitalWrite(INT_A2,0);
        digitalWrite(INT_B2,1);
}

void backup()                 //通过给(A1，B1，A2，B2)引脚赋值（1,0,1,0），使小车后退
                              //赋 0 表示引脚低电平，赋 1 表示引脚高电平
{
        digitalWrite(INT_A1,1);
        digitalWrite(INT_B1,0);
        digitalWrite(INT_A2,1);
        digitalWrite(INT_B2,0);
}

void stopcar()                //通过给(A1，B1，A2，B2)引脚赋值（0,0,0,0），使小车停止
                              //赋 0 表示引脚低电平，赋 1 表示引脚高电平
{
   digitalWrite(INT_A1,0);
   digitalWrite(INT_B1,0);
   digitalWrite(INT_A2,0);
   digitalWrite(INT_B2,0);
}

/***注意赋值可能因为电机的连接方式不同而有所改动，具体可自己试验得出正确赋值***/

/****************避障模式****************/
void BiZhang()
{
  while(!Serial.available())
  {
    MY_DISTANCE();                                //引用测距函数先测量距离
    delay(50);
    if(distance>20&&distance<40)turnleft();       //判断距离后指示小车转向、前进或后退
    else if(distance<20)backup();
    else if(distance>40)forward();
  }
}
```

程序中多处用到了 while(!Serial.available())这条语句，目的是能够在下一条指令到达前能够循环运行本条指令动作，以避免程序运行出错。

5.2.4 组装与测试

编写完程序后，按以下步骤进行组装测试。

（1）按照程序定义的引脚，插上各种模块，组装小车，如图 5-16 所示。

（2）接着用手机下载 SPP 蓝牙串口软件，如图 5-17 所示。

（3）打开软件，向后滑动切换到“键盘”，软件提供了 12 个自定义按钮，长按按钮就会出现自定义按钮界面，如图 5-18 所示。

（4）在名称文本框内输入要定义的按钮名称，选中“字符”单选按钮，然后在下面的文本框内输入消息，消息就是程序中定义的要发送的字符，如：名称为“前进”，消息为“a”，如图 5-19 所示。

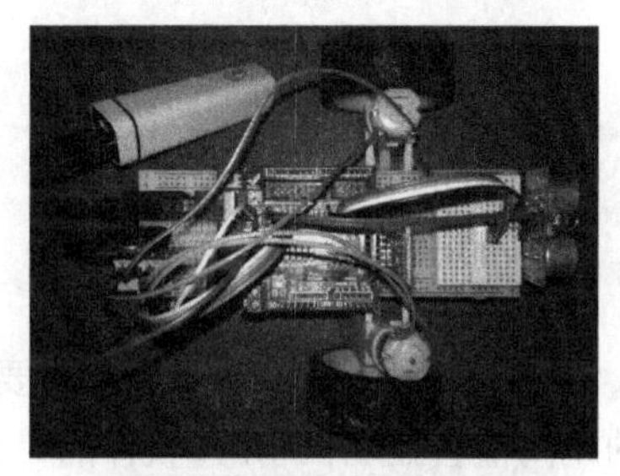

图 5-16　小车组装效果图

图 5-17　SPP 蓝牙串口软件

图 5-18　自定义按钮界面

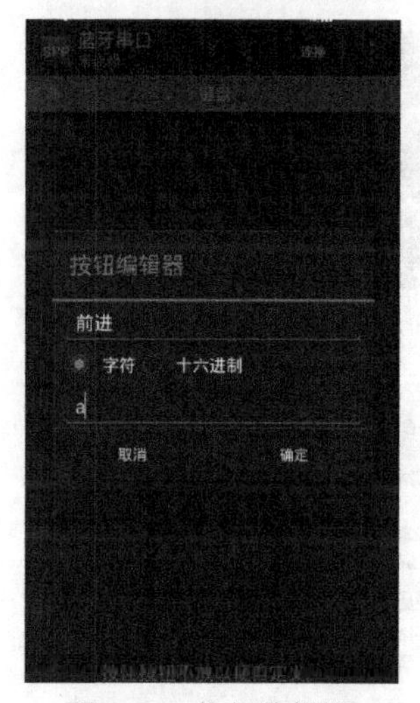

图 5-19　按钮编辑器

（5）定义完所有按钮之后，如图 5-20 所示，单击右上角的“连接”按钮，搜索设备，注意此时蓝牙模块直接插在扩展板的“bluetooth”插槽内，上电后蓝牙指示灯处于快闪状态表明处于配对等待模式，等待片刻手机会搜索到蓝牙，默认名字为 H-C-2010-06-01，如图 5-21 所示。

图 5-20　编辑好按钮图示

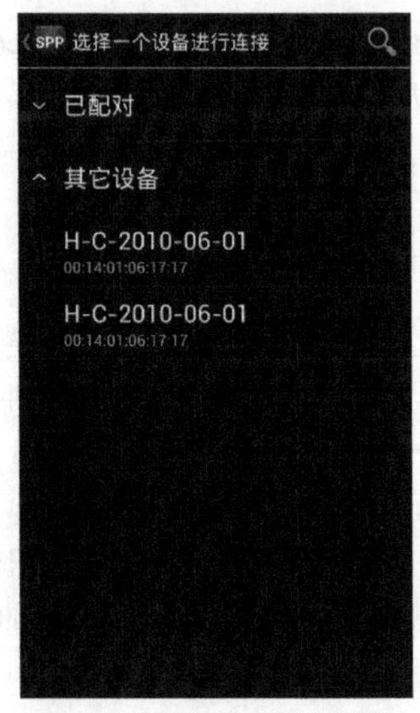

图 5-21　搜索附近蓝牙设备

不同厂家生产的模块可能名字不同。

（6）单击蓝牙名字，输入配对密码，默认为“1234”，如图 5-22 所示。需要提到的一点是，当单击“测距”按钮开始小车测量距离后，返回的距离值会显示在 SPP 软件的“终端”窗口内，向左滑动进入“终端”窗口，如图 5-23 所示，就能看到测量到的距离值啦！

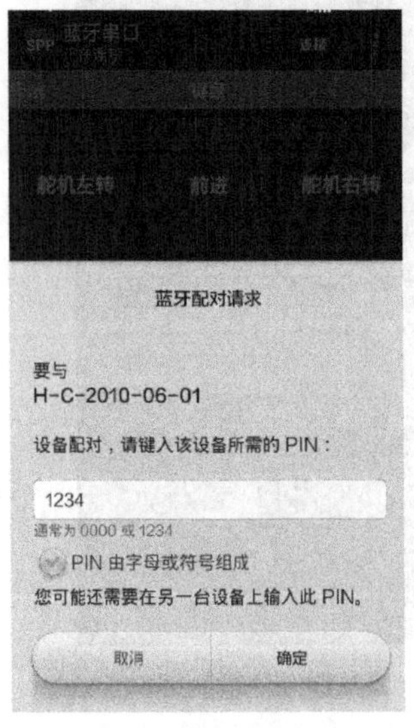

图 5-22　输入配对密码

图 5-23　距离测量值回传演示

好了，到此为止你的手机蓝牙遥控小车工程就完工啦，享受一下无线操作的乐趣吧！

5.3 项目3——基于nRF24L01+无线模块控制的机械手臂

我们已经学会了如何使用蓝牙来控制小车，蓝牙控制虽然操作简单，但是控制距离太短，下面介绍一种应用广泛的无线模块nRF24L01，通过它来控制你的机械手臂吧。

5.3.1 硬件准备

首先我们准备好以下硬件：

- Arduino UNO 开发板（如图5-24所示）两块，一块作为遥控发射端，一块作为接收端控制机械手臂。
- Arduino Sensor Shield v5.0 传感器扩展板，如图5-25所示。
- Arduino Joystick Shield v2.0 摇杆按键，自带nRF24L01无线模块接口，方便操作，如图5-26所示。
- 三自由度机械手臂，如图5-27所示。
- nRF24L01无线数传模块两块，发射端一块，接收端一块，如图5-28所示。

图5-24 Arduino UNO 开发板

图5-25 Arduino Sensor Shield

图5-26 Arduino Joystick Shield

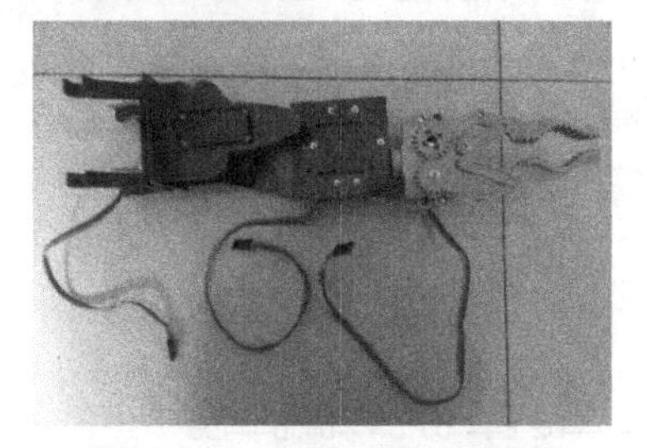

图5-27 三自由度机械手臂

图5-28 nRF24L01 无线数传模块两块

5.3.2 硬件主要功能解析

1. nRF24L01

nRF24L01是由NORDIC生产的工作在2.4GHz~2.5GHz的ISM频段单片无线收发器芯片。无线收发器包括：频率发生器、增强型“SchockBurst”模式控制器、功率放大器、晶体振荡器、调制器和解调器。它的优点在于体积小巧、功率极低，在空旷地带的理论最远发射距离能达到1000m，广泛应用于无线鼠标键盘、游戏机操纵杆无线门禁、无线数据通信、安防系统、遥控装置、遥感勘测、智能运动设备、工业传感器、玩具等领域。

图 5-29 是无线模块的引脚图，表 5-2 是其各引脚的定义。

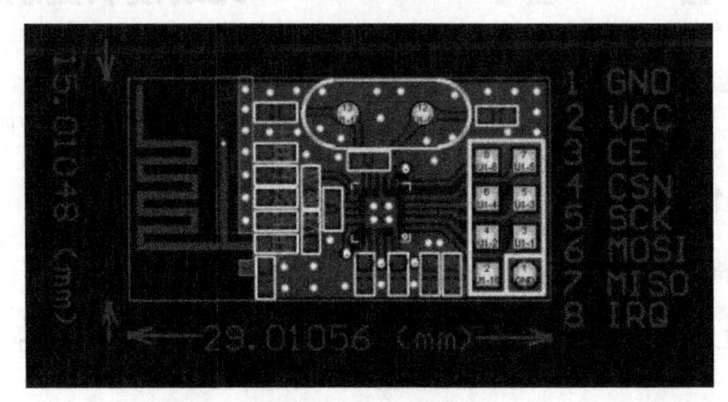

图 5-29　nRF24L01 引脚图示

表 5-2　nRF24L01 引脚定义

1	GND	接地
2	VCC	电源输入端 1.9V~3.6V （注意不能超过此电压，否则容易烧毁芯片）
3	CE	模块 TX 和 RX 模式使能信号线，上升沿有效
4	CSN	片选信号输入端
5	SCK	时钟信号端
6	MOSI	主机输出从机输入端（Master Output Slave Input）
7	MISO	主机输入从机输出端（Master Input Slave Output）
8	IRQ	中断信号端

Arduino Joystick Shield 摇杆按键上的 nRF24L01 接口引脚定义如图 5-30 所示。

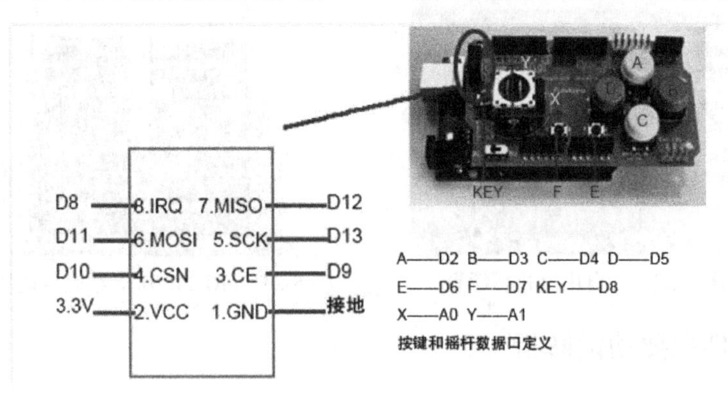

图 5-30　接口引脚定义

2．SPI 通信协议

nRF24L01 模块采用 SPI 通信协议，模块的操作函数包括 SPI 读写操作、寄存器读写操作、发送和接收数据缓冲区数据连续读写操作、模块参数配置操作。下面用图 5-31 来解释模块的初始化过程。

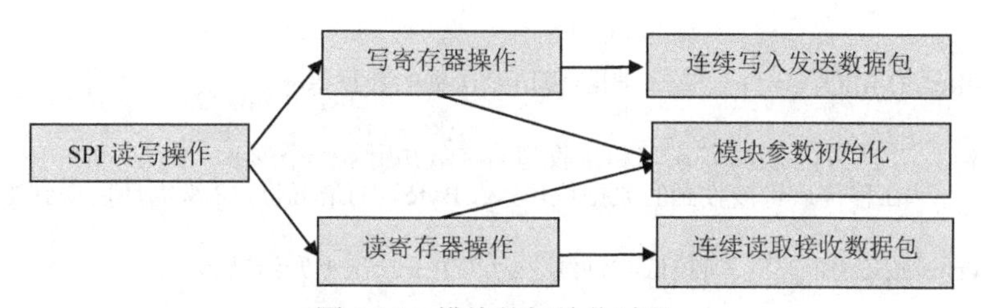

图 5-31　模块的初始化过程

先来介绍 SPI 串口通信时序，如图 5-32 和图 5-33 所示。从图中可以看出，片选信号引脚 CSN 被拉低电平时，SPI 总线被释放，并开始通信。在每一个时钟信号由低变高（称为时钟信号的一个上升沿）的过程中，MOSI 或 MISO 引脚的信号电平必须保持稳定，0 为低电平，1 为高电平。模块 SCK 引脚在接收到上升沿时，将读取的值记录到移位寄存器当中，或将待发数据发送给主机。再次拉高 CSN 线，则关闭 SPI 通信。

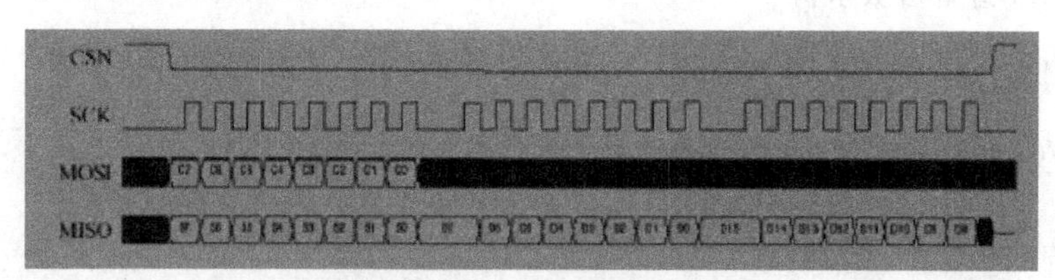

图 5-32　SPI 读时序图

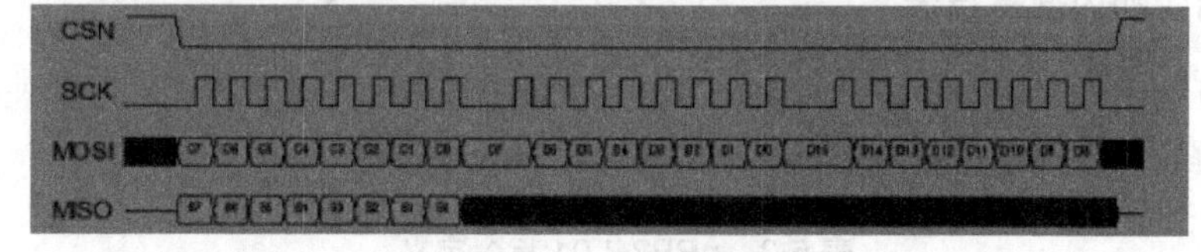

图 5-33　SPI 写时序图

根据上面的时序图，我们来试着写写 SPI 的读写操作程序吧。

程序 5-3：SPI 的读写操作程序示例

```
byte SPI_RW(byte Byte)          //SPI 读写操作，返回值为一个字节
{
  byte i;

  for(i=0;i<8;i++)                    //一个字节需要传输 8 位数，这里移位传输 8 次
  {
   if(Byte&0x80)     //高位在前，将要传输的字节和 0x80 做‘&’运算后，保留了最高位的值，
                     //其他位清零，如果最高位是 1，则判断语句结果非 0，执行 if 语句内的程序
    {
      digitalWrite(MOSI, 1);          //主机发送给模块数字 1
    }
    else
    {
      digitalWrite(MOSI, 0);          //若不是 1，则主机发送给模块数字 0
    }

    digitalWrite(_SCK, 1);            //拉高时钟信号线产生上升沿，数据的一位存入模块中
    Byte <<= 1;                       //将待发字节左移一位，使次高位成为最高位，等待发送
```

```
        if(digitalRead(MISO) == 1)           //判断模块发送来的数据信号
        {
          Byte |= 1; //这里的主机待发字节和接收到的字节共用了一个形参‘Byte’,
                    //在移位后将接收到的数据位填入‘Byte’的最低位，8 次循环后得到接收值
        }
        digitalWrite(SCK, 0);           //拉低时钟线，为产生下一次上升沿准备
    }

    return(Byte);                       //返回读到的数据
}
```

上面软件模拟的 SPI 通信，可以让读者了解这种通信的流程，Arduino 的函数库中自带了 SPI 通信函数，我们可以直接引用。

程序 5-4：SPI 通信函数示例

```
#include <SPI.h>                    //包含 SPI 通信的头文件，之后才能引用库函数

byte SPI_RW(byte Byte)              //SPI 读写操作，返回值为一个字节
{
        return SPI.transfer(Byte);  //发送待发数据并返回读取的数据
}
```

3. 内部指令和内部寄存器

搞懂了 SPI 时序后，我们就可以向 nRF24L01 模块中写入和读取数据了。但要使无线模块能工作，还需要了解它的内部指令和内部寄存器的定义，参见表 5-3。

表 5-3　nRF24L01 指令定义

指令名称	指令格式	操作
R_REGISTER	000A AAAA	读配置寄存器 AAAAA 指出读操作的寄存器地址
W_REGISTER	001A AAAA	写配置寄存器 AAAAA 指出写操作的寄存器地址，只有在掉电模式和待机模式下可操作
R_RX_PAYLOAD	0110 0001	读 RX 有效数据 1~32 字节，读操作全部从字节 0 开始，当读 RX 有效数据完成后，FIFO 寄存器中有效数据被清除，应用于接收模式下
W_RX_PAYLOAD	1010 0000	写 TX 有效数据 1~32 字节，写操作从字节 0 开始，应用于发射模式下
FLUSH_TX	1110 0001	清除 TX FIFO 寄存器，应用于发射模式下
FLUSH_RX	1110 0010	清除 RX FIFO 寄存器，应用于接收模式下，在传输应答信号过程中不应执行此指令，也就是说，若传输应答信号过程中执行此指令的话将使得应答信号不能被完整的传输
REUSE_TX_PL	1110 0011	重新使用上一包有效数据，当 CE 为高过程中，数据包被不断的重新发射在发射数据包过程中必须禁止数据包的重利用功能
NOP	1111 1111	空操作，可以用来读状态寄存器

根据表格中的指令，我们在程序中先预定义各个指令。

程序 5-5：预定义指令示例

```
#define READ_REG        0x00   //定义读寄存器指令
#define WRITE_REG       0x20   //定义写寄存器指令
#define RD_RX_PLOAD     0x61   //读模块接收到的有效数据
#define WR_TX_PLOAD     0xA0   //写模块待发射的数据
#define FLUSH_TX        0xE1   //清空数据发送寄存器，等待下一次填入待发数据
#define FLUSH_RX        0xE2   //清空数据接收寄存器，等待下一次填入接收的数据
#define REUSE_TX_PL     0xE3   //重发上一数据包
#define NOP             0xFF   //空操作
```

下面了解一下 nRF24L01 模块内部寄存器地址，只有向特定的地址写入特定的指令才能让模块工作，寄存器定义参见表 5-4。

表 5-4　寄存器定义

地址	参数	位	复位值	类型	描述
00	寄存器				配置寄存器
	reserved	7	0	R/W	默认为 0
	MASK_RX_DR	6	0	R/W	可屏蔽中断 RX_RD 1 IRQ 引脚不显示 RX_RD 中断 0 RX_RD 中断产生时 IRQ 引脚电平为低
	MASK_TX_DS	5	0	R/W	可屏蔽中断 TX_DS 1 IRQ 引脚不显示 TX_DS 中断 0 TX_DS 中断产生时 IRQ 引脚电平为低
	MASK_MAX_RT	4	0	R/W	可屏蔽中断 MAX_RT 1 IRQ 引脚不显示 TX_DS 中断 0 MAX_RT 中断产生时 IRQ 引脚电平为低
	EN_CRC	3	1	R/W	CRC 使能。如果 EN_AA 中的任意一位为高，则 EN_CRC 强迫为高
	CRCO	2	0	R/W	CRC 模式 ‘0’-8 位 CRC 校验 ‘1’-16 位 CRC 校验
	PWR_UP	1	0	R/W	1:上电　0:掉电
	PRIM_RX	0	0	R/W	1:接收模式　0:发射模式
01	EN_AA Enhanced ShockBurstTM				使能自动应答功能 此功能禁止后可与 nRF240L1 通信
	Reserved	7:6	00	R/W	默认为 0
	ENAA_P5	5	1	R/W	数据通道 5 自动应答允许

（续表）

地址	参数	位	复位值	类型	描述
01	ENAA_P4	4	1	R/W	数据通道 4 自动应答允许
	ENAA_P3	3	1	R/W	数据通道 3 自动应答允许
	ENAA_P2	2	1	R/W	数据通道 2 自动应答允许
	ENAA_P1	1	1	R/W	数据通道 1 自动应答允许
	ENAA_P0	0	1	R/W	数据通道 0 自动应答允许
02	EN_RXADDR				接收地址允许
	Reserved	7:6	00	R/W	默认为 00
	ERX_P5	5	0	R/W	接收数据通道 5 允许
	ERX_P4	4	0	R/W	接收数据通道 4 允许
	ERX_P3	3	0	R/W	接收数据通道 3 允许
	ERX_P2	2	0	R/W	接收数据通道 2 允许
	ERX_P1	1	1	R/W	接收数据通道 1 允许
	ERX_P0	0	1	R/W	接收数据通道 0 允许
03	SETUP_AW				设置地址宽度所有数据通道
	Reserved	7:2	00000	R/W	默认为 00000
	AW	1:0	11	R/W	接收/发射地址宽度 ‘00’-无效 ‘01’-3 字节宽度 ‘10’-4 字节宽度 ‘11’-5 字节宽度
04	SETUP_RETR				建立自动重发
	ARD	7:4	0000	R/W	自动重发延时 ‘0000’-等待 250+86μs ‘0001’-等待 500+86μs ‘0010’-等待 750+86μs …… ‘1111’-等待 4000+86μs （延时时间是指一包数据发送完成到下一包数据开始发射之间的时间间隔）
	ARC	3:0	0011	R/W	自动重发计数 ‘0000’-禁止自动重发 ‘0000’-自动重发一次 …… ‘0000’-自动重发 15 次

（续表）

地址	参数	位	复位值	类型	描述
05	RF_CH				射频通道
	Reserved	7	0	R/W	默认为 0
	RF_CH	6:0	0000010	R/W	设置 nRF24L01 工作通道频率
06	RF_SETUP			R/W	射频寄存器
	Reserved	7:5	000	R/W	默认为 000
	PLL_LOCK	4	0	R/W	PLL_LOCK 允许仅应用于测试模式
	RF_DR	3	1	R/W	数据传输率 ‘0’，1Mbps ‘1’，2Mbps
	RF_PWR	2:1	11	R/W	发射功率 ‘00’，-18dBm ‘01’，-12dBm ‘10’，-6dBm ‘11’，0dBm
	LNA_HCURR	0	1	R/W	低噪声放大器增益
07	STATUS				状态寄存器
	Reserved	7	0	R/W	默认为 0
	RX_DR	6	0	R/W	接收数据中断，当接收到有效数据后置 1 写‘1’清除中断
	TX_DS	5	0	R/W	数据发送完成中断，当数据发送完成后产生中断，如果工作在自动应答模式下，只有当接收到应答信号后此位置 1 写‘1’清除中断
	MAX_RT	4	0	R/W	达到最多次重发中断写‘1’清除中断如果 MAX_RT 中断产生则必须清除后系统才能进行通信
	RX_P_NO	3:1	111	R	接收数据通道号 000-101:数据通道号 110:未使用 111:RX FIFO 寄存器为空
	TX_FULL	0	0	R	TX FIFO 寄存器满标志 1:TX FIFO 寄存器满 0: TX FIFO 寄存器未满，有可用空间
0A	RX_ADDR_P0	39:0	0xE7E7E7E7E7	R/W	数据通道 0 接收地址，最大长度：5 个字节，先写低字节，所写字节数量由 SETUP_AW 设定

（续表）

地址	参数	位	复位值	类型	描述
0B	RX_ADDR_P1	39:0	0xC2C2C2C2C2	R/W	数据通道 1 接收地址，最大长度：5 个字节，先写低字节，所写字节数量由 SETUP_AW 设定
0C	RX_ADDR_P2	7:0	0xC3	R/W	数据通道 2 接收地址，最低字节可设置，高字节部分必须与 RX_ADDR_P1[39:8]相等
0D	RX_ADDR_P3	7:0	0xC4	R/W	数据通道 3 接收地址，最低字节可设置，高字节部分必须与 RX_ADDR_P1[39:8]相等
0E	RX_ADDR_P4	7:0	0xC5	R/W	数据通道 4 接收地址，最低字节可设置，高字节部分必须与 RX_ADDR_P1[39:8]相等
0F	RX_ADDR_P5	7:0	0xC6	R/W	数据通道 5 接收地址，最低字节可设置，高字节部分必须与 RX_ADDR_P1[39:8]相等
10	TX_ADDR	39:0	0xE7E7E7E7E7	R/W	发送地址，先写低字节，在增强型 ShockBurstTM 模式下 RX_ADDR_P0 与此地址相等

提 示

此表只罗列了需要操作的基本寄存器，其他寄存器由读者自行参考说明书了解。

这么多的寄存器地址，我们不可能每次操作都翻看说明书查询正确的地址，所以为了程序的书写方便，先预定义寄存器地址。注意下面代码的注释中，加‘*’号的代表需要设置。

程序 5-6：寄存器地址示例

```
#define CONFIG            0x00    //*模块配置寄存器
#define EN_AA             0x01    //*自动应答寄存器，开启数据通道自动应答（自动应答是为了
                                  //保证数据传输的精确性，接收端向发射端表明接收到了数据）
#define EN_RXADDR         0x02  // *数据通道选择寄存器，开启数据接收通道
#define SETUP_AW          0x03  // *设置地址宽带，定义接收与发送的数据包长度
#define SETUP_RETR        0x04  // *设置自动重发参数，当模块未接收到应答信号后自动重发
                                  //上一数据
#define RF_CH             0x05    //*射频通道，设置模块工作频率
#define RF_SETUP          0x06    //*射频寄存器
#define STATUS            0x07    //状态寄存器
#define OBSERVE_TX        0x08  //发送检测寄存器，可不需设置
#define CD                0x09    //载波寄存器，可不需设置
#define RX_ADDR_P0        0x0A  //*数据接收通道 0 地址
#define RX_ADDR_P1        0x0B  //数据接收通道 1 地址
#define RX_ADDR_P2        0x0C  //数据接收通道 2 地址
#define RX_ADDR_P3        0x0D  //数据接收通道 3 地址
#define RX_ADDR_P4        0x0E  //数据接收通道 4 地址
#define RX_ADDR_P5        0x0F  //数据接收通道 5 地址
```

```
#define TX_ADDR              0x10    //*发射数据通道地址寄存器
#define RX_PW_P0             0x11    //*接收数据通道 0 有效数据宽度
#define RX_PW_P1             0x12    //接收数据通道 1 有效数据宽度
#define RX_PW_P2             0x13    //接收数据通道 2 有效数据宽度
#define RX_PW_P3             0x14    //接收数据通道 3 有效数据宽度
#define RX_PW_P4             0x15    //接收数据通道 4 有效数据宽度
#define RX_PW_P5             0x16    //接收数据通道 5 有效数据宽度
#define FIFO_STATUS          0x17    // FIFO 状态寄存器

#define RX_DR      0x40              //接收完成中断
#define TX_DS      0x20              //发送完成中断
#define MAX_RT     0x10              //重发次数溢出中断
```

提 示

这里的 RX_DR、TX_DS、MAX_RT 并不是寄存器地址，而是 STATUS 状态寄存器中的中断标志位，当产生中断时这些标志位会相应的置为 1，通过向这些标志位写 1 清除中断标志。

5.3.3 编写代码

有了前面介绍的指令和地址，就能操作无线模块了。为了精简程序，方便我们操作寄存器和指令，我们先完成寄存器读取和写入指令的函数。

程序 5-7：寄存器读取和写入指令的函数示例

```
byte SPI_RW_Reg(byte reg, byte value)       //写寄存器函数，带寄存器地址参数和数据参数
{
  byte status;                     //定义状态变量

  digitalWrite(CSN, 0);            //拉低 CSN，开始 SPI 通信
  status = SPI_RW(reg);            //选取寄存器
  SPI_RW(value);                   //向寄存器写入数据
  digitalWrite(CSN, 1);            //拉高 CSN，关闭 SPI 通信

  return(status);                  //返回寄存器状态值
}

byte SPI_Read(byte reg)            //读寄存器操作
{
  byte reg_val;                            //定义寄存器返回值形参

  digitalWrite(CSN, 0);            //拉低 CSN，开启 SPI 通信
  SPI_RW(reg);                     //选取需要读取的寄存器
  reg_val = SPI_RW(0);             //读取寄存器存储的数值，实际是括号内可以写入任何数值，因为此时
                                   //不向寄存器写入数据，而是给形参 Byte 赋初值，习惯上写 0
  digitalWrite(CSN, 1);            //拉高 CSN，关闭 SPI 通信

  return(reg_val);                 //返回读取的数值
```

```
}
```

有了这两个函数，现在就可以向寄存器中随意读取或者写入数据了。那在我们使用模块时，一个作为发送端，一个作为接收端，如何发送和接收我们想要发送和接收的数据呢？

从寄存器表中不难看出，nRF24L01 最多支持一个数据包发送 32 个字节的数据，那么我们就定义两个数组，分别存放要发送的数据和要接收的数据，并用函数定义如何将要发送的数据写入数据发送寄存器中待发，或者如何将数据接收寄存器中的数据读取出来存入数组中，这样一来就能直观明了地发送和接收数据啦。下面给出程序。

程序 5-8：要发送的数据和要接收的数据示例

```
byte rx_buf[TX_PLOAD_WIDTH];            //首先定义存放接收的数据的数组，数组宽度为接收数
                                        //据包的最大宽度（TX_PLOAD_WIDTH =32）
byte tx_buf[TX_PLOAD_WIDTH];            //定义存放待发送的数据的数组
byte SPI_Read_Buf(byte reg,byte    *pBuf, byte bytes)
            //读取接收数据 buf 中的数据，带寄存器
            //地址，存放数据数组指针和需要读取的数据个数三个参数（注意*pBuf 是一个字符型
            //指针，指向实参数组的第一个数据地址，此处代入数组名如"tx_buf"而不应是"tx_buf[]"）
{
  byte status,i;

  digitalWrite(CSN, 0);                 //拉低 CSN 开启 SPI 通信
  status = SPI_RW(reg);                 //写要读取的寄存器地址
  for(i=0;i<bytes;i++)                  //依次读取数据，直到取完最后一个有效字符
  {
    pBuf[i] = SPI_RW(0);                //数组地址指针移位，将数据依次存入数组
  }
  digitalWrite(CSN, 1);                 //拉高 CSN 线，关闭 SPI 通信

  return(status);                       //返回寄存器状态值
}

byte SPI_Write_Buf(byte reg, byte *pBuf, byte bytes)
                    //向发送区寄存器写待发数据，此处数组指针形参*pBuf 同样需要代入
                    //的是数组名，如“tx_buf”而不是“tx_buf[]”
{
  byte status,i;

  digitalWrite(CSN, 0);                 //拉低 CSN 线，开始 SPI 通信
  status = SPI_RW(reg);                 //写寄存器地址，读寄存器状态值
  for(i=0;i<bytes; i++)                 //依次写入数据
  {
     SPI_RW(*pBuf++);                   //注意和读取不同的是，写入时指针形参前要加"*"号
                                        //表示写入指针所指位置的数值，随着指针的移位，
                                        //数组内的数值依次送入模块数据发送缓冲区待发
  }
  digitalWrite(CSN, 1);                 //拉高 CSN 线，关闭 SPI 通信
```

```
    return(status);                              //返回寄存器状态值
}
```

现在已经描述好了如何填入和读取数据包，但我们无法判断模块是否已经准备好发送数据，也无法判断模块当前是否接收到数据，并且寄存器的空间是有限的，无论是发送寄存器还是接收寄存器，在装满一次数据包后是无法再装入下一个数据包的。那怎么解决这些问题呢？我们还需要编写发送数据包和接收数据包的函数，在写入和读取数据之前先判断寄存器内有无数据，以便在发送和接收数据完成之后清空寄存器，为下一次传输做好准备。下面给出程序示例。

程序 5-9：发送数据包和接收数据包的函数示例

```
void TX_DATA()                          //定义发送数据包函数，无返回值
{
    byte status;                        //定义寄存器状态形参
    status=SPI_Read(STATUS);            //读取 STATUS 状态寄存器中的状态值
    if(status&TX_DS)                    //TX_DS 是数据发送完成中断，当上一数据包发送完毕后
                                        //TX_DS 置 1，此时可写下一数据包待发
    {
        SPI_RW_Reg(FLUSH_TX,0);  //先清空 TX_FIFO 寄存器，准备写下一数据包
        SPI_Write_Buf(WR_TX_PLOAD,tx_buf,TX_PLOAD_WIDTH);    //写入待发数据包
    }
    if(status&MAX_RT)    //MAX_RT 是重发次数溢出中断，表明上一数据包未发送成功
                         //MAX_RT 置 1，此时跳过上一数据包的发送，直接发送当前数据包
    {
        SPI_RW_Reg(FLUSH_TX,0);        //清空 TX_FIFO 寄存器
        SPI_Write_Buf(WR_TX_PLOAD,tx_buf,TX_PLOAD_WIDTH);  //写入待发数据包
    }
   //“WRITE_REG+STATUS”表示向 STATUS 寄存器中写入指令，由于此时
   //寄存器的状态值 status 中，TX_DS 位或 MAX_RT 位已产生中断置 1，重复写入读取的状态值，
   //会清除这两位产生的中断，从而使数据继续下一次传输
   SPI_RW_Reg(WRITE_REG+STATUS,status);
   delay(20);
}

void RX_DATA()                               //定义接收数据包函数，无返回值
{
    status = SPI_Read(STATUS);               //读取状态寄存器 STATUS 的状态值
    if(status&RX_DR)                         //若接收到数据，RX_DR 位置 1，产生中断
    {
      SPI_Read_Buf(RD_RX_PLOAD, rx_buf, TX_PLOAD_WIDTH);     //读取数据包
      SPI_RW_Reg(FLUSH_RX,0);                //清空 RX_FIFO 寄存器，为下一次接收数据包做准备
    }
    SPI_RW_Reg(WRITE_REG+STATUS,status);              //清除接收中断，原理同上
}
```

最后一步就是初始化 nRF24L01 模块，只有确定了它的地址、传输频率、数据包大小等参数，才能使它正常工作。由于 nRF24L01 模块工作时是半双工模式，只能处于接收模式或发送模式，我们先定义好发送和接收的模块地址和数据包的有效位宽度，然后分别写出这两种工作模式的初始化

程序，如下所示。

程序 5-10：初始化 nRF24L01 模块示例

```
#define TX_ADR_WIDTH      5  //定义模块地址宽度为 5 个字节，TX 和 RX 模式为同一地址宽度
#define TX_PLOAD_WIDTH   32 //定义数据包有效位宽度为 32 个字节

unsigned char TX_ADDRESS[TX_ADR_WIDTH]  =
{
  0x34,0x43,0x10,0x10,0x01
};     //定义“0x34,0x43,0x10,0x10,0x01”为模块地址，只有发送端和接收端地址相同
      //才能实现两者之间的数据传输，相当于两者之间的暗号，只有对上暗号才开始传输数据

void RX_Mode()
{
  digitalWrite(CE, 0);                //拉低 CE 线，准备写设置指令
  SPI_Write_Buf(WRITE_REG + RX_ADDR_P0, TX_ADDRESS, TX_ADR_WIDTH);
                                               //写数据通道 0 的接收地址
  SPI_RW_Reg(WRITE_REG + EN_AA, 0x01);          //数据接收通道 0 开启自动应答信号
  SPI_RW_Reg(WRITE_REG + EN_RXADDR, 0x01); //数据接收通道 0 开启
  SPI_RW_Reg(WRITE_REG + RF_CH, 40);            //设置工作通道频率为 40
  SPI_RW_Reg(WRITE_REG + RX_PW_P0, TX_PLOAD_WIDTH); //设置数据包有效位
  SPI_RW_Reg(WRITE_REG + RF_SETUP, 0x07);       //设置发送速率 2Mb/s，发射功率 0dBm，
                                               //低噪声放大器增益
  SPI_RW_Reg(WRITE_REG + CONFIG, 0x0f);         //设置为接收模式，模块上电，16 位 CRC 校验
  digitalWrite(CE, 1);                          //拉高 CE 线产生上升沿，进入 RX 模式
}

void TX_Mode()
{
  digitalWrite(CE,0);                           //拉低 CE 线，准备写设置指令
  SPI_Write_Buf(WRITE_REG+TX_ADDR,TX_ADDRESS,TX_ADR_WIDTH);
                                               //写本机地址
  SPI_Write_Buf(WRITE_REG+RX_ADDR_P0,TX_ADDRESS,TX_ADR_WIDTH);
                                    //写数据通道 0 的接收地址（注意 TX 模式下需要写两遍地址）
  SPI_RW_Reg(WRITE_REG+EN_AA,0x01);             //开启数据通道 0 自动信号应答
  SPI_RW_Reg(WRITE_REG+EN_RXADDR,0x01);         //开启数据通道 0
  SPI_RW_Reg(WRITE_REG+CONFIG,0x0E);
                                               //设置发射模式，模块上电，16 位 CRC 校验
  SPI_RW_Reg(WRITE_REG+RF_CH,40);               //设置发射频率，需和接收模块的频率一致
  SPI_RW_Reg(WRITE_REG+RF_SETUP,0x07);          //设置发送速率 2Mb/s，发射功率 0dBm，
                                               //低噪声放大器增益

  SPI_RW_Reg(WRITE_REG+SETUP_RETR,0x1a);       //设置重发时间间隔 500+86μs
                                               //自动重发 15 次
  SPI_Write_Buf(WR_TX_PLOAD,tx_buf,TX_PLOAD_WIDTH); //初始化 TX_FIFO，写入数据

  digitalWrite(CE,1);                 //拉高 CE 线，产生上升沿，模块进入发射模式
}
```

在接收模式下只需写入数据接收通道 0 的地址，而在发射模式下，既需要写发送区地址，也要写入发射端的数据通道 0 的地址，两模块建立通信前会比对两者的地址，只有完全匹配才会开始数据传输。

到此为止，我们才算真正初始化完毕 nRF24L01 模块，在实际发送数据时，我们将数据填入待发数据数组 tx_buf[]中，然后应用 TX_DATA()函数，就能直接发送这些数据了。同理，接收数据时，直接引用 RX_DATA()函数，在接收数据数组 rx_buf[]中就能读取到遥控器传来的数据。

我们需要无线控制的是一个三自由度的机械手臂，意味着我们需要传输三个舵机 pwm 波控制信号才能操作机械手臂，而 Arduino Joystick Shield v2.0 扩展板只有一个摇杆，只能输出两路 pwm 信号，这里改用按键控制“手指”的开合从而抓取物品。下面给出遥控器端的程序。

无线模块的程序注释已在上文给出，这里不再重复注释以免影响代码阅读。

程序 5-11：遥控器端示例

```
//******************预定义指令********************
#define READ_REG            0x00
#define WRITE_REG           0x20
#define RD_RX_PLOAD         0x61
#define WR_TX_PLOAD         0xA0
#define FLUSH_TX            0xE1
#define FLUSH_RX            0xE2
#define REUSE_TX_PL         0xE3
#define NOP                 0xFF
//******************中断标志位******************
#define RX_DR       0x40
#define TX_DS       0x20
#define MAX_RT      0x10
//******************寄存器地址******************
#define CONFIG              0x00
#define EN_AA               0x01
#define EN_RXADDR           0x02
#define SETUP_AW            0x03
#define SETUP_RETR          0x04
#define RF_CH               0x05
#define RF_SETUP            0x06
#define STATUS              0x07
#define OBSERVE_TX          0x08
#define CD                  0x09
#define RX_ADDR_P0          0x0A
#define RX_ADDR_P1          0x0B
#define RX_ADDR_P2          0x0C
#define RX_ADDR_P3          0x0D
```

```
#define RX_ADDR_P4          0x0E
#define RX_ADDR_P5          0x0F
#define TX_ADDR             0x10
#define RX_PW_P0            0x11
#define RX_PW_P1            0x12
#define RX_PW_P2            0x13
#define RX_PW_P3            0x14
#define RX_PW_P4            0x15
#define RX_PW_P5            0x16
#define FIFO_STATUS         0x17

//****************************引脚定义***************************************
//******其中 SCK,MOSI,MISO 三个引脚已在 UNO 的库文件中************
//******定义，这里不需要重复定义，否则会提示产生错误*************
//*************************************************************************
#define IRQ        8
#define CE         9
#define CSN        10
//***************数据宽度定义***************
#define TX_ADR_WIDTH      5                  //地址宽带为 5 个字节
#define TX_PLOAD_WIDTH    32                 //发送和接收数据包的有效字节为 32 个字节
//***********扩展板数据读取定义************
#define X     analogRead(0)/4 //注意 X,Y 两个模拟量是 1024 分辨率的，但无线传输时只能传送
                              //一个字符，也就是 0~256 的数值，所以这里转换数值以方便传输
#define Y     analogRead(1)/4
#define A     digitalRead(2)                 //数字口 2 读取 A 键值，按下为 0，否则为 1
#define B     digitalRead(3)                 //数字口 2 读取 B 键值，按下为 0，否则为 1
#define C     digitalRead(4)                 //数字口 2 读取 C 键值，按下为 0，否则为 1
#define D     digitalRead(5)                 //数字口 2 读取 D 键值，按下为 0，否则为 1
#define E     digitalRead(6)                 //数字口 2 读取 E 键值，按下为 0，否则为 1
#define F     digitalRead(7)                 //数字口 2 读取 F 键值，按下为 0，否则为 1
#define KEY      digitalRead(8)              //数字口 2 读取 KEY 键值，按下为 0，否则为 1

byte TX_ADDRESS[TX_ADR_WIDTH]  =
{
  0x34,0x43,0x10,0x10,0x01
};
                                             //模块发送区地址定义
byte tx_buf[TX_PLOAD_WIDTH];                 //定义存放发送的数据包数组，宽带为 32 个字节

//*****************初始化*********************************
void setup()
{
  pinMode(CE,   OUTPUT);                     //模块引脚初始化
  pinMode(CSN, OUTPUT);
  pinMode(MOSI,   OUTPUT);
  pinMode(MISO, INPUT);
  pinMode(IRQ, INPUT);
  pinMode(SCK, OUTPUT);
```

```
  Serial.begin(9600);                          //串口波特率为 9600
  init_nrf24l01();                             //模块引脚电平初始化
  byte status=SPI_Read(STATUS);                //先读取状态寄存器，判断是否能够操作寄存器
  Serial.println("*****************RX_Mode start*************************");
  Serial.print("status = ");
  Serial.println(status,HEX);           //十六进制显示模块状态参数，正确的状态显示为 E 或 1E
  TX_Mode();                                   //设置发射模式
}
void loop()
{
  tx_buf[0]=X;                                 //装填需要发送的数值
  tx_buf[1]=Y;
  if(A==0)tx_buf[2]=0xff;                      //判断按钮是否按下，按下发送 0xff，没按下发送 0
  else tx_buf[2]=0;
  if(B==0)tx_buf[3]=0xff;
  else tx_buf[3]=0;
  TX_DATA();                                   //发送数据包
}

//************模块引脚电平初始化*************
void init_nrf24l01()
{
  digitalWrite(IRQ, 0);
  digitalWrite(CE, 0);
  digitalWrite(CSN, 1);
}
//********SPI 读写操作，单字节读取和写入操作*************************
byte SPI_RW(unsigned char Byte)
{
  byte i;
  for(i=0;i<8;i++)
  {
    if(Byte&0x80)
    {
      digitalWrite(MOSI, 1);
    }
    else
    {
      digitalWrite(MOSI, 0);
    }
    digitalWrite(SCK, 1);
    Byte <<= 1;
    if(digitalRead(MISO) == 1)
    {
      Byte |= 1;
    }
    digitalWrite(SCK, 0);
  }
```

```
    return(Byte);
}

/******************SPI 写寄存器操作，带寄存器地址实参和数据实参
*********************************/
byte SPI_RW_Reg(byte reg, byte value)
{
    byte status;

    digitalWrite(CSN, 0);
    status = SPI_RW(reg);
    SPI_RW(value);
    digitalWrite(CSN, 1);
    return(status);
}

/******************SPI 读寄存器操作，带寄存器地址实参*********************************/
byte SPI_Read(byte reg)
{
    byte reg_val;
    digitalWrite(CSN, 0);
    SPI_RW(reg);
    reg_val = SPI_RW(0);
    digitalWrite(CSN, 1);
    return(reg_val);
}

/*********SPI 读数据包操作，带寄存器地址，存数据包数组名，需要读取的字节个数三个实参*******/
byte SPI_Read_Buf(byte reg, byte *pBuf, byte bytes)
{
    byte status,i;
    digitalWrite(CSN, 0);
    status = SPI_RW(reg);
    for(i=0;i<bytes;i++)
    {
        pBuf[i] = SPI_RW(0);
    }
    digitalWrite(CSN, 1);
    return(status);
}

/*****SPI 写数据包操作，带寄存器地址，待写入数据包数组名，需要写入的字节个数三个实参
**********/
byte SPI_Write_Buf(byte reg, byte *pBuf, byte bytes)
{
    byte status,i;

    digitalWrite(CSN, 0);
    status = SPI_RW(reg);
```

```
    for(i=0;i<bytes; i++)
    {
      SPI_RW(*pBuf++);
    }
    digitalWrite(CSN, 1);
    return(status);
}

/********接收模式设置函数，主要有填发送数据地址，数据接收通道 0 的地址，数据接收通道 0**
*********开启自动应答，数据接收通道 0 开启，射频通道为 40，设置接收数据有效位为 32，*
*********设置发送速率为 2Mb/s，发射功率 0dBm，低噪声放大器增益，*****************
*********模块上电并开启发射模式   *****************/

void TX_Mode()
{
    digitalWrite(CE,0);
    SPI_Write_Buf(WRITE_REG+TX_ADDR,TX_ADDRESS,TX_ADR_WIDTH);
    SPI_Write_Buf(WRITE_REG+RX_ADDR_P0,TX_ADDRESS,TX_ADR_WIDTH);

    SPI_RW_Reg(WRITE_REG+EN_AA,0x01);
    SPI_RW_Reg(WRITE_REG+EN_RXADDR,0x01);
    SPI_RW_Reg(WRITE_REG+CONFIG,0x0E);
    SPI_RW_Reg(WRITE_REG+RF_CH,40);
    SPI_RW_Reg(WRITE_REG+RF_SETUP,0x07);
    SPI_RW_Reg(WRITE_REG+SETUP_RETR,0x1a);
    SPI_Write_Buf(WR_TX_PLOAD,tx_buf,TX_PLOAD_WIDTH);

    digitalWrite(CE,1);
}

/***********发送数据包，首先判断是否有发送成功或发射次数溢出中断******************
************只有中断产生表明上一发送操作完成，开始发送下一数据包，数据包********
*************写入 TX_FIFO 寄存器后，中断位写 1 清除中断，数据完成发送***************/
void TX_DATA()
{
      byte status;
      status=SPI_Read(STATUS);
      if(status&TX_DS)
      {
            SPI_RW_Reg(FLUSH_TX,0);
            SPI_Write_Buf(WR_TX_PLOAD,tx_buf,TX_PLOAD_WIDTH);
      }
      if(status&MAX_RT)
      {
            SPI_RW_Reg(FLUSH_TX,0);
            SPI_Write_Buf(WR_TX_PLOAD,tx_buf,TX_PLOAD_WIDTH);
      }
      SPI_RW_Reg(WRITE_REG+STATUS,status);
     delay(20);
```

```
}
```

上面的遥控端程序，通过读取 X 轴、Y 轴的数据作为 pwm 波信号驱动两个舵机，控制机械手臂两个自由度的动作，通过按键 A、B 的按下控制“手指”的开合就能通过无线操作机械手臂了。

5.3.4 组装与测试

接下来按照以下步骤来组装测试。

（1）按图 5-34 安装好模块，并连接电脑下载程序。

（2）下载程序后，在软件客户端的右上角（如图 5-35 所示）打开串口调试窗口，如图 5-36 所示。

图 5-34 发射端模块安装示意图

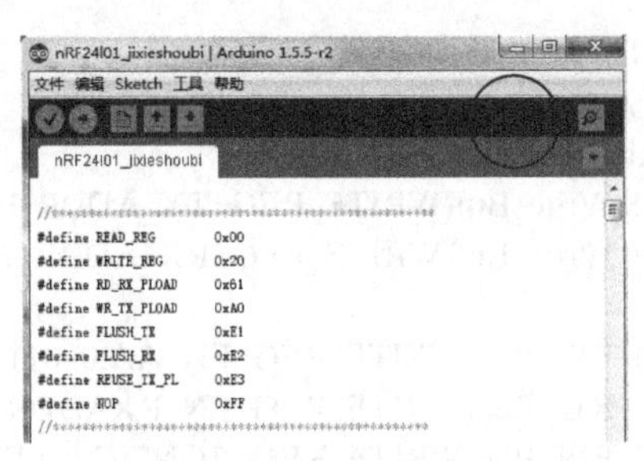

图 5-35 串口调试器

（3）此时可以看到，读取的模块状态参数为“1E”，对比 STATUS 寄存器，可以知道此时模块重发数据次数溢出（因为此时并没有接收模块响应发射模块），RX FIFO 寄存器为空（表明未接收到数据），TX FIFO 寄存器有可用空间（表明数据发送区处于待写入状态）。此时发射模块即处于待机状态。

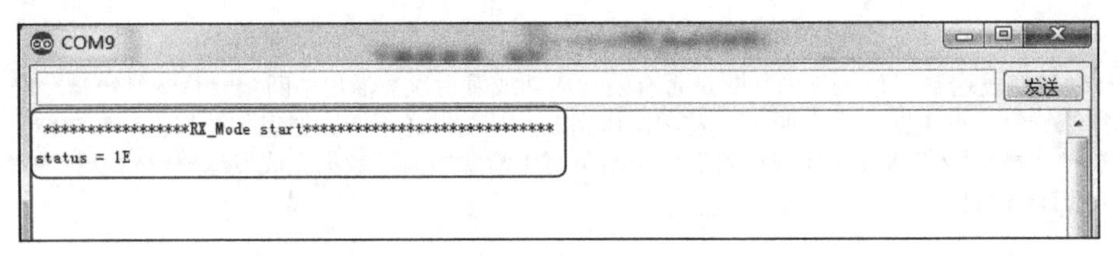

图 5-36 串口调试窗口示意

提示

若此时接收模块也处于工作状态，状态寄存器读到的数值就是“E”

下面给出接收端和机械手臂舵机响应的程序。

程序 5-12：接收端和机械手臂舵机响应的程序示例

```
#include "Servo.h"
//**********************模块指令定义*****************************
#define READ_REG        0x00
#define WRITE_REG       0x20
#define RD_RX_PLOAD     0x61
```

```
#define WR_TX_PLOAD         0xA0
#define FLUSH_TX            0xE1
#define FLUSH_RX            0xE2
#define REUSE_TX_PL         0xE3
#define NOP                 0xFF
//**********************中断标志位******************************
#define RX_DR      0x40
#define TX_DS      0x20
#define MAX_RT     0x10
//**********************寄存器地址******************************
#define CONFIG              0x00
#define EN_AA               0x01
#define EN_RXADDR           0x02
#define SETUP_AW            0x03
#define SETUP_RETR          0x04
#define RF_CH               0x05
#define RF_SETUP            0x06
#define STATUS              0x07
#define OBSERVE_TX          0x08
#define CD                  0x09
#define RX_ADDR_P0          0x0A
#define RX_ADDR_P1          0x0B
#define RX_ADDR_P2          0x0C
#define RX_ADDR_P3          0x0D
#define RX_ADDR_P4          0x0E
#define RX_ADDR_P5          0x0F
#define TX_ADDR             0x10
#define RX_PW_P0            0x11
#define RX_PW_P1            0x12
#define RX_PW_P2            0x13
#define RX_PW_P3            0x14
#define RX_PW_P4            0x15
#define RX_PW_P5            0x16
#define FIFO_STATUS         0x17
/*****************************引脚定义************************************
******其中 SCK,MOSI,MISO 三个引脚已在 UNO 的库文件中************
******定义，这里不需要重复定义，否则会提示产生错误*************
**************************************************************************/
#define IRQ        8
#define CE         9
#define CSN        10
/*********地址和有效数据宽度定义**************/
#define RX_ADR_WIDTH      5               //定义接收模块地址宽度为 5 个字节
#define RX_PLOAD_WIDTH    32              //定义接收数据包有效数据为 32 个字节
/*************数据包各位数据定义******************/
#define X rx_buf[0]
#define Y rx_buf[1]
#define A rx_buf[2]
#define B rx_buf[3]
#define C rx_buf[4]
#define D rx_buf[5]
#define E rx_buf[6]
#define F rx_buf[7]
#define KEY rx_buf[8]
```

```
/*****************发送和接收通道地址*****************/
byte RX_ADDRESS[RX_ADR_WIDTH]  =
{
  0x34,0x43,0x10,0x10,0x01
};

/*****************定义存放接收数据包的数组********/
byte rx_buf[RX_PLOAD_WIDTH];
/************定义舵机角度变量，定义三个舵机名字*************/
byte angleX,angleY,angleZ;
Servo servoX;
Servo servoY;
Servo servoZ;

//******************程序初始化*********************************
void setup()
{
  pinMode(CE,  OUTPUT);                          //引脚模式初始化
  pinMode(CSN, OUTPUT);
  pinMode(MOSI,  OUTPUT);
  pinMode(MISO, INPUT);
  pinMode(IRQ, INPUT);
  pinMode(SCK, OUTPUT);

  servoX.attach(3);                              //为各个舵机添加 pwm 引脚
  servoY.attach(5);                              //注意 Arduino UNO 只有 3,5,6,9,,10,11 引脚支持
  servoZ.attach(6);                              //连接舵机
  angleX=90;                                     //舵机角度初始化，设为 90°
  angleY=90;
  angleZ=90;
  servoX.write(angleX);                          //舵机位置初始化，使三个舵机旋转到 90° 的位置
  servoY.write(angleY);
  servoZ.write(angleZ);

  Serial.begin(9600);                            //串口通信波特率设置
  init_nrf24l01();                               //接收模块引脚电平初始化
  byte status=SPI_Read(STATUS);
  Serial.println("*****************RX_Mode start******************************");
  Serial.print("status = ");
  Serial.println(status,HEX);                    //读取并显示模块状态值，正确的返回值应是“1E”
  RX_Mode();                                     //开启接收模式
}

/*********************主程序**************************/
void loop()
{
  RX_DATA();                                     //先接收来自发射端的数据包
  servoX_move();                                 //舵机 X 动作
  servoY_move();                                 //舵机 Y 动作
  servoZ_move();                                 //舵机 Z 动作
}

void servoX_move()                               //舵机 X 的角度运算函数
```

```
{
  if(X>138)                              //X 轴的中位模拟量数值是 128，这里留出 10 的余量
                                         //避免误操作
  {
    angleX+=2;                           //X 轴摇杆向右则舵机角度增加 2°
    if(angleX>180)angleX=180;            //定义右极限角度是 180°
    servoX.write(angleX);                //舵机响应角度
    delay(15);                           //延时 15ms
  }
  else if(X<118)                         //判断 X 轴摇杆是否向左
  {
    angleX-=2;                           //X 轴摇杆向左则舵机角度减少 2°
    if(angleX<2)angleX=2;                //定义左极限角度是 2°，注意这里如果定义 0°
                                  //当角度值为负值（实际字符型数据无负值，值-1
                                  //即值 255，以此类推）后，舵机会回到 180°右极限位置
                                  //为避免舵机误响应，推荐左极限值设为最小角度变量 2°
                                  //以上的值
    servoX.write(angleX);
    delay(15);
  }
}

void servoY_move()                       //舵机 Y 的角度运算函数，原理同上
{
  if(Y>138)
  {
    angleY+=2;
    if(angleY>180)angleY=180;
    servoY.write(angleY);
    delay(15);
  }
  else if(Y<118)
  {
    angleY-=2;
    if(angleY<2)angleY=2;
    servoY.write(angleY);
    delay(15);
  }
}

void servoZ_move()                       //舵机 Z（控制抓取物件舵机）的角度运算函数
{
  byte i;
  if(A==0xff)                            //判断 A 键按下，舵机“手指”闭合
  {
    angleZ+=2;
    if(angleZ>100)angleZ=100;
    servoZ.write(angleZ);
    delay(15);
  }
  if(B==0xff)                            //判断 B 键按下，舵机“手指”张开
  {
    angleZ-=2;
    if(angleZ<10)angleZ=10;
```

```
      servoZ.write(angleZ);
      delay(15);
    }
  }

/***************模块引脚电平初始化*****************/
void init_nrf24l01()
{
  digitalWrite(IRQ, 0);
  digitalWrite(CE, 0);
  digitalWrite(CSN, 1);
}

/***************接收数据包函数********************/
void RX_DATA()
{
      byte status;
      status = SPI_Read(STATUS);
      if(status&RX_DR)
      {
        SPI_Read_Buf(RD_RX_PLOAD, rx_buf, RX_PLOAD_WIDTH);
        SPI_RW_Reg(FLUSH_RX,0);
      }
        SPI_RW_Reg(WRITE_REG+STATUS,status);
}

/***************SPI 通信单字节读写函数*************************/
byte SPI_RW(unsigned char Byte)
{
  byte i;
  for(i=0;i<8;i++)
  {
    if(Byte&0x80)
    {
      digitalWrite(MOSI, 1);
    }
    else
    {
      digitalWrite(MOSI, 0);
    }
    digitalWrite(SCK, 1);
    Byte <<= 1;
    if(digitalRead(MISO) == 1)
    {
      Byte |= 1;
    }
    digitalWrite(SCK, 0);
  }
  return(Byte);
}

/*********SPI 写寄存器操作函数，带寄存器地址，和待写入指令两个实参**********************
**********实际应用如“SPI_RW_Reg(WRITE_REG + EN_AA, 0x01);”表示向 EN_AA 寄存器*****************
**********写入指令 0x01 *******************/
```

```
byte SPI_RW_Reg(byte reg, byte value)
{
  byte status;

  digitalWrite(CSN, 0);
  status = SPI_RW(reg);
  SPI_RW(value);
  digitalWrite(CSN, 1);
  return(status);
}

/******************SPI 读寄存器操作函数，带寄存器地址实参********************************/
byte SPI_Read(byte reg)
{
  byte reg_val;
  digitalWrite(CSN, 0);
  SPI_RW(reg);
  reg_val = SPI_RW(0);
  digitalWrite(CSN, 1);
  return(reg_val);
}

/****SPI 写数据包操作，带寄存器地址，数据包数组名，需要写入的个数三个实参********
*****实际引用时如 SPI_Write_Buf(WRITE_REG + RX_ADDR_P0, TX_ADDRESS, *****
*****RX_ADR_WIDTH)，表示向 RX_ADDR_P0 接收数据通道 0 写入数组*************
***** RX_ADDRESS[]中的数据，数组地址是 RX_ADDRESS（即数组名，不带“[]”），**
*****地址宽度是 5 个字节********************************/
byte SPI_Write_Buf(byte reg, byte *pBuf, byte bytes)
{
  byte status,i;

  digitalWrite(CSN, 0);
  status = SPI_RW(reg);
  for(i=0;i<bytes; i++)
  {
    SPI_RW(*pBuf++);
  }
  digitalWrite(CSN, 1);
  return(status);
}

/***SPI 读数据包函数，带寄存器地址，存放接收数据的数组地址，需要读取的有效字节个数***
****三个实参，实际应用如“SPI_Read_Buf(RD_RX_PLOAD, rx_buf, RX_PLOAD_WIDTH);” *
****表示向 RD_RX_PLOAD 数据接收寄存器请求读取数据，并存放到 rx_buf[]数组当中，  *
****读取的数据包大小为 32 字节 *********/
byte SPI_Read_Buf(byte reg, byte *pBuf, byte bytes)
{
  byte status,i;

  digitalWrite(CSN, 0);
  status = SPI_RW(reg);
  for(i=0;i<bytes;i++)
  {
    pBuf[i] = SPI_RW(0);
```

```
    }
    digitalWrite(CSN, 1);

    return(status);
}

/***接收模式设置函数，主要有填数据接收通道 0 的地址，数据接收通道 0******************
***开启自动应答，数据接收通道 0 开启，射频通道为 40，设置接收数据有效位************
***为 32 位，设置发送速率为 2Mb/s，发射功率 0dBm，低噪声放大器增益，****************
***模块上电并开启接收模式****************/
void RX_Mode()
{
    digitalWrite(CE, 0);
    SPI_Write_Buf(WRITE_REG + RX_ADDR_P0, RX_ADDRESS, RX_ADR_WIDTH);
    SPI_RW_Reg(WRITE_REG + EN_AA, 0x01);
    SPI_RW_Reg(WRITE_REG + EN_RXADDR, 0x01);
    SPI_RW_Reg(WRITE_REG + RF_CH, 40);
    SPI_RW_Reg(WRITE_REG + RX_PW_P0, RX_PLOAD_WIDTH);
    SPI_RW_Reg(WRITE_REG + RF_SETUP, 0x07);
    SPI_RW_Reg(WRITE_REG + CONFIG, 0x0f);
    digitalWrite(CE, 1);
}
```

安装引脚定义安装机械手臂和 nRF24L01 模块，下载接收端程序，和检测发射端的方法一样调用串口监视器，如果寄存器状态值读取到的是“1E”，则表明模块开始工作。

接收端模块安装如图 5-37 所示。

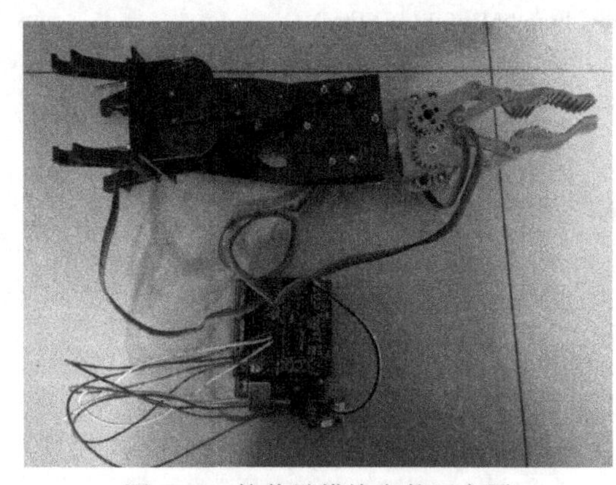

图 5-37　接收端模块安装示意图

现在我们给遥控端和接收端上电，就能遥控机械手臂抓取东西了，是不是很赞呢！

5.4　项目 4——用 Arduino 制作贪食蛇小游戏

曾几何时，在还是功能机的天下时，“贪食蛇”几乎是每一款功能机必备的内置小游戏，绝不亚于今日智能机天下的“愤怒的小鸟”、“水果忍者”的火爆程度。“贪食蛇”游戏的操作非常简单，通过上、下、左、右 4 个按键操作蛇身的移动，每吃到一个食物，蛇身就多出一节，当蛇头碰到四周墙壁或者自身时，游戏结束。Arduino 作为一个强大的开源平台，制作出这样一款小游戏自然不在话下了。下面我们就试着自己编出“贪食蛇”小游戏，体会一下 DIY 游戏的乐趣吧。

5.4.1 硬件准备

首先我们需要准备以下硬件：

- Arduino UNO 开发板一块，如图 5-38 所示。
- Arduino Joystick Shield 扩展板一块，如图 5-39 所示。
- Nokia5110 液晶屏模块，如图 5-40 所示。

图 5-38 Arduino UNO 开发板

图 5-39 Arduino Joystick Shield 扩展板

图 5-40 Nokia5110 液晶屏模块

5.4.2 硬件主要功能分析

在前面的案例中，我们已经了解了 Joystick 扩展板的引脚定义，这里就不再重复讲述。本小节着重了解一下 Nokia5110 模块的使用。

Nokia5110 采用 PCD8544 芯片为核心。PCD8544 是一块低功耗的 CMOS LCD 控制驱动器，设计为驱动 48 行 84 列的图形显示。所有必须的显示功能集成在一块芯片上，包括 LCD 电压及偏置电压发生器，只须很少外部元件且功耗小。PCD8544 与微控制器的接口使用串行总线，采用 CMOS 工艺。

图 5-41 是液晶模块的引脚示意，表 5-5 是引脚定义。

图 5-41 Nokia5110 的引脚示意

表 5-5 Nokia5110 的引脚定义

1	RST	模块复位端
2	CE	芯片使能端
3	DC	串行数据输出端
4	Din	串行数据输入端
5	Clk	时钟信号输入端

（续表）

6	Vcc	电源引脚，3.3V 输入（高电压可能会烧毁芯片）
7	BL	背光灯电源输入端，0V~5V，可以通过 PWM 引脚输入，对应模拟量为 0~1024，此引脚悬空时则关闭背光灯
8	Gnd	接地

使用 Arduino 控制 5110 液晶的好处就在于，能够使用网上提供的 5110 库函数直接控制液晶模块，省去了了解复杂的通信协议和芯片操作时序的过程，库函数的下载地址在 http://www.henningkarlsen.com/electronics/library.php?id=48。

（1）打开下载网页，找到下载地址，如图 5-42 所示并下载库函数文件。

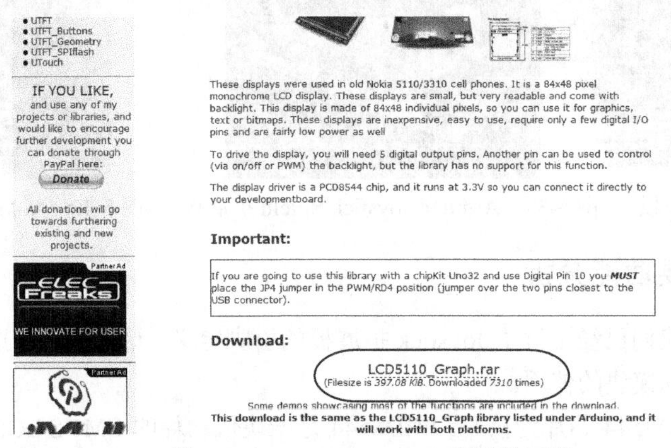

图 5-42　LCD5110_Graph 库函数下载

（2）将解压库文件得到的 LCD5110_Graph 文件夹复制到 Arduino 下的 libraries 文件夹中，如图 5-43 所示。

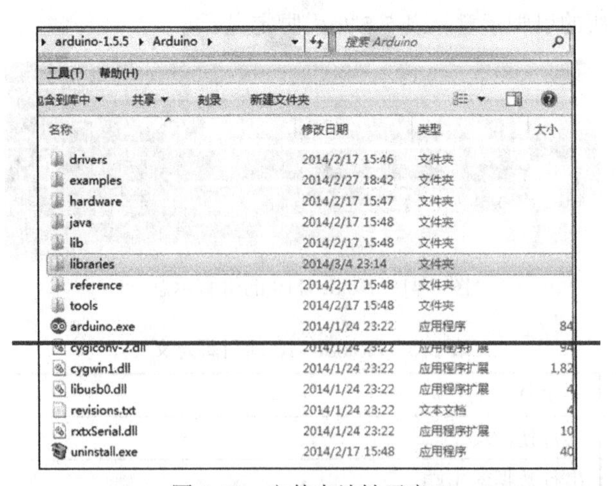

图 5-43　文件夹地址示意

（3）进入 LCD5110_Graph 文件夹，右击 LCD5110_Grafh.h 头文件，在快捷菜单中选择“打开”命令，如图 5-44 所示。

提示

选择第 2 个“打开”命令，以文本形式打开，否则提示无法打开。

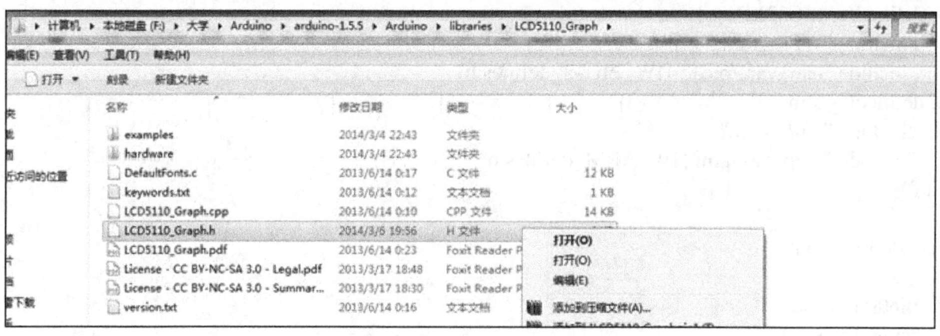

图 5-44 查看库文件示意

打开后会看到以下头文件源代码，如程序 5-13 所示。

程序 5-13：头文件源代码示例

```
#ifndef LCD5110_Graph_h
#define LCD5110_Graph_h

#define LEFT 0
#define RIGHT 9999
#define CENTER 9998

#define LCD_COMMAND 0
#define LCD_DATA 1

// PCD8544 Commandset
// ------------------
// General commands                                    //寄存器地址
#define PCD8544_POWERDOWN                       0x04
#define PCD8544_ENTRYMODE                   0x02
#define PCD8544_EXTENDEDINSTRUCTION             0x01
#define PCD8544_DISPLAYBLANK                0x00
#define PCD8544_DISPLAYNORMAL               0x04
#define PCD8544_DISPLAYALLON                0x01
#define PCD8544_DISPLAYINVERTED                 0x05
// Normal instruction set
#define PCD8544_FUNCTIONSET                     0x20
#define PCD8544_DISPLAYCONTROL                  0x08
#define PCD8544_SETYADDR                    0x40
#define PCD8544_SETXADDR                    0x80
// Extended instruction set
#define PCD8544_SETTEMP                         0x04
#define PCD8544_SETBIAS                         0x10
#define PCD8544_SETVOP                      0x80
// Display presets
#define LCD_BIAS                            0x03 // Range: 0-7 (0x00-0x07)
```

```
#define LCD_TEMP                    0x02 // Range: 0-3 (0x00-0x03)
#define LCD_CONTRAST                0x46 // Range: 0-127 (0x00-0x7F)
#if defined(__AVR__)
    #include "Arduino.h"
    #include "hardware/avr/HW_AVR_defines.h"
#elif defined(__PIC32MX__)
    #include "WProgram.h"
    #include "hardware/pic32/HW_PIC32_defines.h"
#elif defined(__arm__)
    #include "Arduino.h"
    #include "hardware/arm/HW_ARM_defines.h"
#endif

struct _current_font
{
    uint8_t* font;
    uint8_t x_size;
    uint8_t y_size;
    uint8_t offset;
    uint8_t numchars;
    uint8_t inverted;
};

class LCD5110
{
    public:                                                   //公共引用函数类
        LCD5110(int SCK, int MOSI, int DC, int RST, int CS);  //设置模块引脚
        void InitLCD(int contrast=LCD_CONTRAST);              //设置对比度，初始化液晶
        void setContrast(int contrast);                       //写指令
        void update();                                        //上传数据，显示图形或字符
        void clrScr();                                        //清屏
        void fillScr();                                       //填满屏幕，引用此函数屏幕全黑
        void invert(bool mode);       //反转屏幕，带 bool 型实参，如"invert（ture）;"屏幕全白
                                      //"invert（false）;"屏幕全黑
        void setPixel(uint16_t x, uint16_t y);   //显示像素，列坐标 x 和行坐标 y
        void clrPixel(uint16_t x, uint16_t y);       //清除像素，列坐标 x 和行坐标 y
        void invPixel(uint16_t x, uint16_t y);       //反转像素
        void invertText(bool mode);            //反转文字显示，带 bool 型实参，
                                                     //true 为白底黑字，false 为黑底白字
        void print(char *st, int x, int y);          //文字显示函数，带字符数组名，和显示开
                                                     //始位置列坐标 x，行坐标 y
        void print(String st, int x, int y);         //直接显示字符串函数，如 print（"ABCD",0,0）

        void printNumI(long num, int x, int y, int length=0, char filler=' ');
        //显示整数，如"printNumI（10,0,0,3,' '）;"表示在（0,0）位置显示数字 10，数字显示长度
        //为 3 个空格，位数不够时在数字前填充空格字符' '

        void printNumF(double num, byte dec, int x, int y, char divider='.', int length=0, char filler=' ');
        //显示浮点型数字（小数），如"printNumF（10.0,1,0,0,'.',5,' '）;"表示在（0,0）显示 10.0,
        //一位小数，显示小数点'.'，数字显示位置长度为 5，位数不够时在数字前填充空格' '

        void setFont(uint8_t* font);
       //设置字符字体，库函数提供了 4 种字体，分别是 SmallFont（小字符码表）、MediumNumbers
       //（中等大小字体数字码表）、BigNumbers（大字体数字码表）、TinyFont（超小字符码表）
```

```
        //码表详细参数见库文件夹中的 DefaultFonts.c 文件

        void drawBitmap(int x, int y, uint8_t* bitmap, int sx, int sy);
        //位图显示函数，用于显示用户自定义的一些图案，如 drawBitmap（0,0,xiaolian,10,10）
        //表示在从（0,0）到（10,10）的方框区域内显示一个笑脸图案，图案的码表放在
        //xiaolian[]数组中

        void drawLine(int x1, int y1, int x2, int y2);
        //显示直线函数，带起点坐标（x1,y1）和终点坐标（x2,y2）
        void clrLine(int x1, int y1, int x2, int y2);
        //清除直线函数，带起点坐标（x1,y1）和终点坐标（x2,y2）
        void drawRect(int x1, int y1, int x2, int y2);
        //方框显示函数，带方框左上角坐标（x1,y1）和右下角坐标（x2,y2）
        void clrRect(int x1, int y1, int x2, int y2);
        //清除方框函数，带方框左上角坐标（x1,y1）和右下角坐标（x2,y2）
        void drawRoundRect(int x1, int y1, int x2, int y2);
        //显示圆角方框函数，带方框左上角坐标（x1,y1）和右下角坐标（x2,y2）
        void clrRoundRect(int x1, int y1, int x2, int y2);
        //清除圆角方框函数，带方框左上角坐标（x1,y1）和右下角坐标（x2,y2）
        void drawCircle(int x, int y, int radius);
        //圆显示函数，带圆心坐标（x,y）和半径大小 radius 值
        void clrCircle(int x, int y, int radius);
        //清除圆函数，带圆心坐标（x,y）和半径大小 radius 值

    protected:                  //保护函数类，只应用于库函数本身，用户不可引用，这里不做介绍
        regtype *P_SCK, *P_MOSI, *P_DC, *P_RST, *P_CS;
        regsize B_SCK, B_MOSI, B_DC, B_RST, B_CS;
        uint8_t SCK_Pin, RST_Pin;           // Needed for for faster MCUs
        _current_font   cfont;
        uint8_t     scrbuf[504];

        void _LCD_Write(unsigned char data, unsigned char mode);
        void _print_char(unsigned char c, int x, int row);
        void _convert_float(char *buf, double num, int width, byte prec);
        void drawHLine(int x, int y, int l);
        void clrHLine(int x, int y, int l);
        void drawVLine(int x, int y, int l);
        void clrVLine(int x, int y, int l);
};

#endif
```

提 示

由于 Nokia5110 模块版本众多，库文件中写入的指令不一定就适合你所购买的液晶模块，因此可能需要修改头文件中关于偏置电压、温度补偿和对比度参数。

（4）编写一个测试液晶屏的程序，用于测试液晶是否正常工作。

程序 5-14：测试液晶

```
#include <LCD5110_Graph.h>                //包含 5110 库文件

LCD5110 LCD(9,10,11,13,12);             //添加一个 5110 液晶屏，命名为 LCD，引脚定义是
```

```
                                              //(Clk,Din,DC,RST,CE)

extern uint8_t TinyFont[];                    //宏定义超小字体格式

void setup()
{
  LCD.InitLCD();                              //初始化液晶
  LCD.setFont(TinyFont);                      //设置字体格式
}

void loop()
{
  LCD.print("A",0,0);                         //打印字符 A
  LCD.update();                               //显示字符 A
}
```

载入程序后如果液晶正常显示字符 A，则忽略以下操作。若液晶对比度过低或无法显示，则以文本形式打开 LCD5110_Grafh.h 文件，如图 5-45 所示。

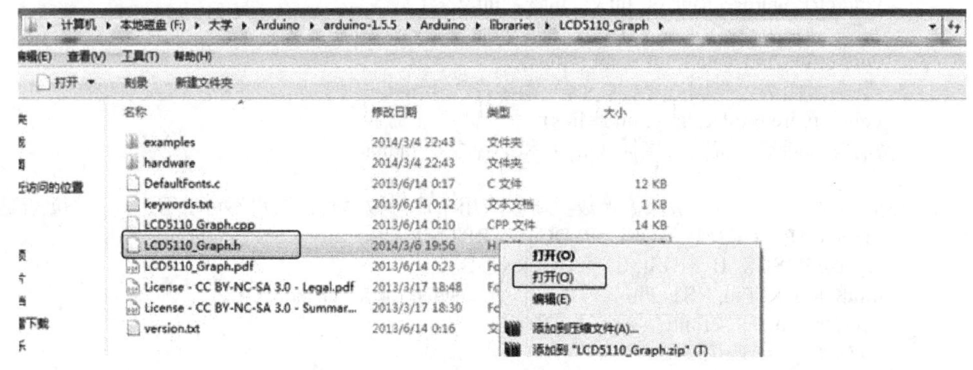

图 5-45　打开 LCD5110_Grafh.h 文件

打开后，找到以下代码：

```
#define LCD_BIAS          0x03 // 偏置电压值，比如笔者手中的这款 5110 液晶就必
                               //须设置在 0x80~0x8F 之间才能正常工作，读者可以
                               //通过修改这一参数试验得出合适模块工作的数值
#define LCD_TEMP          0x02    //温度补偿值（0x00~0x03）
#define LCD_CONTRAST      0x46    //对比度值 0~127（0x00~0x7F）
```

更改 LCD_BIAS、LCD_TEMP 和 LCD_CONTRAST 三个参数后重新下载程序测试，直到液晶正常显示，找到合适的参数。

提　示

Joystick 扩展板虽然为 5110 添加了独立的接口，但因为市面上的 5110 液晶的引脚定义顺序各异，可能与接口不匹配，此时我们可以通过杜邦线连接液晶屏，或者也可以使用笔者的连接方式，保证数据口的接口连接完好，BL 背光灯引脚可以悬空。如图 5-46 所示。

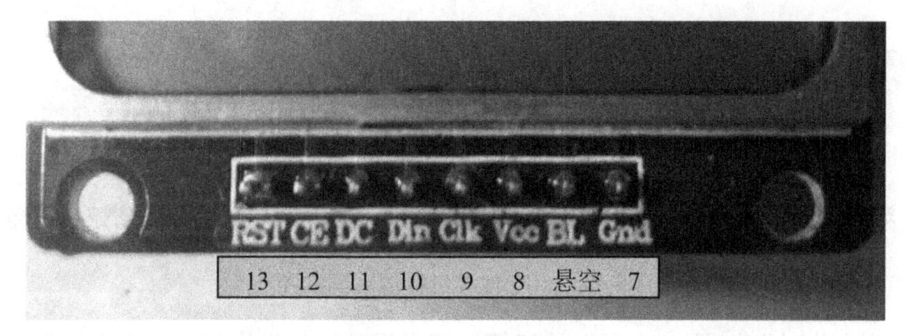

图 5-46 引脚连接

5.4.3 编写代码

编程思路：

了解完液晶屏的显示函数之后，再来考虑游戏的编程流程，根据游戏思路：先显示游戏开始界面，通过按键控制蛇头上下左右转向，蛇头不能碰到四周边界和自身，否则直接显示游戏结束界面，蛇头吃到食物后蛇身长度增加一节，同时游戏分数加一分。根据规则我们画出编程的流程图，如图 5-47 所示。

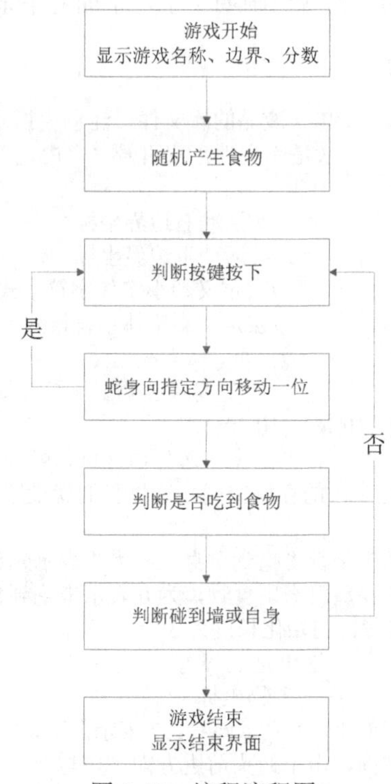

图 5-47 编程流程图

细节说明：

我们的基本思路是通过定义一个二维坐标数组存放蛇身单元（格）的坐标值，当蛇头未吃到食物前进一格时做如图 5-48 所示的运算，前进一格时，二维坐标数组的每一个坐标值都发生变化。

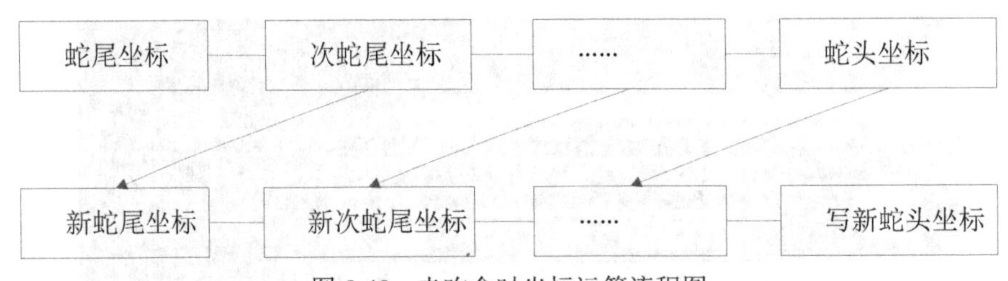

图 5-48　未吃食时坐标运算流程图

当蛇头吃到食物时做如图 5-49 所示的运算，相当于新蛇头坐标加入二维坐标数组中。

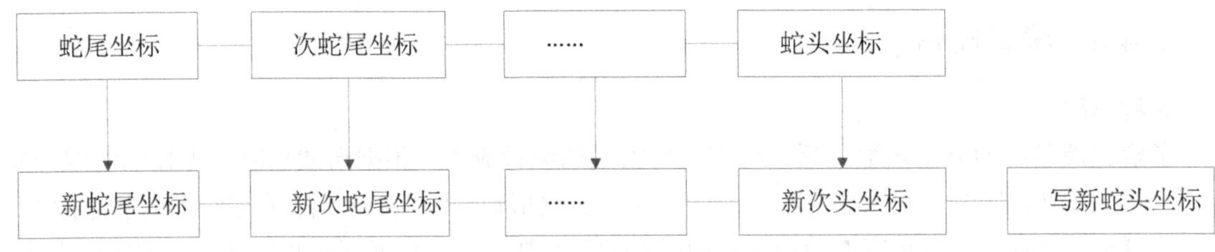

图 5-49　吃食后坐标运算流程图

到这里，程序的流程和编写的思路就清晰明了了，下面着手来写贪食蛇的程序吧。

程序 5-15：贪食蛇的程序示例

```
#include <LCD5110_Graph.h>          //包含液晶的库文件，注意尖括号<>里包含的
                                    //是库文件，双引号“”内包含的是程序内自写的头文件

extern byte X_MAX=82;                         //活动右边界坐标
extern byte Y_MAX=46;                         //活动下边界坐标
extern unsigned char TinyFont[];              //宏定义超小字体字符格式
extern unsigned char SmallFont[];             //宏定义小字体字符格式

byte DotX,DotY;                               //蛇身和食物显示单元横纵坐标
byte SnakeBody[100][2]={{10,16},{10,18},{10,20}};
//定义一个二维数组存放蛇身单元坐标，实际上在边界内区域，蛇身单元个数为 40×19=760
//但单片机内存有限，无法提供这么大的存储空间，这里我们就设置为最多存放 100 个单元位置

byte EatSelf=0;           //判断蛇头是否“吃到自身”，为 1 表示蛇头碰到蛇身，为 0 表示未碰到
byte NewFood=0;           //是否需要重新产生食物，为 0 表示未吃到食物，为 1 表示吃到食物
byte SnakeLength=3;       //蛇体长度，初始化长度为 3
long score=0;             //分数，注意这里是 long 型
byte FoodX=30,FoodY=30;                 //食物坐标
byte Direct=2; //按键方向，0 表示向上，1 表示向右，2 表示向下，3 表示向左，初始化方向向下
byte LastDirect=2; //上一次前进方向，由于蛇头前进方向不能与上一次方向相反，如上一次向右前进，
                   //下一次方向就只能向右、向上或向下，加入这个参数方便判断
byte StepTime=5;              //前进一步间隔时间，这里是定义显示一次蛇身的次数，从而
                              //等效地转换成一次前进的时间间隔

#define A digitalRead(2)      //预定义 A 键（向上）的判断值，0 表示按下，1 表示未按下
#define B digitalRead(3)      //预定义 B 键（向右）的判断值，0 表示按下，1 表示未按下
#define C digitalRead(4)      //预定义 C 键（向下）的判断值，0 表示按下，1 表示未按下
```

```
#define D digitalRead(5)              //预定义 D 键（向左）的判断值，0 表示按下，1 表示未按下
#define BL    6                       //将背光灯电源接在 6 号引脚，（3,5,6,9,10,11）引脚可
                                      //输出 pwm 波

LCD5110 LCD(9,10,11,13,12);                //添加一个 5110 液晶屏，命名为 LCD，引脚定义是
                                            //(Clk,Din,DC,RST,CE)

/************程序初始化*************/
void setup()
{
analogWrite(BL,0);                       //设置背光灯引脚，参数为 0~1024，对应于关闭背光灯
                                         //至背光灯最亮,液晶直接连接在 Joystick 上时不使用背光
    LCD.InitLCD();                       //初始化液晶屏
    LCD.setFont(SmallFont);              //设置字体格式为小字体字符
    DisplayStart();                      //显示开始界面
    PrintFrame();                        //显示边框
    randomSeed(analogRead(7));           //设置随机数种子，用于产生食物随机位置
    CreatFood();                         //产生一个食物
}

/***********主函数******************/
void loop()
{
    MoveSnake();                         //移动蛇身
    JudgeEatSelf();                      //判断是否碰到自身或边界
}

/**************显示开始界面*************/
void DisplayStart()
{
   LCD.clrScr();                              //清屏
   LCD.print("Snake",CENTER,20);              //在第 20 行居中显示“Snake”
   LCD.update();                              //显示以上图像
   delay(2000);                               //延时两秒
   LCD.clrScr();                              //清屏
}

/******显示游戏结束界面***********/
void DisplayGameOver()
{
  LCD.clrScr();
  for(byte y=48;y>20;y--)                     //从下至上移动"Game Over"字符串，到 20 行停止
  {
    LCD.print("Game Over",CENTER,y);
    LCD.update();
    delay(50);
  }
  delay(5000);
  LCD.clrScr();
```

```
}

/************显示边框***************/
void PrintFrame()
{
    LCD.clrScr();                        //清屏
    LCD.drawRect(0, 6, 83, 47);     //绘制从（0,6）到（83,47）的方框
    LCD.drawRect(1, 7, 82, 46);     //绘制从（1,7）到（82,46）的方框
    LCD.setFont(TinyFont);           //设置字体格式为超小字体
    LCD.print("Score:",0,0);         //在（0,0）位置显示“Score”字符串
    LCD.printNumI(0,24,0,3,' '); //在（24,0）位置显示分数 0，分数长度为 3，位数不足补空格
    LCD.update();                        //显示以上图像
}

/*******产生蛇身或食物单元，为一个 2×2 方框，即一个稍大的点*******/
void CreatDot(byte x,byte y)
{
    LCD.drawRect(x, y, x+1, y+1);
    LCD.update();
}

/*******清除一个蛇身或食物单元**********/
void ClearDot(byte x,byte y)
{
  LCD.clrRect(x,y,x+1,y+1);
  LCD.update();
}

/******判断产生的食物坐标是否合适，食物坐标不能与蛇身坐标重合********/
byte IsFoodFit(byte X,byte Y)
{
  byte WhetherFit=1;                          //食物坐标是否合适判定值，1 表示合适，0 表示不合适
  for(int i=0;i<SnakeLength;i++)              //把食物坐标依次与蛇身单元坐标对比
  {
//如果食物坐标与蛇身坐标重合，或者食物坐标为奇数，食物坐标判定为不合适，WhetherFit 置 0
      if((X==SnakeBody[i][0]&&Y==SnakeBody[i][1])||(X%2!=0)||(Y%2!=0))

      {
        WhetherFit=0;
        break;
      }
  }
  return WhetherFit;                  //返回判定值
}

/***********产生食物的随机坐标***********/
void RandomFoodPlace()
{
   FoodX=random(2,81);              //在（2,81）的范围内随机产生列坐标
```

```
    FoodY=random(8,45);          //在（8,45）的范围内随机产生行坐标
}

/********显示食物****************/
void CreatFood()
{
  ClearDot(FoodX,FoodY);         //清除上一次食物
  while(!IsFoodFit(FoodX,FoodY))RandomFoodPlace();   //产生随机坐标并判断是否合适，如不合
                                                     //适则继续产生随机坐标
  CreatDot(FoodX,FoodY);         //显示食物
}

/********显示蛇身*************/
void DisplaySnake()
{
  int i;
  for(i=0;i<SnakeLength;i++)              //按照地址数组中的坐标依次显示蛇身单元
  {
    CreatDot(SnakeBody[i][0],SnakeBody[i][1]);
  }
}

/*******清除蛇身，只有清除上一次的蛇身显示下一次蛇身，才有蛇身移动的效果******/
void ClearSnake()
{
  int i;
  for(i=0;i<SnakeLength;i++)              //按照地址数组中的坐标依次清除蛇身单元
  {
    ClearDot(SnakeBody[i][0],SnakeBody[i][1]);
  }
}

/*******移动蛇身********/
void MoveSnake()
{

  if(A==0)Direct=0;                       //判断按键按下并给方向参数赋值
  else if(B==0)Direct=1;
  else if(C==0)Direct=2;
  else if(D==0)Direct=3;

  if((LastDirect+Direct)%2==0)Direct=LastDirect;
  //判断上一次方向与下一次方向是否相反，如果相反，取上一次的移动方向
  LastDirect=Direct;                      //存储本次方向作为上一次方向
  if(SnakeBody[SnakeLength-1][0]==FoodX&&SnakeBody[SnakeLength-1][1]==FoodY)
  //判断蛇头坐标是否与食物坐标相同，如相同表示吃到食物
    {
        SnakeLength++;         //蛇身长度增加一节
        score++;               //分数增加一分
```

```
        NewFood=1;              //NewFood 置 1，表示需要产生新食物
    }
  if(NewFood==1)                //吃到食物后的坐标运算
    {
      CreatFood();              //先产生一个随机食物
      NewFood=0;                //NewFood 置 0，表示不需产生食物
      switch(Direct)            //判断方向值
      {
        case 0:     SnakeBody[SnakeLength-1][0]=SnakeBody[SnakeLength-2][0];
                    SnakeBody[SnakeLength-1][1]=SnakeBody[SnakeLength-2][1]-2;
                    break;
                    //如果向上，增加一个蛇头单元，它的列坐标与之前相同，行坐标减 2
        case 1:     SnakeBody[SnakeLength-1][0]=SnakeBody[SnakeLength-2][0]+2;
                    SnakeBody[SnakeLength-1][1]=SnakeBody[SnakeLength-2][1];
                    break;
                    //如果向右，增加一个蛇头单元，它的行坐标与之前相同，列坐标加 2
        case 2:     SnakeBody[SnakeLength-1][0]=SnakeBody[SnakeLength-2][0];
                    SnakeBody[SnakeLength-1][1]=SnakeBody[SnakeLength-2][1]+2;
                    break;
                    //如果向下，增加一个蛇头单元，它的列坐标与之前相同，行坐标加 2
        case 3:     SnakeBody[SnakeLength-1][0]=SnakeBody[SnakeLength-2][0]-2;
                    SnakeBody[SnakeLength-1][1]=SnakeBody[SnakeLength-2][1];
                    break;
                    //如果向上，增加一个蛇头单元，它的行坐标与之前相同，列坐标减 2
      }
    }
  else                                          //未吃到食物的坐标运算
  {
    switch(Direct)                              //判断方向
      {
        case 0:
        {
          for(int i=0;i<SnakeLength-1;i++)      //前一个坐标值替换为后一个坐标值
          {
            SnakeBody[i][0]=SnakeBody[i+1][0];
            SnakeBody[i][1]=SnakeBody[i+1][1];
          }
          SnakeBody[SnakeLength-1][1]=SnakeBody[SnakeLength-1][1]-2;
          //向上移动时蛇头列坐标与之前相同，行坐标减 2
        }
          break;
        case 1:
        {
          for(int i=0;i<SnakeLength-1;i++)          //前一个坐标值替换为后一个坐标值
          {
            SnakeBody[i][0]=SnakeBody[i+1][0];
            SnakeBody[i][1]=SnakeBody[i+1][1];
          }
          SnakeBody[SnakeLength-1][0]=SnakeBody[SnakeLength-1][0]+2;
```

```
            //向右移动时蛇头行坐标与之前相同，列坐标加 2
        }
        break;
        case 2:
        {
          for(int i=0;i<SnakeLength-1;i++)          //前一个坐标值替换为后一个坐标值
          {
            SnakeBody[i][0]=SnakeBody[i+1][0];
            SnakeBody[i][1]=SnakeBody[i+1][1];
          }
          SnakeBody[SnakeLength-1][1]=SnakeBody[SnakeLength-1][1]+2;
          //向下移动时蛇头列坐标与之前相同，行坐标加 2
        }
        break;
        case 3:
        {
          for(int i=0;i<SnakeLength-1;i++)          //前一个坐标值替换为后一个坐标值
          {
            SnakeBody[i][0]=SnakeBody[i+1][0];
            SnakeBody[i][1]=SnakeBody[i+1][1];
          }
          SnakeBody[SnakeLength-1][0]=SnakeBody[SnakeLength-1][0]-2;
          //向上移动时蛇头行坐标与之前相同，列坐标减 2
        }
        break;
      }
    }
    for(byte i=0;i<StepTime;i++)          //多次显示蛇身，保证蛇身出现时间比消失时间长以减少闪烁
    DisplaySnake();
    LCD.printNumI(score,24,0,3,' ');      //显示分数
    ClearSnake();                         //清除蛇身
  }

  /*********判断蛇头是否碰到自身或边界************/
  void JudgeEatSelf()
  {
    for(int i;i<SnakeLength-1;i++)          //依次将蛇头坐标和蛇身单元坐标比对
    {

if(          SnakeBody[SnakeLength-1][0]==SnakeBody[i][0]&&SnakeBody[SnakeLength-1][1]==SnakeBody[i][1])
//若蛇头与蛇身某一单元行列坐标相等，则显示游戏结束
      {
        DisplayGameOver();
        break;
      }
    }

    if((SnakeBody[SnakeLength-1][0]<=0)||
       (SnakeBody[SnakeLength-1][0]>=X_MAX)||
```

```
    (SnakeBody[SnakeLength-1][1]<=6)||
    (SnakeBody[SnakeLength-1][1]>=Y_MAX)
    )                                   //若蛇头超出边界坐标，则显示游戏结束
    {
      DisplayGameOver();
    }
}
```

5.4.4 程序运行

程序运行界面如图 5-50~图 5-52 所示。

图 5-50 游戏开始界面

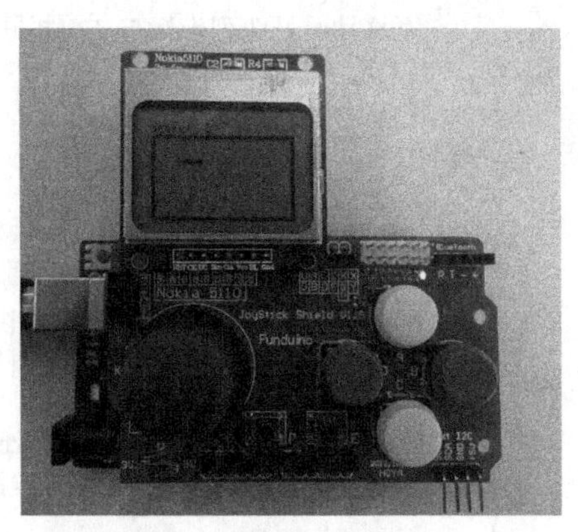

图 5-51 游戏过程界面

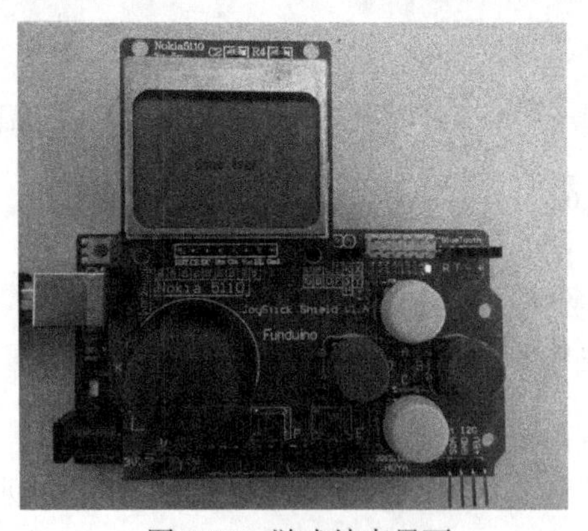

图 5-52 游戏结束界面

5.5 本章小结

本章介绍了智能家居、遥控小车、控制机械手臂、贪食蛇这 4 个项目，每个项目的代码量比起前几章来说都算比较大了，希望读者能通过代码仔细揣摩 Arduino 项目是怎么完成的。本章在介绍每个项目时，都对项目的原理和模块构成进行了分析，相信读者仔细看过后能够举一反三，做出更有意思、更有意义的项目。

第 6 章　Arduino 与媒体互动制作

之前我们试验过了很多个 Arduino 小应用，在小有成就感的同时，有没有考虑过这样一个问题，代码是如此枯燥乏味，单片机的响应、数据的传输，一切都是在无形之中发生的，我们看不见也摸不着，操作的只是一大串晦涩难懂的数字、字符。人类能获得最大信息量的感官莫过于视觉了，有没有一种方式能够直观地显示出正在发生的一切，像放电影一样描述无形的事物呢？

本章知识点：

- Arduino 与 Processing 互动
- Arduino 与 Flash 互动

6.1　Arduino 与 Processing

如果想像放电影一样描述无形的事物，这时可以利用 Processing 来帮忙，它能以图形的方式告诉你刚才发生了哪些过程。

6.1.1 什么是 Processing

Processing 是一种具有革命性、前瞻性的新兴计算机语言，它以 Java 语言为基础，并且做了扩展和延伸，使得编程更为简单、易操作。它能运行在 Windows、Linux、Mac OS 等操作系统上，是数字艺术家们创造奇妙数字画面和影像的绝佳平台。Processing 的标识如图 6-1 所示。

Processing 将计算机技术和艺术创作完美结合，它将代码转换成千变万化的图像，在这个过程中，代码仿佛也成为了一件艺术品。Processing 也是一个开源平台，加上与 Arduino 等开源平台相互结合，能够创造出许多生动有趣的交互应用来。图 6-2 是一个 Processing 的展示作品。

图 6-1　Processing

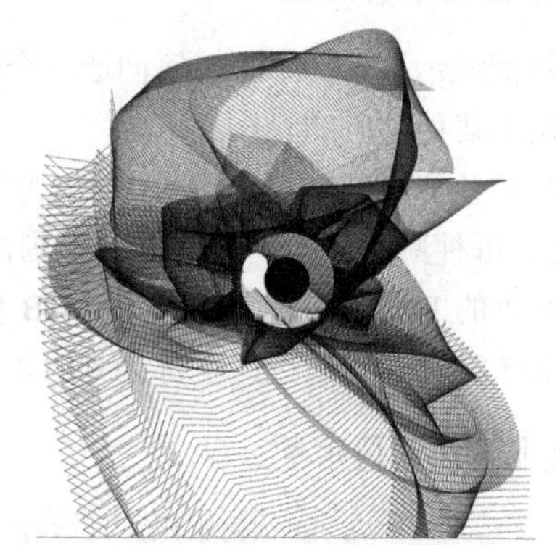

图 6-2　Processing 作品

6.1.2　Arduino 与 processing 互动制作

Processing 语言开发环境怎么安装呢？首先在 Processing 的官网下载对应版本的 Processing，下载地址为：https://www.processing.org/download/?processing。安装完毕后打开 Processing 界面如图 6-3 所示。

图 6-3　编程界面

可以看到界面的风格和 Arduino IDE 十分相似，事实上它们的编程风格也近乎相同。Processing 提供了大量的类似于 Arduino 的库函数，用户可以很方便地利用它们创造出千变万化的视觉效果。

【示例 1】　不断变化颜色的圆

下面提供一个小示例演示 Processing 如何创造一个颜色不断变化的圆。在写代码之前，我们先来了解计算机是如何显示某种颜色的。

计算机等数码产品的色彩系统一般使用 RGB 色光三原色，基础是红（RED）、绿（GREEN）、蓝（BLUE）三种原色，每种原色分配一个 0~255 范围内的强度值，以不同比例的混合从而得到任何一种颜色。例如纯红色的 R 值为 255，G 值为 0，B 值为 0。当所有三种成分值相等时，产生灰色；三种成分值均为 255 时，产生白色；全部为 0 时，产生黑色。示例代码如程序 6-1 所示。

程序 6-1：不断变化颜色的圆示例

```
void setup()                              //初始化，只运行一次
{
  size(300,300);                          //设置显示窗口大小
```

```
    background(255);                    //设置背景颜色，单值时设置为从 0~255 的灰度值，数值越大，
                                          //颜色越偏向白色，三值时，设置对应的 RGB 背景色
}

void draw()                             //主函数，循环执行
{
    fill(random(255),random(255),random(255));        //先填充颜色，RGB 数值由电脑随机产生
    ellipse(150,150,100,100);                          //绘制一个圆，其中前两个参数是圆心的横纵
                                                       //坐标，后两个参数是宽度和高度，当宽度
                                                       //和高度相等时，产生一个正圆
}
```

写好程序后，我们单击图 6-4 所示的圆圈处的按钮，运行代码，就可以看到不断变化颜色的一个圆了，效果如图 6-5 所示。

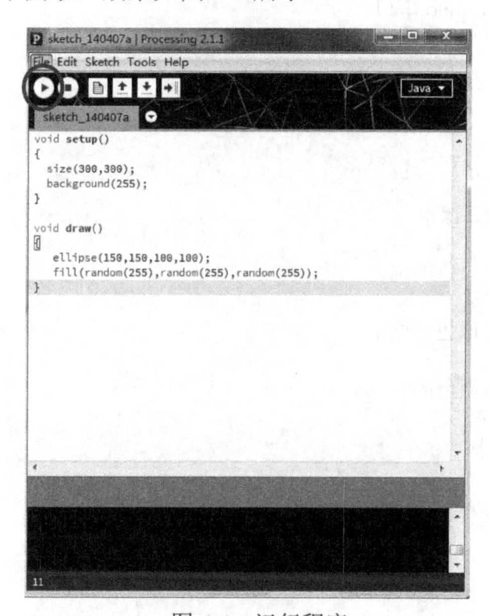

图 6-4　运行程序

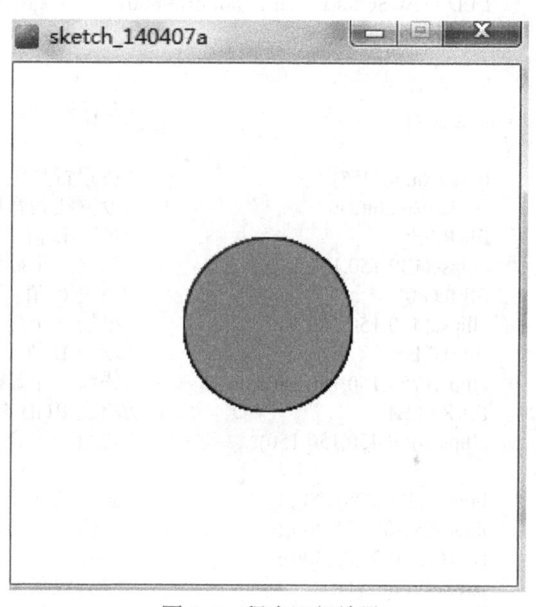

图 6-5　程序运行效果

【示例 2】　全彩 LED

Arduino 为我们提供了一个非常强大的硬件平台，但是人们习惯最直观的图形化、可视化的操作方式，写代码未免显得有些枯燥乏味。而 Processing 恰恰提供了非常简单直观的图形化操作，将它们相结合，就能创造出非常有趣的互动效果。

上一小节我们简单了解了 Processing 如何创造一个变化颜色的圆，有读者可能就会想，是否能通过 Processing 直接操作硬件 RGB 色彩模块呢，下面就提供这样一个有趣的示例。

我们先在 Processing 中构造操作界面，并在代码中引用了一些库函数，这里只做简单注释，有兴趣的读者可以详细阅读有关 Processing 的书籍来了解这些函数的用法。Processing 中的代码如下：

程序 6-2：Processing 中的代码示例

```
float R=0;                              //通过读取鼠标 X 坐标转换得到的 R 值，注意这里是 float 型
```

```
float G=0;
float B=0;
byte    valueR,valueG,valueB;            //定义三个需要传输的RGB值，由于串口传输时一次只能传输
                                          //8位，所以这里我们定义它们为byte型
int lastX_R=75;                           //定义上一次鼠标读取到的RGB三原色的X轴坐标值
int lastX_G=375;
int lastX_B=675;

import processing.serial.*;             //导入串口通信库
Serial LED;                              //创建一个串口对象LED
void setup()                             //初始化函数
{
  size(900,600);                         //创建一个900×600大小的窗口
  String arduinoPort=Serial.list()[0];        //设置端口号为0，代表COM1串口，这取决于你的
                                              //Arduino开发板连接在哪一个端口
  LED=new Serial(this,arduinoPort,9600);      //初始化Arduino串口

}

void draw()                               //主函数
{
  background(255);                        //设置背景色为白色
  strokeWeight(2);                        //设置线条宽度为2像素
  fill(R,0,0);                            //填充R值
  ellipse(150,150,150,150);               //描绘一个显示R原色的圆
  fill(0,G,0);                            //填充G值
  ellipse(450,150,150,150);               //描绘一个显示G原色的圆
  fill(0,0,B);                            //填充B值
  ellipse(750,150,150,150);               //描绘一个显示B原色的圆
  fill(R,G,B);                            //填充RGB合成色
  ellipse(450,450,150,150);               //描绘一个合成色圆

  line(75,300,225,300);                   //画三条显示调色滑块的轨道线
  line(375,300,525,300);
  line(675,300,825,300);
  strokeWeight(1);                        //设置线条宽度为1像素
  fill(255);                              //填充白色
  rect(lastX_R,280,5,40);           //在三条轨道线上画出方块形“滑轨”，其中前两个参数为矩形左上角
                                    //方位坐标，后两个参数为矩形宽度和长度，这里我们代入的是上一次
                                    //鼠标停留的坐标，以保证能够让“滑块”显示在正确的位置
  rect(lastX_G,280,5,40);
  rect(lastX_B,280,5,40);

  if(mousePressed)                        //判断是否按下鼠标
   {
     if(mouseButton==LEFT)                //判断是否按下鼠标左键
     {
       if(mouseX>=75&&mouseX<=225&&mouseY>=280&&mouseY<=320)
       //判断当前鼠标坐标是否在调节R值的滑轨区域内
       {
           strokeWeight(1);
           rect(mouseX,280,5,40);                  //重新绘制“滑块”，使它显示在鼠标确定的位置上
           lastX_R=mouseX;                         //保存当前鼠标X轴坐标，用于在鼠标未按下的情况
                                                   //下，“滑块”能够停留在上一次设置的位置
```

```
            R=map(mouseX,75,225,0,255);          //将当前 X 轴坐标值转换成 0~255 之间的数代表 R 值
            LED.write('R');                      //串口发送'R'字符作为标识，以方便 Arduino 读取 R 值
            valueR=byte(R);                      //将 float 型的 R 值强行转换成 byte 型便于传输
            LED.write(valueR);                   //串口发送当前设定的 R 值
         }

         //下面关于 G 值和 B 值的设置及传输原理同 R 值
         else if(mouseX>=375&&mouseX<=525&&mouseY>=280&&mouseY<=320)
         {
            strokeWeight(1);
            rect(mouseX,280,5,40);
            lastX_G=mouseX;
            G=map(mouseX,375,525,0,255);
            LED.write('G');
            valueG=byte(G);
            LED.write(valueG);
         }
         else if(mouseX>=675&&mouseX<=825&&mouseY>=280&&mouseY<=320)
         {
            strokeWeight(1);
            rect(mouseX,280,5,40);
            lastX_B=mouseX;
            B=map(mouseX,675,825,0,255);
            LED.write('B');
            valueB=byte(B);
            LED.write(valueB);
         }
      }
   }
}
```

运行上面的代码，我们可以看到图 6-6 所示的效果。

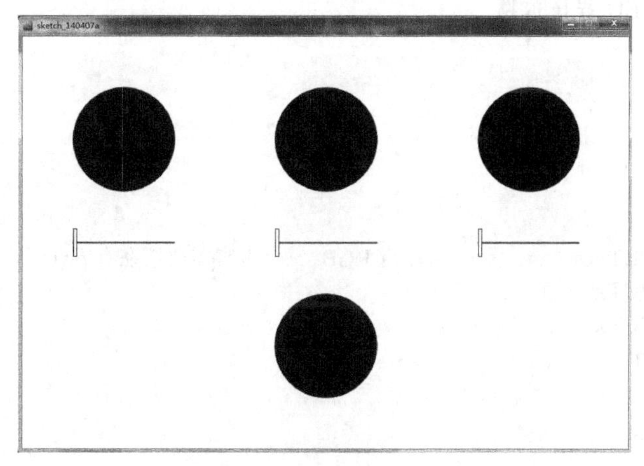

图 6-6　程序运行示意

通过单击三个小“滑块”，我们就能合成任何想要的颜色了，合成的颜色显示在下面的圆形中。如图 6-7 所示。

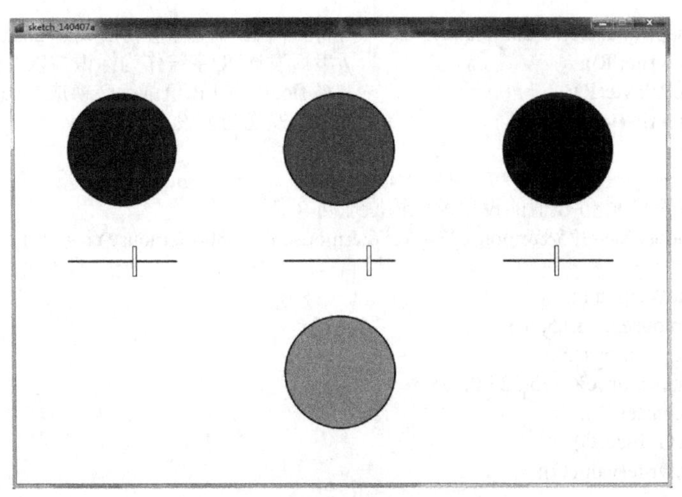

图 6-7　移动滑块获得不同颜色

下面我们着手编写 Arduino 中的代码，当然，在这之前，需要准备一块 Arduino 的开发板，还有一个全彩 LED 模块，如图 6-8 所示。

图 6-8　全彩 LED 模块

具体代码参考程序 6-3。

程序 6-3：全彩 LED 程序示例

```
byte   valueR=0;
byte   valueG=0;
byte   valueB=0;

void setup()
{
  pinMode(3,OUTPUT);                    //注意 RGB 三个引脚需要接在有 pwm 输出的引脚上
  pinMode(5,OUTPUT);
  pinMode(6,OUTPUT);
  Serial.begin(9600);
}

void loop()
{
  if(Serial.available())                //判断串口是否有数据
  {
  if(Serial.read()=='R')valueR=Serial.read();       //当接收到标识符'R'时，读取 R 值
  }
```

```
    if(Serial.available())
    {
    if(Serial.read()=='G')valueG=Serial.read();      //当接收到标识符'G'时，读取 G 值
    }
    if(Serial.available())
    {
      if(Serial.read()=='B')valueB=Serial.read();   //当接收到标识符'B'时，读取 B 值
    }
    analogWrite(3,valueB);                          //pwm 输出 RGB 值
    analogWrite(5,valueG);
    analogWrite(6,valueR);
    delay(100);
}
```

将硬件正确连接并下载程序后，打开 Processing 中的调色窗口，就可以通过电脑调节全彩 LED 上的颜色了，效果如图 6-9 所示。

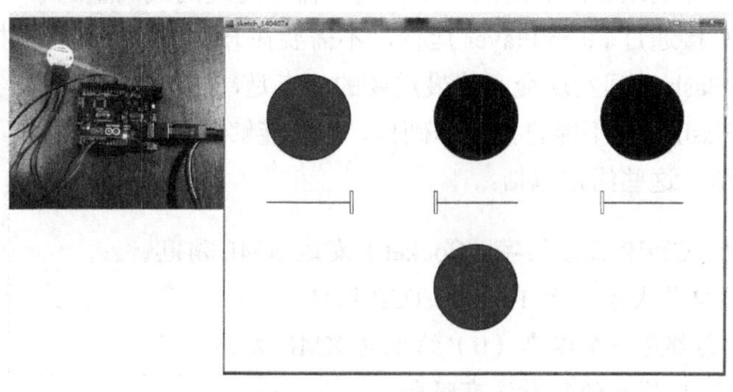

图 6-9　互动示意图

6.2　Arduino 与 Flash

熟悉电脑的读者对 Flash 一定不会陌生，Flash 作为一款主流的二维动画制作软件，在网页设计、动画创作等领域应用广泛。它同样抛弃了传统项目的代码环境，以图形化的方式创作。Arduino 与 Flash 的互动是另一个我们可以运用的可视化操作方式。

6.2.1　Flash 简介

Flash 是一种动画创作与应用程序开发于一身的创作软件。Adobe Flash Professional CS 6（Logo 如图 6-10 所示）为创建数字动画、交互式 Web 站点、桌面应用程序以及手机应用程序开发提供了功能全面的创作和编辑环境。Flash 广泛用于创建吸引人的应用程序，它们包含丰富的视频、声音、图形和动画。可以在 Flash 中创建原始内容或者从其他 Adobe 应用程序（如 Photoshop 或 illustrator）中导入它们，快速设计简单的动画，以及使用 Adobe AcitonScript 3.0 开发高级的交互式项目。

设计人员和开发人员可使用 Flash 来创建演示文稿、应用程序和其他允许用户交互的内容。Flash 可以包含简单的动画、视频内容、复杂演示文稿和应用程序以及介于它们之间的任何内容。通常，使用 Flash 创作的各个内容单元称为应用程序，即使它们可能只是很简单的动画。也可以通

过添加图片、声音、视频和特殊效果，构建包含丰富媒体的 Flash 应用程序。

图 6-10　Adobe Flash Profession CS6 的 Logo

目前 Flash 的交互主要局限于通过鼠标和键盘的输入进行交互，缺乏对外部世界的感知能力，而 Arduino 强大的硬件扩展能力以及软件交互能力，能够将丰富多变的外部世界信息带入 Flash 中并以图形化的方式呈现出来，具有很广阔的应用前景。

6.2.2　Arduino 与 Flash 互动制作

Arduino 与 Flash 的互动类似于与 Processing 的互动，不同的是 Flash 强大的图形化编辑界面能够更为轻松地创作操作界面或者添加动画效果，用户需要处理的代码量远小于 Processing，并且创作好的操作界面可以直接通过 Flash Player 运行，不需要在开发环境下运行，提高了互动体验。

但是 Arduino 与 Flash 之间实现交互的最重要的一点是，如何为两者建立有效的通信途径。出于安全性上的考虑，Flash 本身不能直接操作硬件，但它能够通过 XMLSocket 套接字，并按照一定的约定同外界实现通信，这些约定包括：

- 通过全双工的 TCP/IP 流套接字（Socket）发送 XML 消息。
- 只能连接到端口号大于等于 1024 的 TCP 端口。
- 每个 XML 消息都是一个以零（0）结束的 XML 文档。
- 发送和接收 XML 消息的数量没有限制。

虽然有如此多的限制，但它毕竟提供了一条与外界通信的途径，这也是我们能在 Flash 和 Arduino 之间实现交互的基础。具体的做法是运行一个串口代理（Serial Proxy）程序，这个程序一方面直接对串口硬件进行操作，另一方面又和 Flash 通过 Socket 进行通信。

【示例 3】　利用 Flash 控制 LED 灯

为了学习 Arduino 与 Flash 的双向互动，我们提供了一个示例，即利用 Flash 导出的控制界面（.swf 格式）作为上位机，控制 Arduino 上所连接的 LED 灯的亮灭，并且通过检测按键是否按下，回馈信息给上位机，在操作界面上显示按键状态。

在这之前，我们需要先搭建好开发平台，并且准备好通信工具 Serproxy。具体操作如下：

（1）首先下载 Adobe Flash CS 6，完整版、精简版均可，因为本项目只运用到 Flash 的基本功能，所以这里推荐下载精简版。读者只需按照提示一步步安装完毕就好。

（2）需要下载好 Serproxy 作为通信端口备用，文件的下载地址为：http://playground.arduino.cc/Interfacing/SerialNet，也就是在 Arduino 的官网库函数下载中心目录下。单击页面中的“here”字样，网页会跳转到下载界面，如图 6-11 所示。

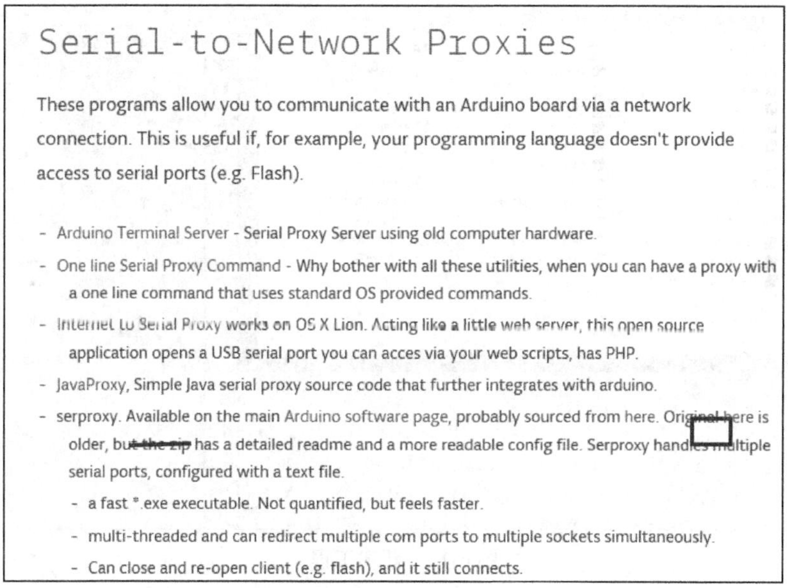

Serial-to-Network Proxies

These programs allow you to communicate with an Arduino board via a network connection. This is useful if, for example, your programming language doesn't provide access to serial ports (e.g. Flash).

- Arduino Terminal Server - Serial Proxy Server using old computer hardware.
- One line Serial Proxy Command - Why bother with all these utilities, when you can have a proxy with a one line command that uses standard OS provided commands.
- Internet to Serial Proxy works on OS X Lion. Acting like a little web server, this open source application opens a USB serial port you can acces via your web scripts, has PHP.
- JavaProxy, Simple Java serial proxy source code that further integrates with arduino.
- serproxy. Available on the main Arduino software page, probably sourced from here. Original here is older, but the zip has a detailed readme and a more readable config file. Serproxy handles multiple serial ports, configured with a text file.
  - a fast *.exe executable. Not quantified, but feels faster.
  - multi-threaded and can redirect multiple com ports to multiple sockets simultaneously.
  - Can close and re-open client (e.g. flash), and it still connects.

图 6-11　下载示意

（3）选择如图 6-12 的 Windows 版本下载。

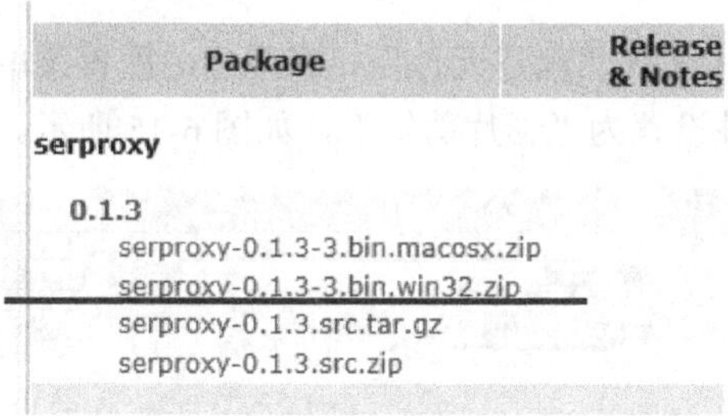

Package	Release & Notes
serproxy	
0.1.3	
serproxy-0.1.3-3.bin.macosx.zip	
serproxy-0.1.3-3.bin.win32.zip	
serproxy-0.1.3.src.tar.gz	
serproxy-0.1.3.src.zip	

图 6-12　选择文件

（4）将下载后的文件解压，我们会得到这样两个文件，如图 6-13 所示。

serproxy.cfg	2014/3/17 10:22	CFG 文件
serproxy.exe	2005/6/18 17:26	应用程序

图 6-13　解压文件

其中.cfg 格式的为配置文件，在下文会介绍如何更改它的设置；另一个.exe 文件就是我们所需要的端口通信程序，我们只需要在与 Flash 互动之前将它运行起来即可。

1. 构建上位机

下面我们就来创建一个 Flash 工程，构建一个上位机操作界面。

（1）打开 Flash 主界面，在“新建”一栏内选择新建一个 ActionScript 2.0 工程，如图 6-14 所示。

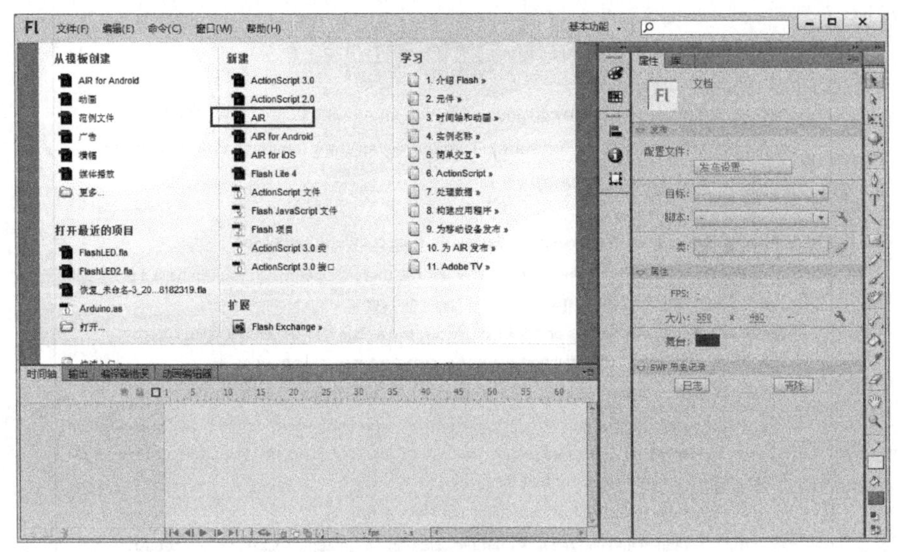

图 6-14　新建工程

接下来创建一些需要状态变化的图形模块，包括单击相应的 LED 时，LED 按钮的颜色变化，以及检测到 Arduino 传回的按键状态信息后，开关按钮的颜色变化。这些有状态变化的图形模块在 Flash 中称为元件。

（2）在命令栏“插入”中选择“新建元件”，在弹出的配置菜单中，为元件起一个名字，这里使用“led”表示，元件属性设置为“影片剪辑”，如图 6-15 所示。

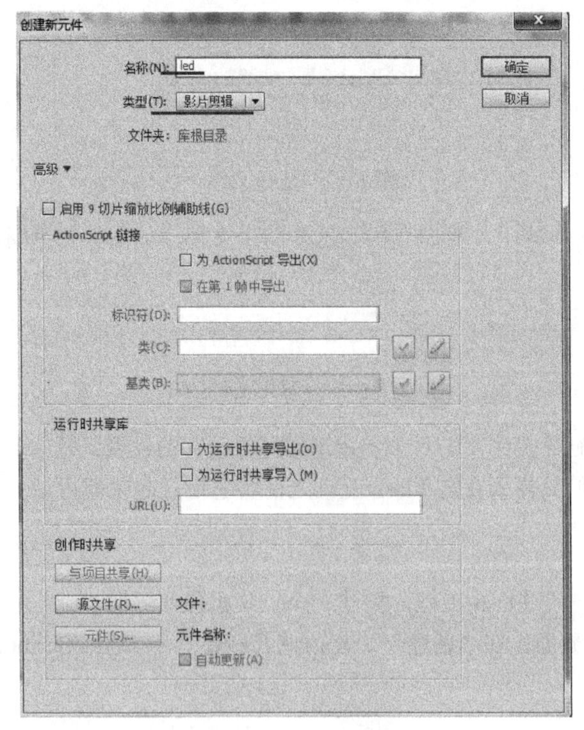

图 6-15　新建元件

（3）单击“确定”按钮后就会进入元件“led”的编辑界面，在右侧工具栏内单击“矩形工具”按钮，在下拉菜单中选择“椭圆工具”来绘制一个 led 元件，如图 6-16 所示。

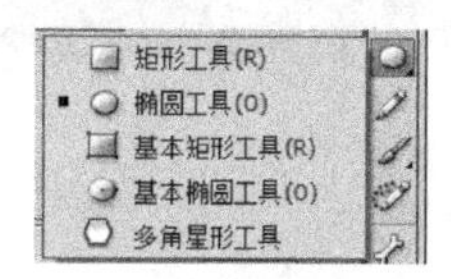

图 6-16　选择椭圆工具

（4）按住“Shift”键创建一个正圆，效果如图 6-17 所示。

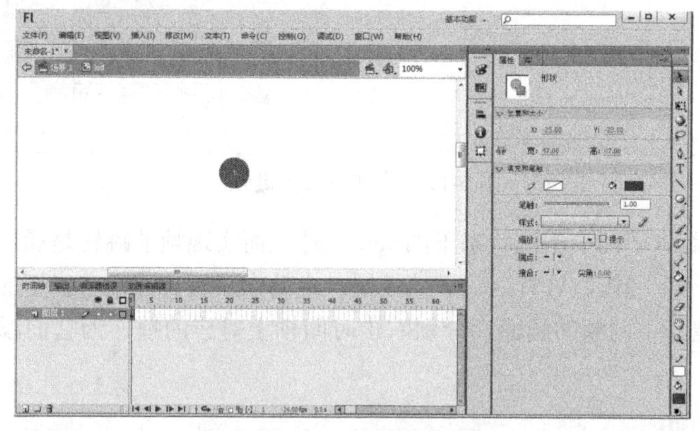

图 6-17　绘制元件

（5）这时，我们在界面下方时间轴上的第一帧空格内能够看到一个实心小黑点，表明这一帧已被标记为“关键帧”，在 Flash 中，关键帧会作为一个画面变化的标识位置，这里我们设置第一关键帧为 LED 灯灭掉的界面，圆显示为红色。下面在第二帧的位置创建一个灯亮的界面，将圆的颜色转变为绿色。在第二帧的位置上单击鼠标右键，选择快捷菜单的“转换为关键帧”命令，如图 6-18 所示。

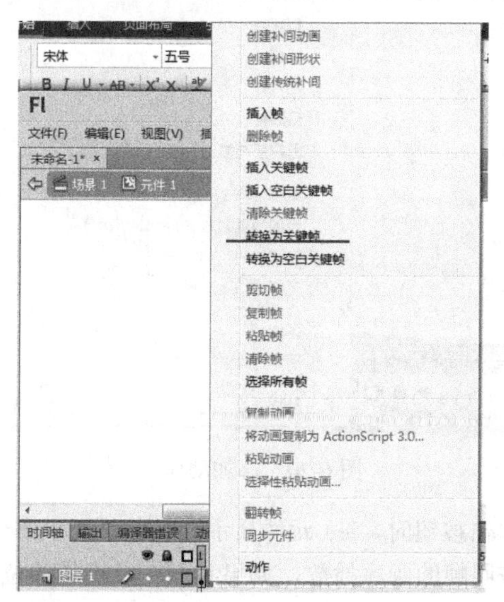

图 6-18　转换为关键帧

（6）在调色板中将第二帧的元件颜色更改为绿色，表示灯已亮起，如图 6-19 所示。

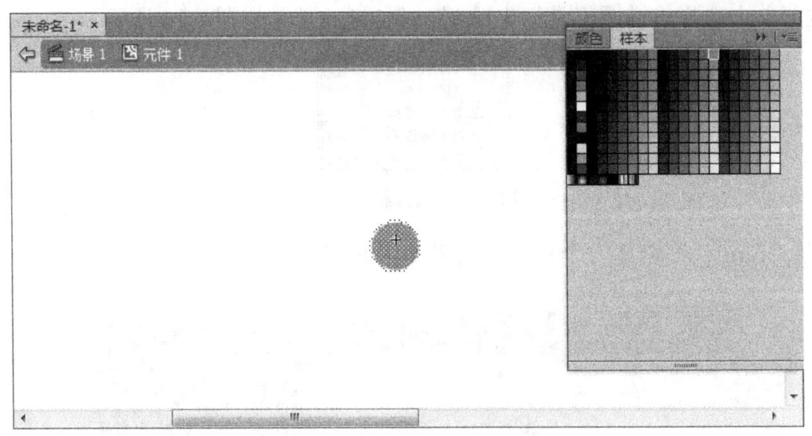

图 6-19　绘制第二关键帧

（7）这样就绘制好了两个不同状态下的 led 元件，而实现帧的跳转是通过元件的函数来实现的，Flash 中称之为一个动作，只有为关键帧设置一个动作才能让它们在确切的时间或事件下显示出来。现在我们创建好了两帧的画面，分别右击时间轴上对应的帧，为它们添加动作，步骤如图 6-20 所示。

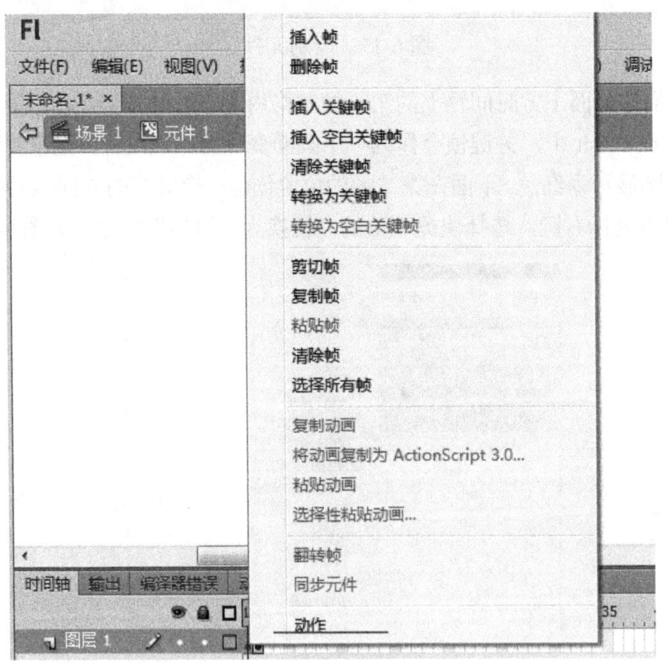

图 6-20　添加动作

（8）我们的意图是不单击按钮时，led 元件显示为红色，当单击一个 LED 灯的按钮时，它会变为绿色，Flash 播放时会按照帧的顺序播放，如果我们在关键帧的位置设置一个断点，那么界面就会停留在这一帧，正好能够满足 led 元件响应鼠标单击事件时的显示方式，断点的设置需要给元件编写一个 stop()函数，它是 Flash 的库函数之一，我们在弹出的动作编辑窗口内写上这个函数，如图 6-21 所示。

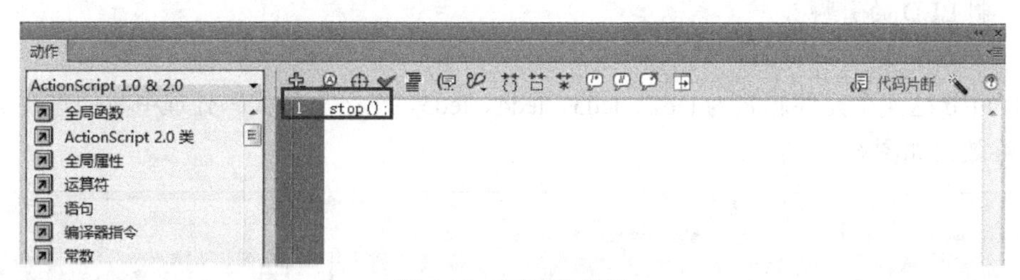

图 6-21 写动作代码

（9）参照上面创建 led 元件的方式，我们创建一个 switchButton 元件用于显示检测按键的状态变化，同样我们也需要为这两个关键帧编写断点函数 stop()。最终效果如图 6-22 所示。

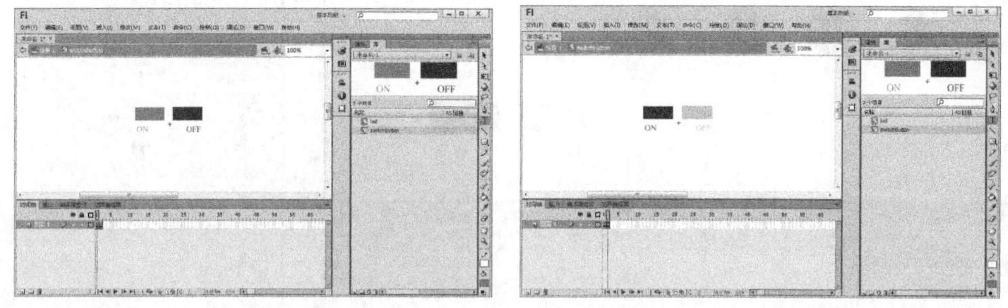

图 6-22 绘制开关的两关键帧

（10）为两个关键帧设置好“动作”之后，我们就算完成了这个元件的制作，返回“场景一”的主显示界面，单击库，选择刚才构建好的“led”元件和“switchButton”元件，拖动到界面合适的位置，复制粘贴 4 个 led 元件，排列好元件后为它们设置一个背景并加入文字标注，效果如图 6-23 所示。

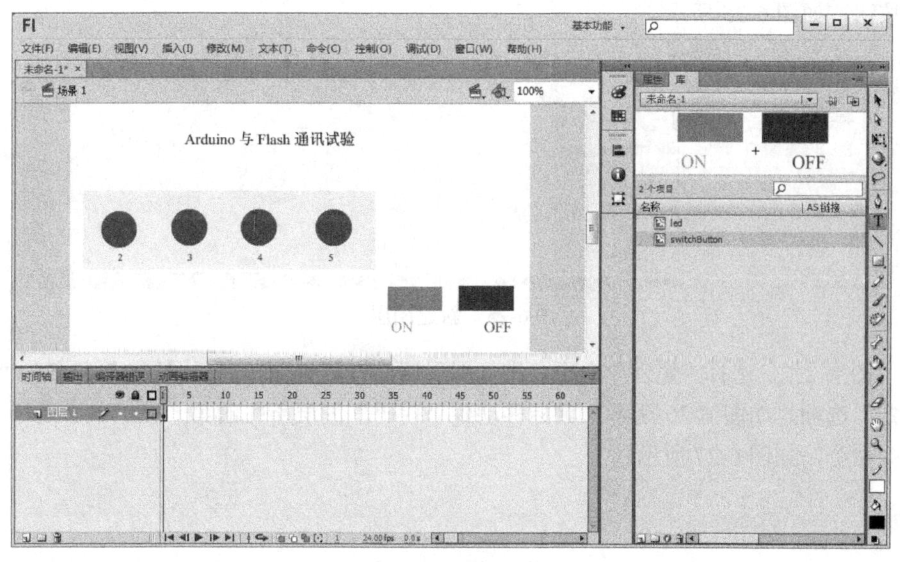

图 6-23 添加元件

提 示

因为 Arduino 的 0、1 两个引脚是串口通信引脚，所以我们从 2 号引脚开始设置 4 个控制 LED 的引脚

分别为 led 这 4 个元件起名为 led2、led3、led4、led5，在之后的代码处理中我们需要引用这些名称。最终效果如图 6-24 所示。

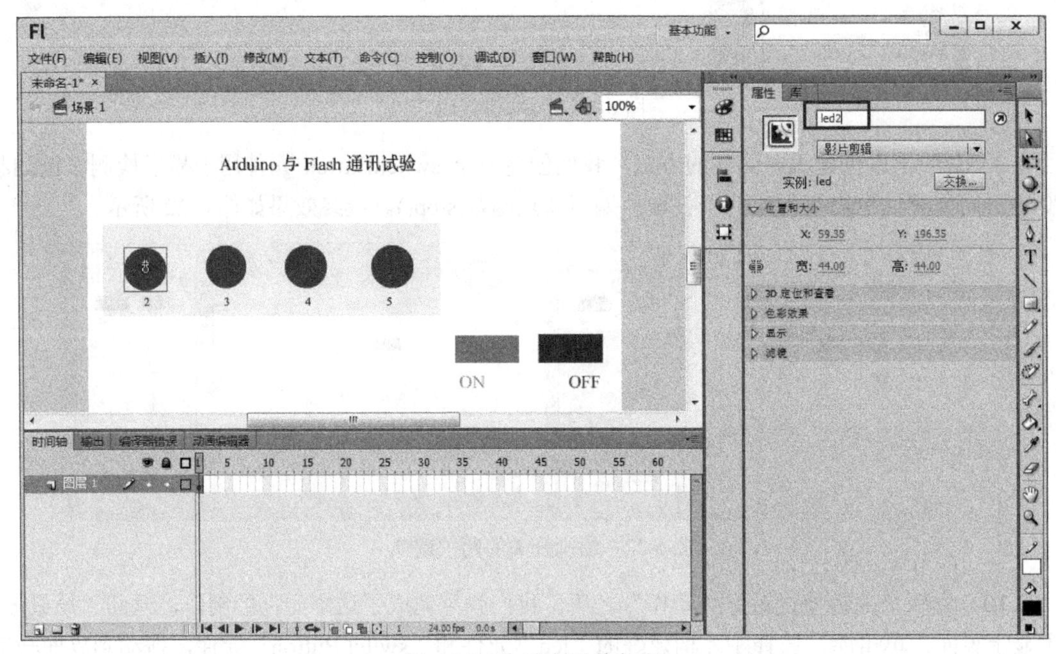

图 6-24　为独立元件起名

（11）在“图层 1”的上方我们新建一个图层，用于编写控制所需的代码，单击左下角的“新建图层”按钮，如图 6-25 所示。

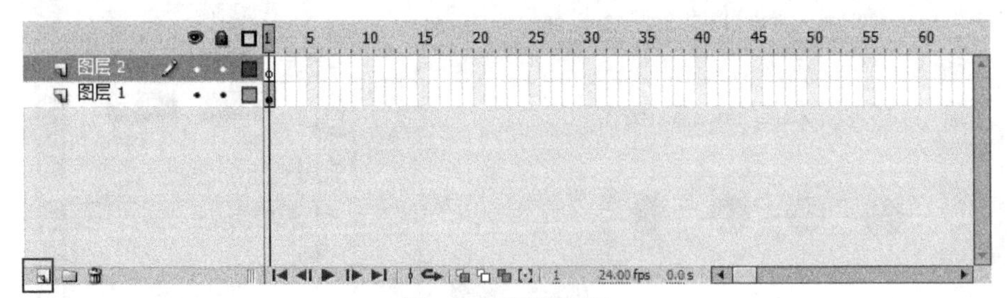

图 6-25　新建图层

右击“图层 2”，选择“属性”命令，进入图层属性设置界面，为“图层 2”起名为“代码”，勾选“锁定”选项，如图 6-26 所示。鼠标移动到“代码”图层所在的第一帧，单击鼠标右键并选定“动作”命令，如图 6-27 所示。

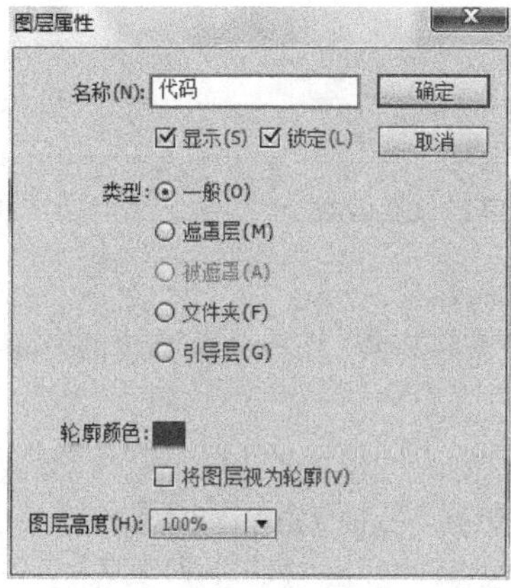

图 6-26 图层属性

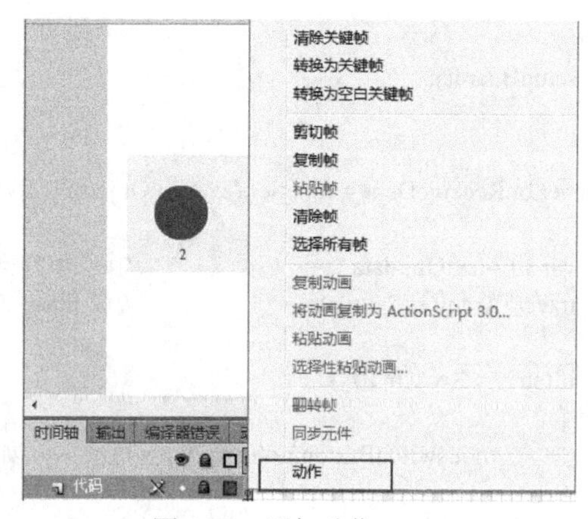

图 6-27 添加动作

（12）在动作窗口中写入控制代码，如图 6-28 所示。

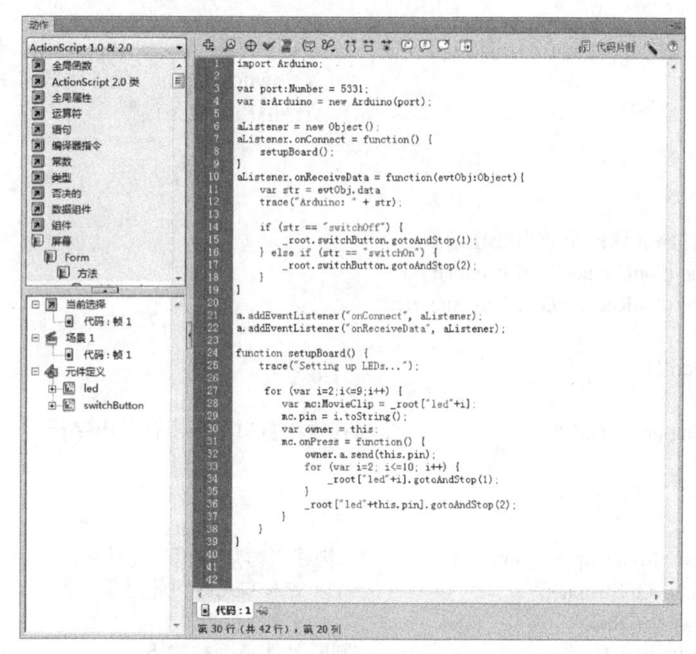

图 6-28 编写控制代码

最终，Flash 中的代码如下。

程序 6-4：Flash 代码示例

```
import Arduino;                          //构建一个串口对象 Arduino

var port:Number = 5331;                  //串口值为 5331 对应 COM1
var a:Arduino = new Arduino(port);       //将 Arduino 的串口附给对象 a 来处理

aListener = new Object();                //创建一个侦听对象，侦听对象在 Serproxy 中被创建
aListener.onConnect = function()         //如果对象被连接，则初始化界面
```

```
{
    setupBoard();
}

aListener.onReceiveData = function(evtObj:Object)      //接收串口数据函数
{
    var str = evtObj.data                      //接收串口数据赋给 str
    trace("Arduino: " + str);                  //在 Flash 的输出窗口中输出从 Arduino 传来的字符串

    if (str == "switchOff")
    {
        _root.switchButton.gotoAndStop(1);      //如果接收到“switchOff”，则控制
                                                //“switchButton”元件跳转向 1 号关键帧然后
                                                //停留在这一关键帧
    }
    else if (str == "switchOn")
    {
        _root.switchButton.gotoAndStop(2);      //如果接收到“switchOn”，则控制
                                                //“switchButton”元件跳转向 2 号关键帧然后
                                                //停留在这一关键帧
    }
}

//为串口侦听事件添加这两个数据处理函数
a.addEventListener("onConnect", aListener);
a.addEventListener("onReceiveData", aListener);

function setupBoard()
{
    trace("Setting up LEDs...");                //在输出窗口中输出括号内字符

    for (var i=2;i<=9;i++)
    {
        var mc:MovieClip = _root["led"+i];      //构建“影片剪辑”元件对象，名称为 mc
        mc.pin = i.toString();                  //以文本方式返回此对象名称
        var owner = this;
        mc.onPress = function()                 //判断元件是否被按下
        {
            owner.a.send(this.pin);             //通过串口发送 led 序号，如 led2 被按下时
                                                //会发送字符'2'，它对应的 ASCII 码数值是 50
            for (var i=2; i<=10; i++)
            {
                _root["led"+i].gotoAndStop(1);      //未被按下的元件停留在 1 号关键帧
            }
            _root["led"+this.pin].gotoAndStop(2);   //被按下的元件停留在 2 号关键帧
        }
    }
}
```

除此之外，还需要添加一个 Arduino.as 类文件，用于与 Serproxy 串口代理建立连接。我们单击“文件”→“新建”菜单，选择新建一个“ActionScript 文件”，添加一个名为“Arduino.as”的脚本文件，如图 6-29 所示。

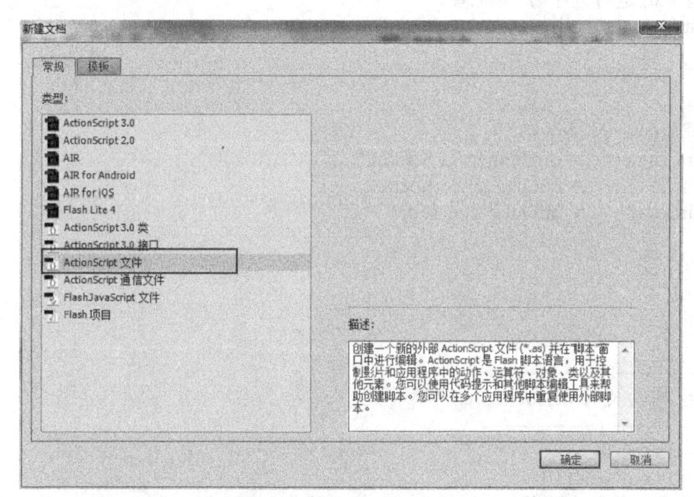

图 6-29　新建 AS 文件

脚本代码如。

程序 6-5：脚本代码示例

```
import mx.events.EventDispatcher;

class Arduino extends XMLSocket {

    private var _connected      :Boolean = false;    // boolean 型变量用于判断是否连接
    private var _host           :String   = "126.0.0.1"; //主机 IP
    private var _port           :Number   = 5331
    //串口号，5331 代表 COM1 口，Serproxy 只能支持小于等于 4 的 COM 口，所以你需要
    //将 Arduino 的串口号更改为 1~4 的 COM 口，这里我们用的是 COM1 口

    //事件派遣混入类函数
    function addEventListener(){}
    function removeEventListener(){}
    function dispatchEvent(){}
    function dispatchQueue(){}

    //构造函数，添加入 Arduino 的端口和主机 IP
    function Arduino(port, host) {
        //初始化
        super();
        mx.events.EventDispatcher.initialize(this);
        //窗口输出函数 trace("** Arduino ** initilizing constructor");

        //判断串口是否被连接或处于默认设置状态
        if(port == undefined) {
            trace("** Arduino ** default port:"+_port+" initialized! to change it use new
Arduino(onPortNumber)")
        } else if ((_port < 1024) || (_port > 65535)) {
            trace("** Arduino ** Port must be from 1024 to 65535 ! read the Flash Documentation and
```

```
the serProxy config file to better understand")
                } else {
                        _port = port;
                }
                //检测主机是否处于默认状态
                if(host != undefined) {
                        _host = host;
                }

                //重写 Socket 反馈函数
                this.onConnect     = onConnectToSocket;
                this.onClose       = onDisconnectSocket;
                this.onData        = onDataReceived;

                //自动连接
                connect();
        }

        //-------------------------------------
        //      连接检测以及 XMLsocket 回应类函数
        //-------------------------------------
        //与 XMLsocket 连接
        public function connect () {
                trace("** Arduino ** Connecting to "+_host+":"+_port+" . . .");
                super.connect(_host,_port);
        }

        //从 xmlsocket 断开连接
        public function disconnect () {
                if (_connected)   {
                        trace("** Arduino ** disconnecting");
                        this.close()
                _connected = false;
                }
        }

        //XMLsocket 回应已连接类函数
        private function onConnectToSocket (success) {
                //trace("** Arduino ** onConnectToSocket");
                if (success) {
                        _connected = true;
                        //登陆事件
                        trace ("** Arduino ** Connection established.")
                        e_connectToSocket();
                } else {
                        trace ("** Arduino ** Connection failed! you must launch the serialProxy first");
                        e_connectToSocketError();
                }

        }

        //XMLsocket 回应未连接类函数
        private function onDisconnectSocket (success) {
                _connected = false;
                e_disconnectSocket()
        }

        //-------------------------------------
        //      接收和发送数据类函数
```

```
        //--------------------------------------
        //向 arduino 发送数据
        public function send(dataStr:String) {
                if (_connected) {
                        if (dataStr.length) {
                                super.send(dataStr);
                        }
                }
        }

        //重写 XMLSocket.onData 以接收有用字符
        private function onDataReceived (str:String) {
                e_onReceiveData(str)
        }

        //--------------------------------------
        //      事件类函数
        //--------------------------------------
        //与 XMLSocket 连接
        private function e_connectToSocket(){
        var evt = {target:this, type:"onConnect"};
                dispatchEvent(evt);
        }
        //与 XMLSocket 连接出错
        private function e_connectToSocketError(){
                var evt = {target:this, type:"onConnectError"};
                dispatchEvent(evt);
        }

        //与 XMLSocket 断连
        private function e_disconnectSocket(){
                var evt = {target:this, type:"onDisconnect"};
                dispatchEvent(evt);
        }

        //接收数据
        private function e_onReceiveData (str:String){
                var evt = {target:this, type:"onReceiveData"};
                evt.data = str;
                dispatchEvent(evt);
        }
}
```

提　示

这部分的代码涉及一些脚本语言的书写规则和库函数，这里我们不做详细讲解，有兴趣的读者可以自行上网搜索了解这方面的知识。

2. Arduino 端的代码处理

现在我们全部完成了 Flash 上的工作，接下来就是 Arduino 端的代码处理了，Arduino 的代码参见程序 6-6。

程序 6-6：利用 Flash 控制 LED 灯示例

```
int activeLED ;
int switchState = 0;                    //当前按键状态
int lastSwitchState = 0;                //上一次按键状态
```

```
int switchPin = 13;                     //将 13 号引脚作为按键检测引脚

void setup()
{
  Serial.begin(9600);                   //初始化串口
  pinMode(switchPin, INPUT);
  for (int i = 2; i <= 9; i++) {
    pinMode(i, OUTPUT);
  }
}

void loop ()
{
  switchState = digitalRead(switchPin);                //将按键状态值赋给 switchState
  if (switchState != lastSwitchState) {
    if (switchState == 1){
      sendStringToFlash("switchOn");
    } else if (switchState == 0){
      sendStringToFlash("switchOff");
    }
  }
  lastSwitchState = switchState;   // 保证松开按键后按钮处于 OFF 状态
   if(Serial.available() > 0) {
    activeLED = Serial.read();              //activeLED 值在 50~53 之间，对应字符'2'~'5'
  }
   if(activeLED >= 50 && activeLED <= 53) {
    int outputPort = activeLED - 48;         //保证端口在 2~9 之间
     Serial.print("LED port ");
    Serial.println(outputPort);
     if(outputPort >= 2 && outputPort <= 5) {
      for (int i = 2; i <= 10; i++) {
        digitalWrite(i,LOW);                 //把几个端口的 LED 熄灭
      }
      digitalWrite(outputPort, HIGH);        //将选定的 LED 灯亮起
    }
    activeLED = 0;
  } else if (activeLED) {
    Serial.print("Invalid LED port ");       //串口返回当前亮起的 LED 序号
    Serial.println(activeLED);
  }
   delay(50);
}

void sendStringToFlash (char *s)          //发送字符串函数
{
  while (*s) {
    Serial.write(*s ++);
  }
  Serial.write((byte)0);                    //XMLSocket 协议中数据发送必须以 0 作为结尾
}
```

将程序下载入 Arduino 开发板，按图 6-30 所示连接好硬件。

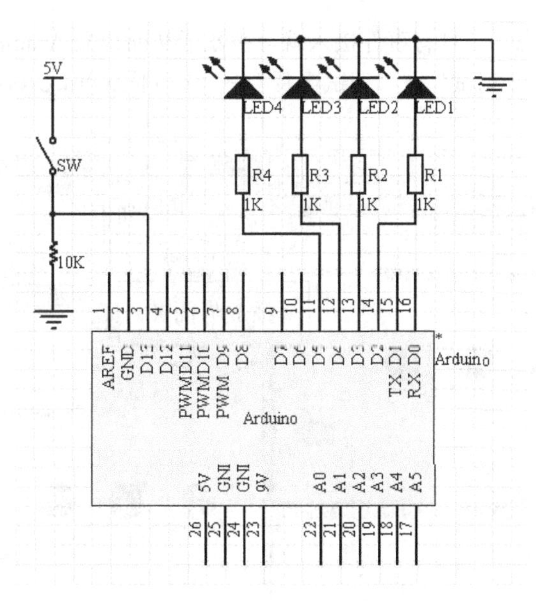

图 6-30　硬件电路图

接下来配置 serproxy.cfg 文件，用记事本方式打开这个文件，可以看到如下代码。

程序 6-7：serproxy.cfg 文件示例

```
# Config file for serproxy
newlines_to_nils=true
# Comm ports used
comm_ports=1,2,3,4
# Default settings
comm_baud=9600          //需要将此处的波特率设置为 9600 以与 Arduino 代码中的波特率相对应
comm_databits=8
comm_stopbits=1
comm_parity=none
# Idle time out in seconds
timeout=300
# Port 1 settings (ttyS0)
net_port1=5331
# Port 2 settings (ttyS1)
net_port2=5332
# Port 3 settings (ttyS2)
net_port3=5333
# Port 4 settings (ttyS3)
net_port4=5334
```

如上修改好默认配置文件后，打开 serproxy.exe，界面如图 6-31 所示。

图 6-31　serproxy 界面

此时窗口处于侦听状态，一旦有事件接入就会被激活从而建立 Arduino 与 Flash 的联系，这时我们回到 Flash 界面，单击“调试”→“调试影片”→“在 Flash Procession 中”菜单，打开调试窗口，如图 6-32 所示。

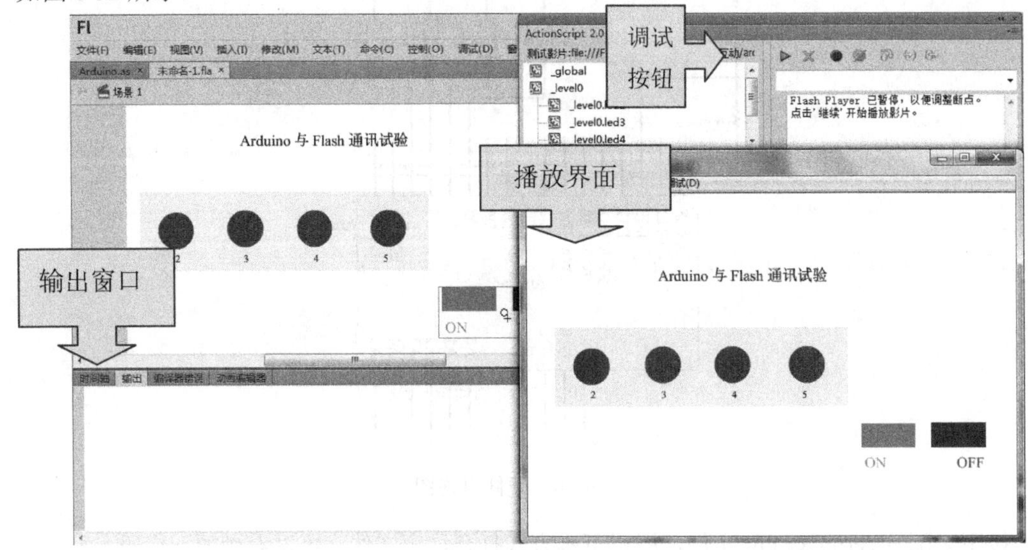

图 6-32　调试窗口

注意观察这三个窗口，单击“调试按钮”后，单击对应的 led 元件，观察 LED 灯是否有反应，按下按键，观察播放界面的开关有无反应，同时注意观察输出窗口的数据反馈来验证是否通信成功。

鼠标单击 led2 元件时，2 号 LED 灯亮起，输出窗口显示主机 IP、串口号以及此时几号灯亮起等信息，如图 6-33 所示。

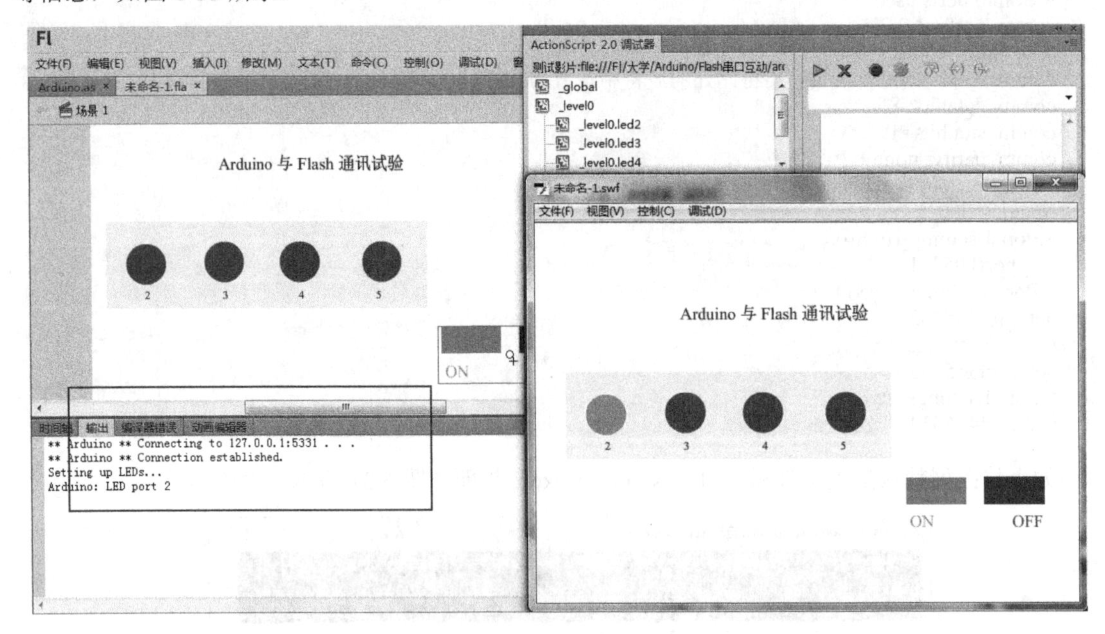

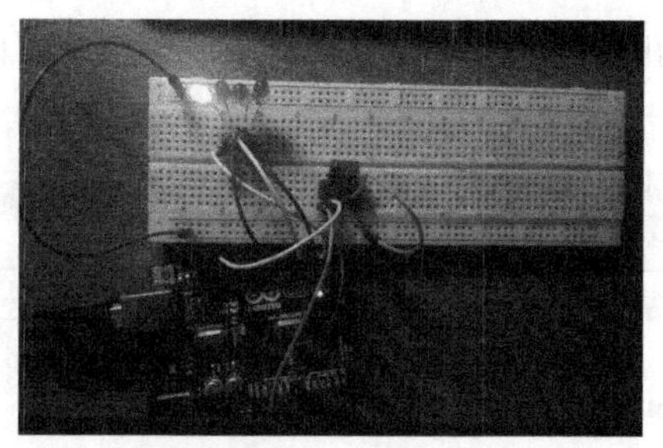

图 6-33　测试 LED 灯

当按下按键时，会出现如图 6-34 所示界面。

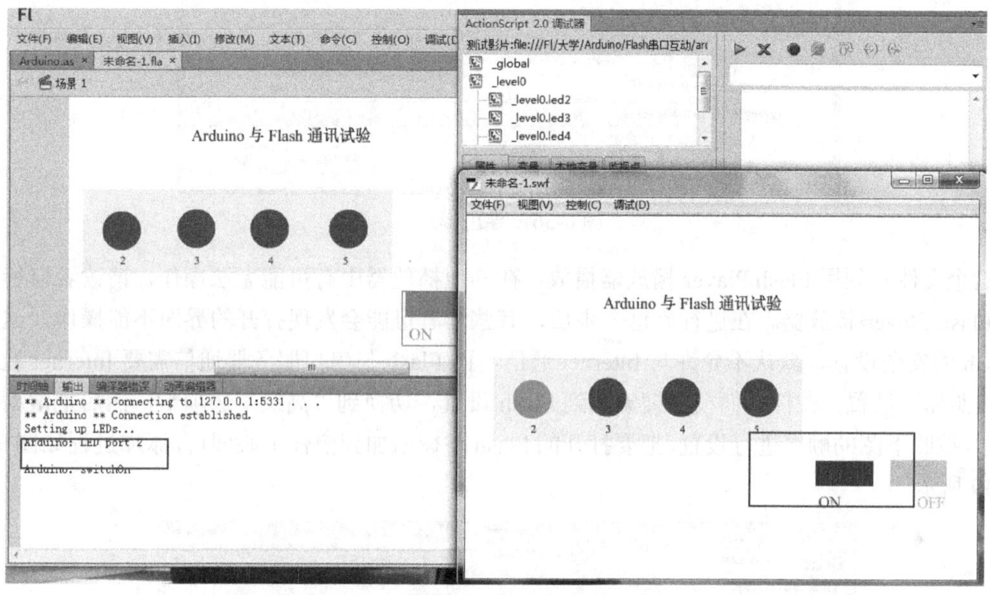

图 6-34　测试按键

此时表明通信试验成功，如果不想在 Flash 工作环境下测试，可以将工程导出为影片，从而直接在 Flash Player 播放器中使用，具体做法如下，单击“文件”→“ActionScript 设置”菜单，打开“ActionScript 2.0”对话框，将我们建立的 Arduino.as 的文件路径添加进去，如图 6-35 所示。

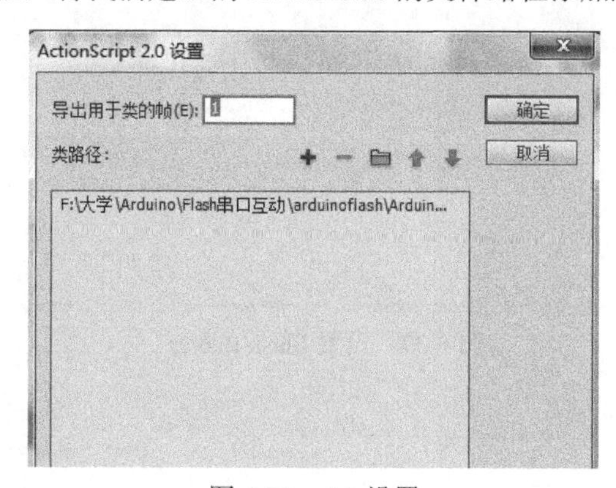

图 6-35　AS 设置

之后选择“文件”→“导出”→“导出影片”命令，导出一个 FlashLED.swf 的媒体文件，导出界面如图 6-36 所示。

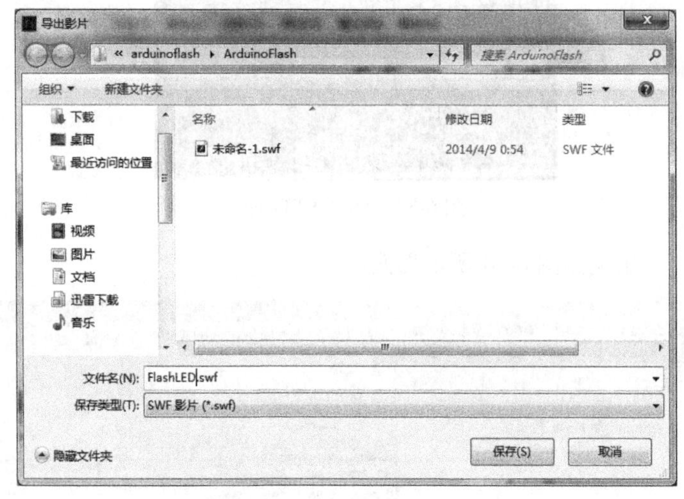

图 6-36　导出影片

这个文件必须用 Flash Player 播放器播放，在其他播放器中有可能无法操作，请读者自行下载安装 Flash Player 播放器。在进行到这一步后，有些读者可能会发现打开的界面不能操作，这是由于 Flash 的安全设置，默认不允许与 Internet 通信，而 Flash 与串口服务器通信需要 Internet 通信。首先按照如下设置，在控制面板里搜索到到 Flash 设置，切换到“高级”选项卡，然后把滚动条拖到下边，按照下图的顺序进行设置，把要打开的 Flash 路径添加到信任中心即可。添加过程如图 6-37~图 6-39 所示。

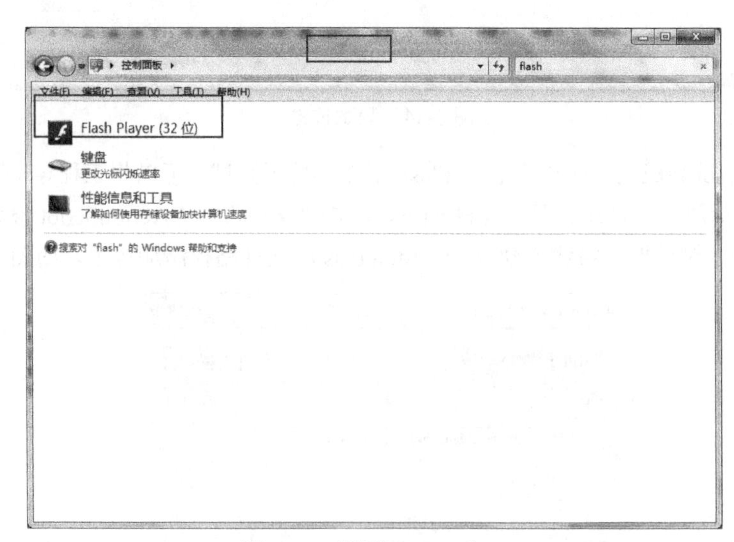

图 6-37　设置 Flash Player

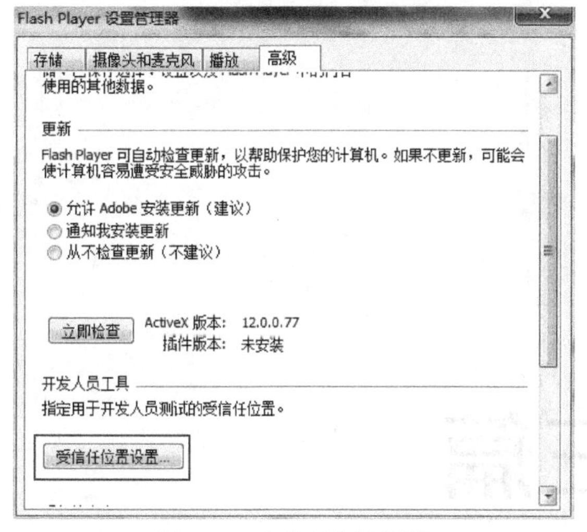

图 6-38　受信任位置设置

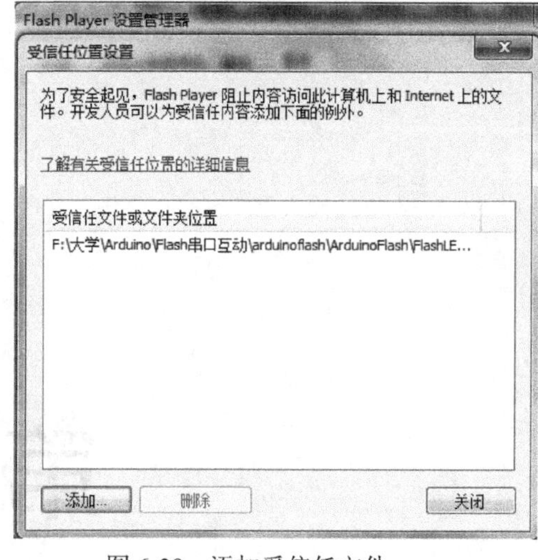

图 6-39　添加受信任文件

此时我们便可以直接通过 Flash Player 播放.swf 文件来操作 LED 灯了。

6.3　本章小结

通过了解 Arduino 与 Flash、Processing 的互动，我们将一个强大的硬件平台接入到了一个同样强大的软件平台，创造出了前所未有的互动体验。读者可以在此基础上创造更有创意的互动，如用 Flash 创作一个遥控界面，在电脑上遥控 Arduino 小车，或者利用加速度传感器控制 Flash 界面的小球运动等等，相信读者能在这样的互动中发现很多乐趣。

第三篇

深入 Arduino

如果要进行大型 Arduino 项目的开发，还需要考虑和完成很多问题。如多人协作时，如何开发属于自己的类库？在开发通用功能时，如何调用 Arduino 的内建库？在进行 Arduino 编程时，如何利用面向对象的开发方法来优化项目代码？这些问题，如果我们只是简单的玩一下 Arduino 的 LED 灯是学不会的。本篇虽然只有一章，但内容比较深入，希望读者能静下心来好好揣摩，逐步掌握大型 Arduino 项目开发的过程和方法。

第 7 章　进行 Arduino 项目开发

爱动手的读者们在前面的章节已经成功试验了一些小项目，你可能会觉得这些小项目的开发太简单了，没有挑战性，但一切复杂的工作都是从简单的小项目和点滴的细节开始的。但是如果每一个细节我们都觉得它是那么的理所当然，而不对它们加以整理和说明，那么当将它们组合成一个复杂的项目时，所面对的只可能是漫无头序的工作步骤、一大堆无从理解的代码和一团复杂的连线。

假使最终勉强到了项目的调试阶段，面对没有梳理过的一堆代码，如果出现 Bng，我们很难从中找到问题出现的位置。假使项目成功了，那么它也只限于你的自娱自乐，其他开发人员很难理解你的想法，你也无法通过分享的方式获取更多对自己有价值的建议或是改进，就更别提你要为最终产品申请专利了。本章将从项目管理的角度为读者梳理一个产品成功开发出来的科学步骤。

本章知识点：

- 项目需求分析
- 项目分享的许可方式
- 了解面向对象
- 熟悉 Arduino 自带类库
- 在 Arduino 中编写音乐类库

7.1　项目管理要知道的事儿

在项目的开发初期，需要我们对项目有一个全局的规划，它可能是你随手在纸上写下的项目流程，或者是一张表格和一些图示。在项目的开发阶段，特别是代码的书写过程中，要养成良好的书写习惯，在易错难懂的地方，最好能标注出自己在写这一段的示意图以及原理的实现过程。如果文字还不足以形象表达出来的话，用 Word 整理你的代码，在具体的地方给出原理的流程图解，用方框图和箭头标明程序的运行过程。而在代码完成后的硬件测试部分，最好能够保存下来硬件的组成和连接方式，有能力的读者可以用 VBBExpress、Protel、AutoCAD 绘出你的布线图，而初学者则可以给你梳理过的清晰的布线方式拍一张照片，保存在电脑上也是不错的方法。这些做法对于我们分享自己的项目或者日后的项目升级改进来说，都是大有裨益的。

7.1.1　项目需求分析

对于 Arduino 的项目开发，我们的需求来自于我们对项目所具有的功能的要求，这个功能一般可以通过两个部分：软件和硬件来实现。像完成让一个 LED 灯闪烁这样的小项目，只需要一块开发板、一台电脑和一个 Arduino IDE 软件就能完成这样的工作，需要解释和梳理的似乎并不需要太多。而面对一项复杂的项目，比如设计一套测量系统或者开发一个机器人，我们需要很多型号各异的传感器，甚至印刷一个专门的电路板，同时还要在代码中实现大量的函数。

在真正动手制作之前不妨先分析一下项目需求，给项目开发规划一条高效的路径，这会给我们带来很大的方便。

以开发一个手机控制的小车为例，我们可以先列出来一份硬件清单，给它制作一张表格，表格的内容包括我们需要哪些开发板、传感器、通信模块，这些模块的说明书应该事先下载好，保存在统一的文件夹中，如果需要分享我们的项目，还应该给出这些资料具体的下载地址，给出一个价格的统计，这也会对项目的预算有个初步的了解。最终像表 7-1 一样把需要的硬件罗列出来。

表 7-1 硬件准备列表

硬件名称	说明书下载地址	价格
Arduino UNO 开发板	http://......	......
US-100 超声波测距模块	http://......	......
HC-05 蓝牙模块	http://......	......
L298N 电机驱动模块	http://......	......
....	http://......	......
总计		......

对于软件的需求分析，我们用流程图的方式或许更加简洁明了，如图 7-1 所示。

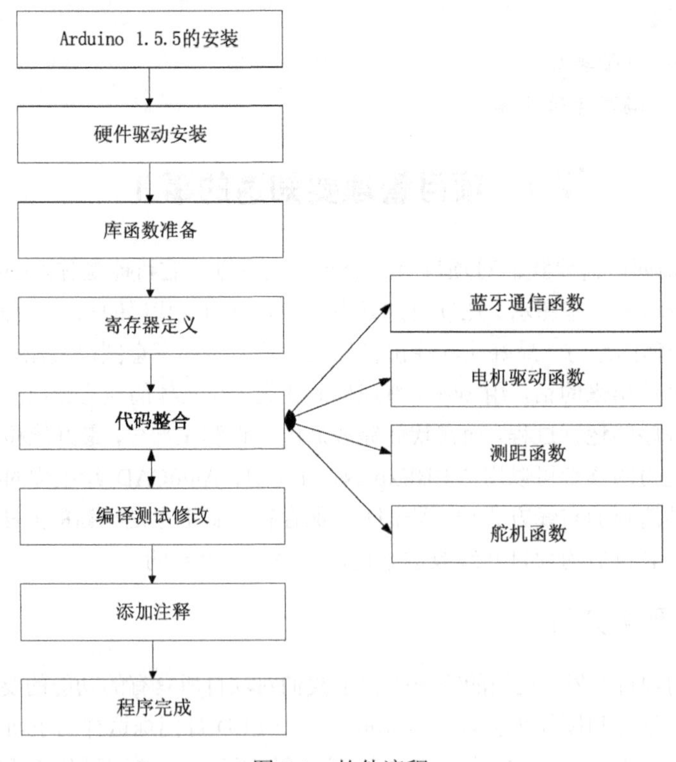

图 7-1 软件流程

7.1.2 硬件准备

Arduino 提供了丰富的硬件资源，每一款开发板都针对了一些特定的开发领域，在判断好项目方向后，对所需要硬件需要有一个精确的判断，这可以为我们节省项目开支，避免资源浪费。下面介绍几款常用的开发板和模块，为读者的硬件准备提供一个明确的方向。

1. Arduino UNO

Arduino UNO 是 Arduino USB 接口系列的最新版本，作为 Arduino 平台的参考标准模板。UNO 的处理器核心是 ATmega328，同时具有 14 路数字输入/输出口（其中 6 路可作为 PWM 输出），6 路模拟输入，一个 16MHz 晶体振荡器，一个 USB 口，一个电源插座，一个 ICSP header 和一个复位按钮。

Arduino UNO 适用于一些对端口需求不多的小型项目，如图 7-2 所示。

图 7-2 Arduino Uno

2. Arduino Mega 2560

Arduino Mega 2560 是采用 USB 接口的核心电路板，具有 54 路数字输入输出，适合需要大量 IO 接口的设计。处理器核心是 ATmega 2560， 同时具有 54 路数字输入/输出口（其中 16 路可作为 PWM 输出），16 路模拟输入，4 路 UART 接口，一个 16MHz 晶体振荡器，一个 USB 口，一个电源插座，一个 ICSP header 和一个复位按钮。

Arduino Mega 2560 也能兼容为 Arduino UNO 设计的扩展板，如图 7-3 所示。

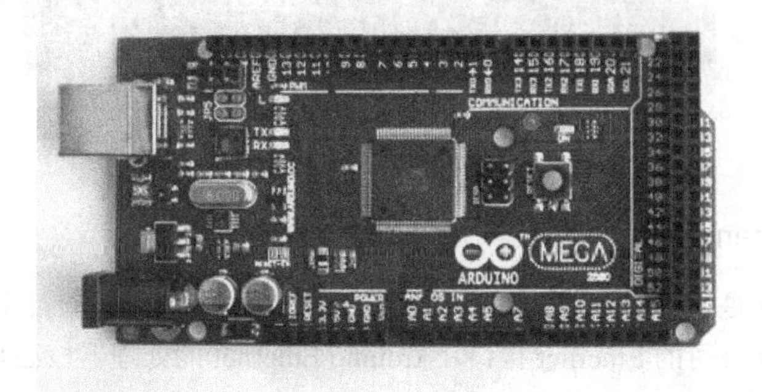

图 7-3 Arduino Mega 2560

3．Arduino ProMini

Arduino ProMini 是 Arduino Mini 的半定制版本，所有外部引脚通孔没有焊接，与 Mini 版本管脚兼容。Arduino ProMini 的处理器核心是 ATmega168，同时具有 14 路数字输入/输出口（其中 6 路可作为 PWM 输出），6 路模拟输入，一个晶体谐振，一个复位按钮。

Arduino ProMini 适用于开发小尺寸的产品，如图 7-4 所示。

图 7-4　Arduino Promini

4．Arduino Due

Arduino Due 是一块基于 Atmel SAM3X8E CPU 的微控制器板。它是第一块基于 32 位 ARM 核心的 Arduino，有 54 个数字 IO 口（其中 12 个可用于 PWM 输出），12 个模拟输入口，4 路 UART 硬件串口，84MHz 的时钟频率，一个 USB OTG 接口，两路 DAC（模数转换），两路 TWI，一个电源插座，一个 SPI 接口，一个 JTAG 接口，一个复位按键和一个擦写按键。

Arduino Due 适用于对端口需求较多，以及对 MPU 处理能力较大的项目，如图 7-5 所示。

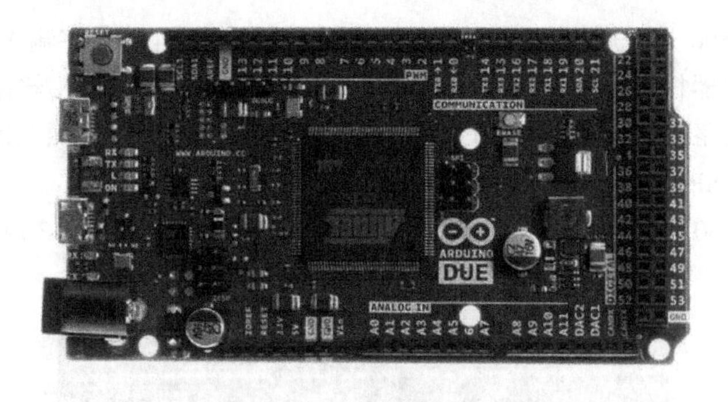

图 7-5　Arduino Due

5．Arduino Ethernet

Arduino Ethernet 是 Arduino 以太网接口版本，其最大不同就是没有片上的 USB 转串口驱动芯片，而是用了 Wiznet 公司的 Ethernet 接口。Arduino Ethernet 的处理器核心是 ATmega328，同时具有 14 路数字输入/输出口（其中 6 路可作为 PWM 输出），6 路模拟输入，一个 16MHz 晶体振荡器，一个 RJ45 口，一个 MicroSD 卡座，一个电源插座，一个 ICSP header 和一个复位按钮。

Arduino Ethernet 适用于有线网络在线互动项目，如图 7-6 所示。

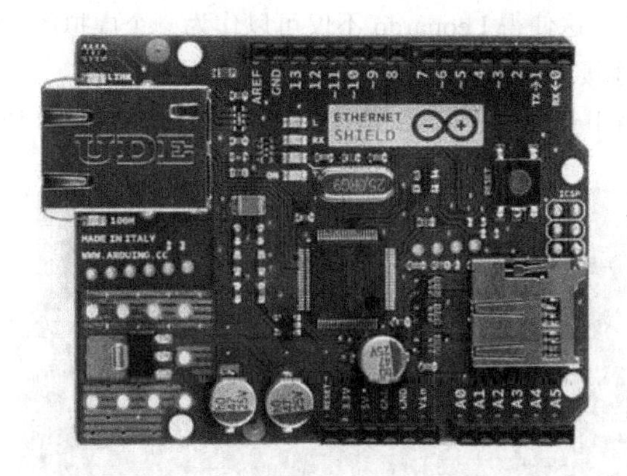

图 7-6 Arduino Ethernet Shield

6．Arduino Yun

Arduino Yun 是以 Arduino Leonardo（ATmega32U4）为基础、内嵌独立的 AR9331 无线路由处理器所组成的一个具有 Wi-Fi 功能的微控制器，也是 Arduino 家族中首个 Wi-Fi 系的成员，将嵌入式 Linux 装置、Arduino 和 Wi-Fi 传输器以及其他拓展板全部整合到一个开发板上。

Arduino Yun 具有 14 个数字输入/输出引脚、7 个脉宽调制（PWM）通道和 12 路模拟输入等特色。它还内置 1 个 16MHz 晶振、1 个 microUSB 连接器，外加 1 个 USB-A 端口和 1 个兼容 PoE 的 microSD 卡插槽以用于存储扩容。首次作为 Wi-Fi 接入点通电时，Arduino Yun 会创建一个名为“Arduino”的 Wi-Fi 网络。此后即可输入 Wi-Fi 网络名和密码来配置板卡。

Arduino Yun 适用于物联网等有联网需求的项目，也可用于 Linux 嵌入式系统级开发，其实如图 7-7 所示。

图 7-7　Arduino Yun

7．Arduino Leonardo

Arduino Leonardo 是基于 ATmega32u4 一个微控制器板。它有 20 个数字输入/输出引脚（其中 7 个可用于 PWM 输出、12 个可用于模拟输入），一个 16 MHz 的晶体振荡器，一个 Micro USB 接口，一个 DC 接口，一个 ICSP 接口和一个复位按钮。

Leonardo 不同于之前所有的 Arduino 控制器，它直接使用了 ATmega32u4 的 USB 通信功能，取消了 USB 转 UART 芯片。这使得 Leonardo 不仅可以作为一个虚拟的（CDC）串行/ COM 端口，还可以作为鼠标或者键盘连接到计算机。

Arduino Leonardo 适用于开发基于 USB 外设的项目开发，如图 7-8 所示。

图 7-8　Arduino Leonardo

8. Arduino Joystick

除了这些常用的开发板之外，我们还能找到很多扩展板。由于 Arduino 采用可堆叠的设计，可以将扩展板直接插在开发板上，在保留原有引脚资源的基础上增加了扩展功能，下面我们介绍几款常用的扩展板。

Arduino Joystick 是一款游戏摇杆按钮扩展板。提供了 2 路模拟信号输入和，路数字信号输入，并且特别预留了一个 IIC 接口，一个蓝牙接口和一个 Nrf24L01 无线发射模块接口。

Arduino Joystick 适用于制作无线遥控器、游戏手柄等需要无线发射的输入设备，如图 7-9 所示。

图 7-9　Arduino Joystick

9. Arduino Sensor Shield V5.0

Arduino Sensor Shield V5.0 传感器扩展板采用叠层设计，PCB 沉金工艺加工，主板不仅将 Arduino Duemilanove 2009 控制器的全部数字与模拟接口以舵机线序形式扩展出来，还特设 IIC 接口、32 路舵机控制器接口、蓝牙模块通信接口、SD 卡模块通信接口、APC220 无线射频模块通信接口、RB URF v1.1 超声波传感器接口、12864 液晶串行与并行接口，可以独立扩展方便易用。

Arduino Sensor Shield V5.0 扩展板可以大大简化线路连接，适用于需要大量模块接口的项目，如图 7-10 所示。

图 7-10　Arduino Sensor ShieldV5.0

10．Arduino Motor Control Shield

Arduino Motor Control Shield 电机驱动扩展板，可驱动 4 路直流电机或者 2 路步进电机的同时还能驱动 2 路舵机，适用于驱动多路电机，如图 7-11 所示。

图 7-11　Arduino Motor Control Shield

还有其他一些可用于实际开发的模块，在这里不再一一介绍，读者可以根据项目实际情况挑选最适合的模块，不一定贵的就是好的，有些模块虽然功能齐全，但价格不菲，而有些模块虽然价格低廉，功能有限，但足以满足项目需求。比如就无线传输而言，好的透传模块（如 APC220）单个价值就上百，虽然具有更远的传输距离和更高的稳定性，但对于一般玩家，一个蓝牙模块同样能够行使同样的功能，只是传输距离有限，如果着眼于学习单片机的层面，我们应该在满足学习目的的条件下，选择更具性价比的硬件。

7.1.3　创建项目

当我们将硬件准备齐全之后，就进入了软件编程阶段。

打开 Arduino IDE，默认的初始界面是一个 sketch 编程界面，我们可以在这个界面中直接编写代码，首先单击“保存”按钮，如图 7-12 所示。此时打开一个对话框，为项目起一个相关联的名称，必须是英文名，中文无法显示，如图 7-13 所示。

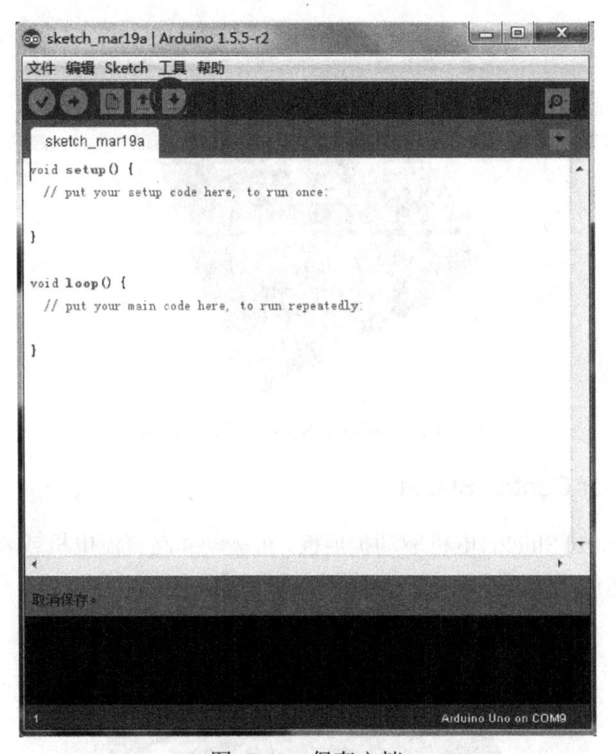

图 7-12 保存文档

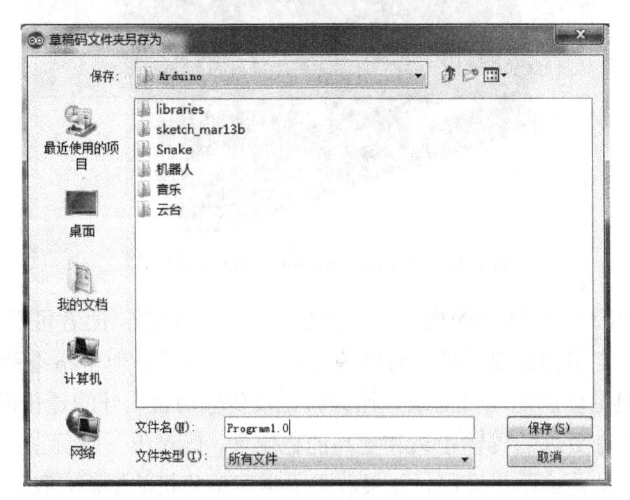

图 7-13 为文件起名

保存完毕后，软件会自动为其创建一个同名文件夹，用于存放项目所有相关文件，包括用户自定义的.h 头文件和.cpp 文件。

7.1.4 编写代码

代码的书写应该具有条理性、可读性，在开头应该声明引用的库函数或用户自定义的头文件。

（1）对于库文件，用<>括号引用，对于自定义头文件，用“" "”双引号引用，比如：

```
#include <LiquidCrystal.h>          //库文件
#include <string.h>
#include <Wire.h>
......
#include "ZiDingyi.h"                //文档内自定义头文件
```

（2）之后应该定义好所有使用的常量。在单片机的应用中，常量通常是关键寄存器的地址或者是一些特定的指令，它们往往是一个十六进制代码，我们可以参考说明书找到每个地址所具备的功能或者特定数值所对应的指令，但是数字是不便于记忆的，不可能在程序编写过程中直接使用寄存器地址值和指令数值。这时我们对应每个地址和指令的功能，为它们起个名字，用#define A 0x01 的形式表示，之后当需要引用 0x01 这个地址时，直接用 A 来表示即可。如果它与其他地址或指令参数重复，这是无关紧要的，即便有很多相同的地址和指令，我们也应该为它们各自起上所对应的名字，因为它们可能来自不同的模块，这能避免在引用时串用地址和指令而造成代码阅读时的困惑，尽管它们的运行结果是一样的，同时也为你的代码阅读者们提供一个清晰的思路。

定义常量的形式如下：

```
#define   Config   0x00          //定义配置寄存器地址 0x00 为 Config
#define   Address 0x27           //定义模块通讯地址 0x27 为 Address
#define   Clear    0x00          //定义清除指令为 0x00，虽然与 Config 参数重复，但显然我们在
                                 //书写清除指令的代码中代入 Clear 比代入 Config 更为清晰准确
......
```

（3）接下来是定义全局变量（包括数组）。全局变量的好处在于内存会永远为其保留一片存储空间，当主函数或子函数引用全局变量时，会在唯一的地址读取变量值，这意味着它的值不会被清除，只会在程序的运行中不断被修改为新的数值：

```
int A,B[];                         //定义 int 整型变量 A 和数组 B[]
unsigned char E,F[];               //定义 unsigned char 无符号字符型变量 E,F[];
```

（4）然后是 void setup()初始化函数。这个函数只会在开发板上或复位后运行一次，用于引脚声明、通信协议初始化、模块工作初始化。函数代码如下：

```
void setup()
{
    pinMod(3,OUTPUT);          //输出引脚声明
    pinMode(4,INPUT);          //输入引脚声明
    Wire.begin();              //IIC 总线初始化
    Serial.begin(9600);        //串口初始化，波特率设置为 9600bps
    LCD.begin();               //液晶屏等其他模块对象初始化
......
}
```

（5）紧接着要书写 void loop()主函数。主函数是循环执行的，是项目真正的功能部分，按照项目的工作流程在主函数中一步步书写代码。当你觉得有些代码需要被重复引用时，可以把它们都放在一个子函数中以方便主函数随时调用。

```
void loop()
{
                    //主函数体
}
```

（6）子函数可以直接在主函数体外的空白区域书写。首先得确定这是一个是否带有返回值的子函数，也就是说当我们在调用它时，是需要它的运行过程，还是需要它运行之后带来的结果。如果我们需要调用一个子函数用来控制电机正转，那么这就是一个无返回值的子函数，因为我们需要的是，在运行子函数期间，电机会正转这一过程，我们用 void　Zhengzhuan()定义它为一个无返回值的子函数。如果需要调用一个子函数用来测量距离，虽然子函数运行过程中，测距模块会进行测距的响应，但对于我们来说，最终测量到的距离是所需要的，我们需要子函数返回这一距离，那么这就是一个带有返回值的子函数。

需要注意的一点是，C 语言中不支持多值返回，这意味着一次只能返回一个值，所以这个值的类型应该是唯一的、确定的，我们或许可以用 int Juli()定义它是一个返回一个 int 型参数的带返回值的子函数。在括号中，还需要定义要代入的参数类型和名称，这些参数属于局部变量，在子函数引用它们时会临时开辟一片区域让它们参与运算，子函数运行结束时，又会腾出这一片内存空间。

子函数的定义大致有以下代码所示的 4 种类型：

```
//无参数，无返回值的电机正转子函数
void Zhengzhuan()
{
......
}

//无参数，有返回值的测距子函数
int Juli()
{
    int distance;                         //定义返回变量，与返回值类型相同
    .......
    return distance;                      //返回运行所得参数
}

//有参数，无返回值的设置速度子函数
void Sudu( int   speed)                   //代入速度参数
{
......
}

//有参数，有返回值的加法功能子函数
int Jiafa(int A,int B)
{
    int C;                                //定义返回变量
```

```
    C=A+B;                        //运算代入参数
    return C;                     //返回运行所得参数
}
```

（7）在函数的书写过程中，可以随时在后面给出注释，对于当前行的注释，可以在//双斜杠之后写明这一步的含义、原理甚至是当时的想法，对于函数整体的注释可以用/*开头，用*/结尾，这中间尽可以大篇幅解释这个函数的意义。总之，注释得越多，解释得越详尽，对于代码的调试、维护、升级和分享都能提供越多的帮助。

```
/*在这里写上块注释，一般是对一个函数整体逻辑原理的概述*/
void function()
{
    int a;                        //在这里写行注释，具体解释本行代码的意义
......
}
```

Arduino IDE 并不支持直接书写中文字符，但我们可以用一个取巧的方法，事先在记事本中写好注释然后复制粘贴在代码后面。

（8）在一个项目代码中，有时还会遇到模块需要定义的寄存器数量很多，或者操作模块的子函数很多的情况，如果把它们都放在主函数文件中，会显得代码过长而不便阅读和查找。这时就需要为其创作专门的“书签”，书签的内容通常是.h 头文件和.cpp 文件的描述，单击图 7-14 所示的下拉按钮，在弹出的快捷菜单中选择“新建标签”命令。

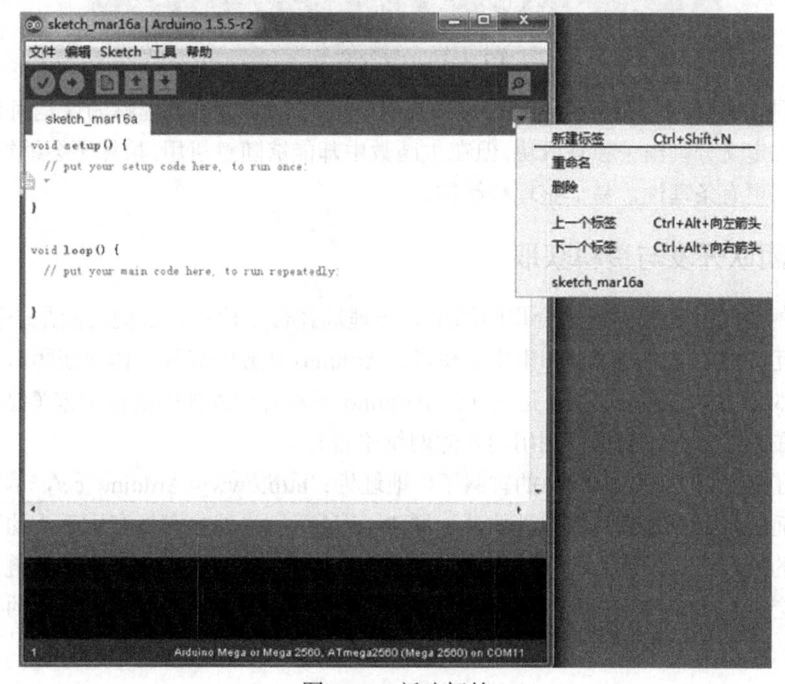

图 7-14　新建标签

在弹出的对话框中写上要创建的文件名，需要加上后缀表明所要创建的是.cpp 文件还是.h 文件，如图 7-15 所示。

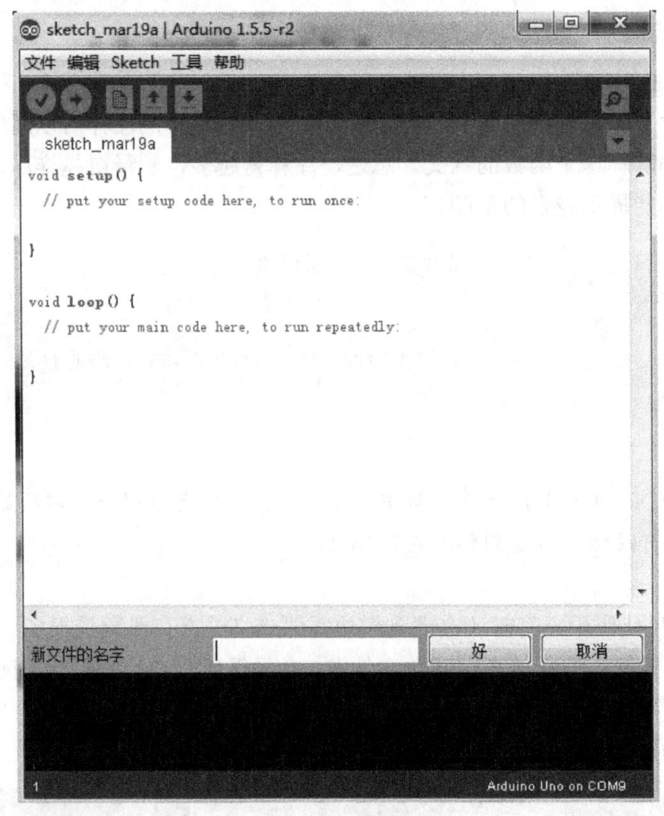

图 7-15 写标签名

关于这两种文件的写法在下面的章节中有详细的表述。读者可以理解为这是对代码的分类，将子功能的函数定义分割出去独立成块，但在主函数中却能够随意引用，虽然不会缩短代码的长度，但是能够使代码更有条理性，易于整理和维护。

7.1.5 团队开发与资料获取

一个成功的项目从来都是通力合作的结果。合理选择合作伙伴，他们可能是一群志同道合的人，也可能是互联网上专业的平台和丰富的资源。Arduino 开源的好处就体现在团队开发上，任何一个项目，你都可以发动起周边甚至是全球的 Arduino 爱好者加入你的队伍中来（前提是你的英语得过关）。现在来看看有哪些可以利用的开源网络平台！

首先必须了解的当然是 Arduino 的官网了，地址为：http://www.Arduino .cc/，尽管里面全是英文资料，但里面的资源都是最具权威性的，如图 7-16 所示。当然也可以利用手头的网页翻译工具试着理解里面的内容，或者你需要什么软件时，直接去找 Download 标示的文字或链接。在官网的界面中，我们会看到 blog 这个选项，这里上传了大量外国的 Arduino 极客们创造的有趣的作品，建议英文水平较好的读者不要放过。

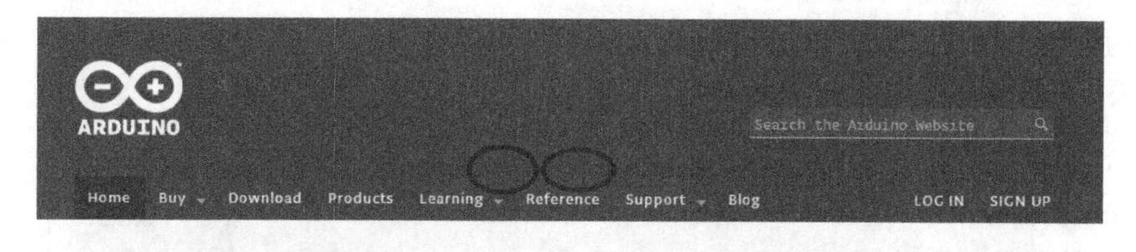

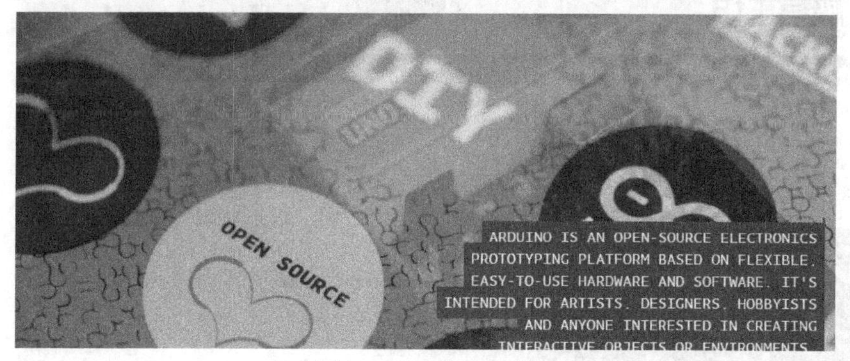

图 7-16　Arduino 官网

除了官网之外还有 Arduino 论坛（官网 support 选项下）、谷歌代码 GoogleCode（code.google.com）、SorceForge（sorceforge.net）等等国外的开源平台。虽然它们提供的资源更为丰富，但对于很多初学者来说，英语是一道难以跨越的鸿沟，在这里详细介绍它们也就没有太大意义。而随着 Arduino 进入中国市场，越来越多的国人开始接触开源硬件，国内的开源平台也逐渐兴起，或许在一个只说中国话的论坛中，你更能快速有效地寻找到所需要的信息。下面是几个常用的中文平台：

（1）Arduino 中文社区（http://www.Arduino.cn/），如图 7-17 所示。

图 7-17　Arduino 中文社区

这个论坛所围绕的话题都是关于 Arduino 平台的，包括硬件资料、软件支持、代码分享、成果展示，一应俱全，你还可以在上面发起求助，请其他高手答疑解惑，当然前提是你得注册一个账号登录论坛。

（2）极客工坊（http://www.geek-workshop.com/forum.php），如图 7-18 所示。

图 7-18 极客工坊

这或许是中国极客们的家了，它汇集了大批专业的、业余的电子爱好者们，谈论的话题涵盖各种开源平台，当然主要的还是 Arduino 平台，论坛内有为 Arduino 专门开辟的版块。同样，你需要注册一个账号才能评论他人的创意或者分享你的创意。

（3）中国电子网（http://www.21ic.com/），如图 7-19 所示。

图 7-19 中国电子网

虽然它没有专门的 Arduino 版块，关于 Arduino 的讨论话题也不多，但是在项目开发中遇到不会使用的芯片就来找它吧，这里涵盖了关于电子技术的方方面面的探讨，会让你对电子产品的底层有个全面了解。

还有一些业余的平台，类似百度贴吧的 Arduino 吧、单片机吧等，大多是初学者启蒙的地方，在这里虚心求教，分享作品也会带给你意想不到的收获。

7.1.6 选择许可方式

开源和分享，听上去是两个很美好的词汇，作为交流和学习，它给我们带来了太多的帮助。但作为获得财富和声望的目的，我们可能会慎重考虑它的可行性，或者说为分享选择一种合适的保护方法，这就要求我们给产品选择许可方式了。

1. 专利

专利是受法律规范保护的发明创造，它是指一项发明创造向国家审批机关提出专利申请，经依法审查合格后，向专利申请人授予的、在规定的时间内对该项发明创造享有的专有权。

专利权是一种专有权，这种权利具有独占的排他性。非专利权人要想使用他人的专利技术，必须依法征得专利权人的同意或许可。

专利权的法律保护具有时间性，中国的发明专利权期限为二十年，实用新型专利权和外观设计专利权期限为十年，均自申请日起计算。

只要你认为自己的作品是独创的、前所未有的，并且能产生一定的经济价值，为了防止他人窃取你的成果牟利，你可以为作品申请专利，一旦申请成功，这个项目的专利权就专属你所有。他人或企业引用你的成果必须征得你的同意，如果处于盈利目的，还应支付给你专利费用。前提是你得付出精力和财力申请这项专利，并且你所获得的专利权是有时间期限的。但是，也要注意科技在不断发展，十年前价值连城的研究成果可能在今天变得一文不值。

2. 版权

版权即著作权，是指文学、艺术、科学作品的作者对其作品享有的权利（包括财产权、人身权）。版权是知识产权的一种类型，它是由自然科学、社会科学以及文学、音乐、戏剧、绘画、雕塑、摄影和电影摄影等方面的作品组成。

版权的英文 Copyright 即复制的权利，过去复制一份东西是复杂繁琐的过程，而现在信息发达的社会，复制一份颇有价值的文档只需在电脑进行简单拷贝就能将它传播开来。版权的取得有两种方式：自动取得和登记取得。在中国，按照著作权法规定，作品完成就自动拥有版权。所谓完成，是相对而言的，只要创作的对象已经满足法定的作品构成条件，即可作为作品受到著作权法保护。根据性质不同，版权可以分为著作权及邻接权。简单来说，著作权是针对原创相关精神产品的人而言的，而邻接权的概念，是针对表演或者协助传播作品载体的有关产业的参加者而言的，比如表演者、录音录像制品制作者、广播电视台、出版社等等。

版权的期限，简单来说，对个人而言，是死后五十年，署名权等精神权利期限无限制；对单位和法人而言，是作品首次发表后五十年。

你开发的代码是属于你个人的财富，即使你愿意无偿分享它，它也是具有版权的，你可能希望它被自由地传播，但保留对它的绝对控制和发言权，他人运用你的成果进行牟利，即使这是免费使用的，同样也能构成侵权。

7.1.7 开源软件发布许可方式

开源软件发布许可方式有很多种，经常让人眼花缭乱，这里就来梳理一下。

1. GPL 许可证

GPL 是 General Public License 的缩写，中文含意是通用性公开许可证，我们可以把 GPL 看成是自由软件所遵从和使用的各种许可证中的一种，而与 Windows 软件系不同的是，GPL 同其他的自由软件许可证一样，许可社会公众不但享有、运行、复制软件的自由，还有发行传播软件、获得软件源码和改进软件并将自己作出的改进版本向社会发行传播的自由，所以业内把这种流通规则称为 Copyleft，而非 Copyright（版权）。

2. GPL v2 许可证

根据 GPL v2 的相关规定：只要这种修改文本在整体上或者其某个部分来源于遵循 GPL 许可的程序，该修改文本的整体就必须按照 GPL 流通，不仅该修改文本的源码必须向社会公开，而且对于这种修改文本的流通不准许附加修改者自己作出的限制。

3. GPL v3 许可证

在 GPL v3 的修订草案中，不仅要求用户公布修改的源代码，还要求公布相关硬件，恰恰是这一条，由于触及和其他相关数字版权管理（DRM）及其产品的关系，并且也由于有和开源精神相违的地方，所以备受争议，甚至因此也遭到了有着“Linux 之父”之称的托瓦尔兹的反对。

4. LGPL 许可证

LGPL 最初是 Library GPL 的缩写，后来改称作 Lesser GPL，即更宽松的 GPL。当一个自由软件使用 GPL 声明时，该软件的使用者有权重新发布、修改该软件，并得到该软件的源代码；但只要使用者在其程序中使用了该自由软件，或者是使用修改后的软件，那么使用者的程序也必须公布其源代码，同时允许别人发布、修改。也就是说，使用 GPL 声明下的自由软件开发出来的新软件也一定是自由软件。

LGPL 是 GPL 的变种，也是 GNU 为了得到更多的商用软件开发商的支持而提出的。与 GPL 的最大不同是，可以私有使用 LGPL 授权的自由软件，开发出来的新软件可以是私有的，而不需要作为自由软件。所以任何公司在使用自由软件之前应该保证在 LGPL 或其他 GPL 变种的授权下。

5. BSD

BSD 授权许可证（FreeBSD Copyright Information）具有多种授权许可证。总的来说你可以对软件任意处理，只要你在软件中注明其是来自于哪个项目的就可以了。也就是说你具有更大的自由度来处置软件。如果你对软件进行了修改，你可以限制其他使用者得到你修改的软件的自由。

BSD 授权许可证没有实现“通透性”自由，也就是其不保证软件源代码开放的连续性。这样，如果你希望采用别人开发的 BSD 软件，进行一些修改，然后作为产品售卖，或者仅仅保密自己的做的一些除了软件开发以外的工作，那么你就可以从中得利。

6. Apache License

Apache License 是著名的非盈利开源组织 Apache 采用的协议。该协议和 BSD 类似，同样鼓励代码共享和尊重原作者的著作权，同样允许代码修改，再发布（作为开源或商业软件）。需要满足的条件：

- 需要给代码的用户一份 Apache License。
- 如果你修改了代码，需要在被修改的文件中说明。
- 在延伸的代码中（修改和有源代码衍生的代码中），需要带有原来代码中的协议、商标、专利声明和其他原来作者规定需要包含的说明。
- 如果在发布的产品中包含一个 Notice 文件，则在 Notice 文件中需要带有 Apache License。你可以在 Notice 中增加自己的许可，但不可以表现为对 Apache License 构成更改。

Apache License 也是对商业应用友好的许可。使用者也可以修改代码来满足，需要并作为开源或商业产品发布/销售。

7. MIT

MIT 是和 BSD 一样宽范的许可协议，作者只想保留版权，而无任何其他了限制。也就是说，你必须在你的发行版里包含原许可协议的声明，无论你是以二进制形式发布的、还是以源代码形式发布的。

8. MPL

MPL 既是得到自由软件基金会承认的自由软件许可证，也是得到开放源代码促进会承认的开源软件许可证。MPL 允许在其授权下的源代码与其他授权的文件进行混合，包括私有许可证。但在 MPL 授权下的代码文件必须保持 MPL 授权，并且保持开源。这样的条款让 MPL 既不像 MIT 和 BSD 那样允许派生作品完全转化为私有，也不像 GPL 那样要求所有的派生作品，包括新的组件在内，全部必须保持 GPL。通过允许在派生项目中存在私有模块，同时保证核心文件的开源，MPL 同时激励了商业及开源社区来参与帮助开发核心软件。

使用 MPL 授权的软件并不受专利的限制，其可以自由使用、修改，并可自由的重新发布。带有专利代码的版本仍然可以使用、转让，甚至出售，但未经许可则不能修改代码。此外，MPL 并不授予用户对于开发者商标的使用权。

总的来说，可以用图 7-20 来表示一个项目应该选取的许可方式。

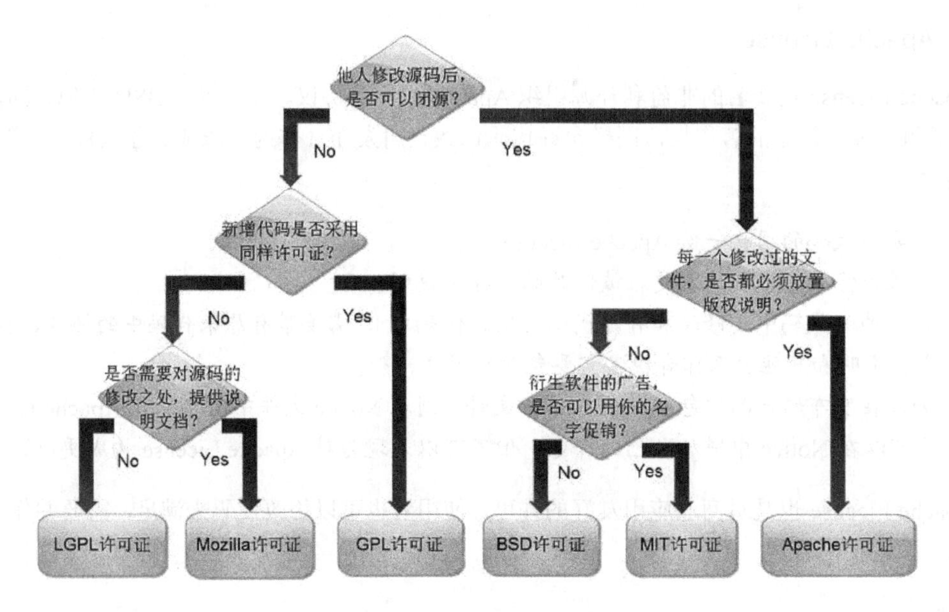

图 7-20　选择许可方式

7.2　如何在项目中编写类库

前面一节介绍了项目的开发流程，下面就进入实质性的程序编写阶段了。操作一些模块的程序非常复杂，寄存器的定义繁多，对读者的硬件知识储备要求也很高，怎样才能方便快捷地编写程序呢！本节将先介绍类和对象的概念，然后再介绍 Aruino 中的类库，最后再学习如何创建自己的类库。

7.2.1　面向过程与面向对象

1．面向过程

早期的计算机软件开发方式是一种面向过程的方法。面向过程就是分析出解决问题所需要的步骤，然后用函数实现这些步骤，使用时再按照步骤一个一个调用函数就可以了。

2．面向对象

面向对象（Object Oriented，简称 OO）是目前最流行的软件开发方法。面向对象是一种对现实世界理解和抽象的方法，通过将复杂问题抽象成一个个相对简单的问题组成模块，利用这些模块像搭积木一般一步步构建出整体。

利用面向对象的方法，将事物划分为一个个的组成部分，每个部分即一个对象，每个对象都具有一些方法（函数）可以接收数据、处理数据并能将数据传递给其他对象。先构建好基本的对象，在之后的软件开发中，我们就只需要直接操作对象提供的方法，包括运算、判断以及对象之间的关系和数据传递等，这就大大减小了软件开发难度，缩短了软件开发周期。建立对象的目的并不是为了完成一个步骤，而是为了描叙某个事物在整个解决问题过程中的行为。

面向对象有两个最基础的概念：类和对象。类和对象可以说是需要搭配出现的，没有类就没有对象。类一般就是泛指某类事物，而对象就是具体到某个事务，如奔驰汽车是汽车类的一种具体的车。

3．面向对象与面向过程的对比

在开发中，要解决某一个问题，就要确定这个问题能够分解为哪些函数，数据能够分解为哪些基本类型。面向过程的思考方式是面向机器结构的，不是面向问题结构的，需要程序员在问题结构和机器结构之间建立联系。而面向对象的程序设计针对的是问题的结构，解决某个问题，要确定该问题由哪些对象组成，对象间的相互关系是什么。这样，思维方式更贴合现实，程序的组织也更清晰。

举一个形象的例子，比如造一栋房子，面向过程的方法是起初手头什么都没有，等需要用砖时才去造砖，需要水泥时又去制水泥。而面向对象的方法是，将造砖的任务分配给砖厂，制水泥的任务分配给水泥厂，需要用时直接从砖厂、水泥厂运来就可以盖房子。显然后者更为简便高效。最重要的一点是面向过程你需要了解如何造砖，如何制水泥，而面向对象时，你只需要拿别人的砖和水泥来用就行了，不用管它如何制作的。

以 Arduino 项目开发中的液晶屏显示为例，我们对比一下使用面向过程和面向对象两种开发方式的不同。面向过程的流程图参见图 7-21 所示。

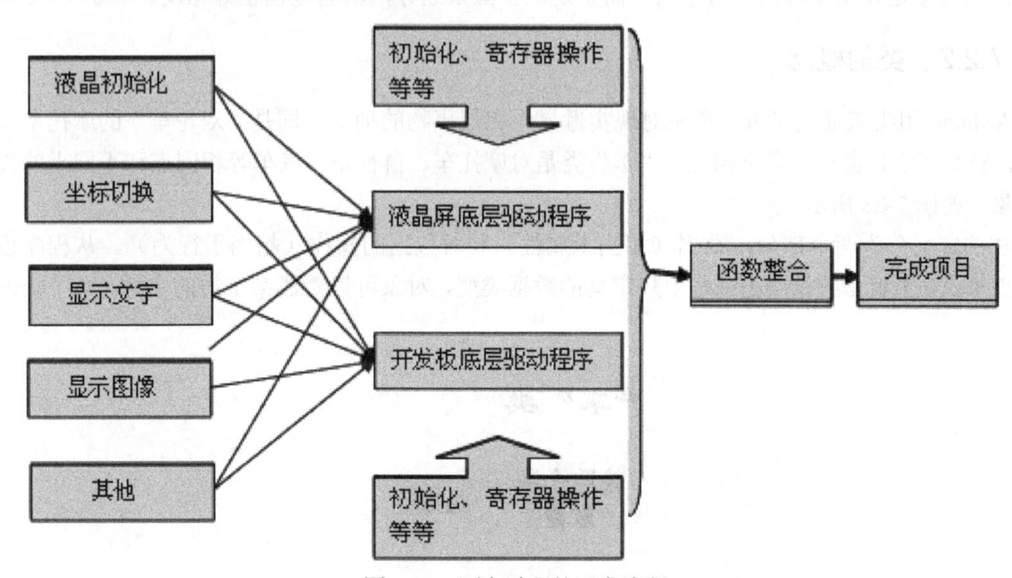

图 7-21　面向过程的开发流程

我们看到上面流程每一步的操作都需要重复写液晶的底层驱动和开发板的底层驱动，不仅需要清楚地了解液晶和开发板中单片机的详细操作原理，而且大大增加了代码的长度，浪费了单片机内有限的内存空间，对于新手来说，入门门槛也会大幅提高。而利用面向对象的开发方式，就显得清晰简单得多，如图 7-22 所示。

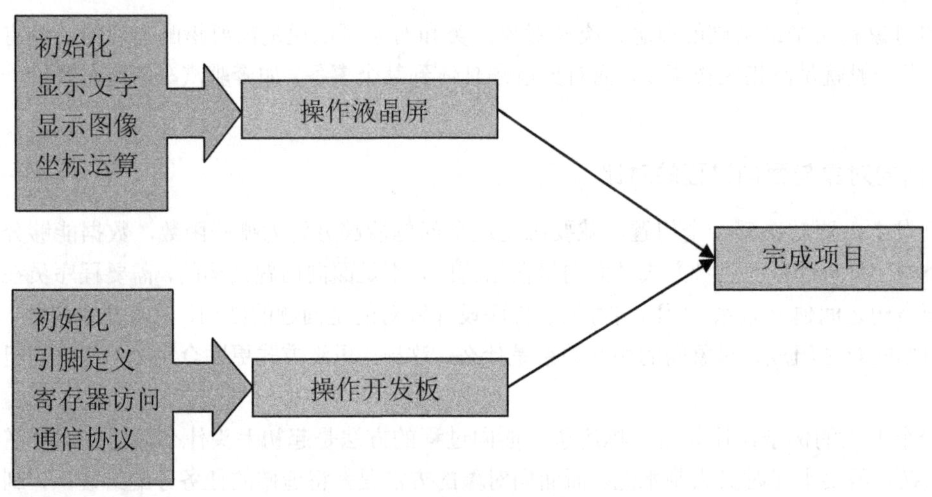

图 7-22　面向对象的开发流程

我们只需要通过调用已预先定义好的操作函数（类库提供的函数）从而直接操作液晶屏和开发板，而不需重复编写底层的驱动程序，甚至不需要了解单片机内部是如何运行的。同时，在其他项目的开发中，我们也可以直接调用这两个对象，可移植性很高。

面向对象是以功能来划分问题的，而不是以步骤来划分，面向过程正好相反。

7.2.2　类的概念

Arduino 用类来描述对象，类是对现实世界中相似事物的抽象，同是“双轮车”的摩托车和自行车，有共同点，也有许多不同点。“车”类是对摩托车、自行车、汽车等相同点和不同点的提取与抽象，如图 7-23 所示。

类的定义分为两个部分：数据（相当于属性）和对数据的操作（相当于行为）。从程序设计的观点来说，类就是数据类型，是用户定义的数据类型，对象可以看成某个类的实例（某个类的变量）。

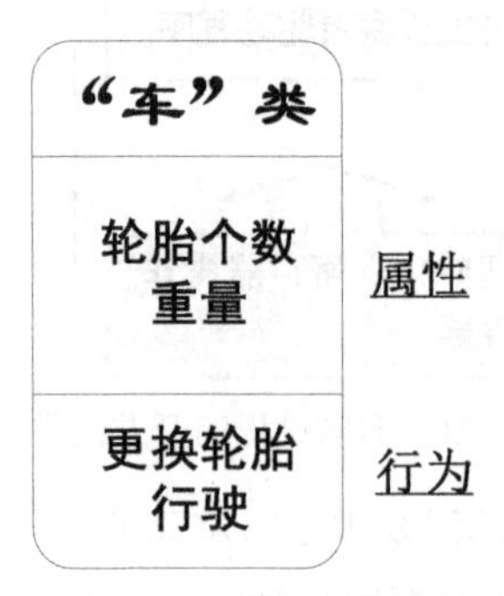

图 7-23　“车”类示意图

7.2.3　类是分层的

每一大类中可分成若干小类，也就是说，类是分层的，如图 7-24 所示。可将所有的图形抽象成“图形”类，该类中共同的属性有很多，这里只取“颜色”这个属性，对所有图形而言，都可定义“显示”操作。同时，“图形”类可进一步分为“一维图形”类、“二维图形”类和其他类，根据形状的不同，“一维图形”类可进一步分为“直线”类和“折线”类，“二维图形”类又可分为“正方形”类和“圆”类。下层的类除了“继承”上层类中定义的属性和行为外，还可增加新的属性和行为（如“圆”类相比“二维图形”类增加了“圆心”和“半径”属性，增加了“求面积”这一行为），甚至可以在下层类中重新定义上层类已定义的属性和行为（如“直线”类、“折线类”、“正方形”类和“圆”类中都重新定义了“图形”类中已定义的“显示”操作）。

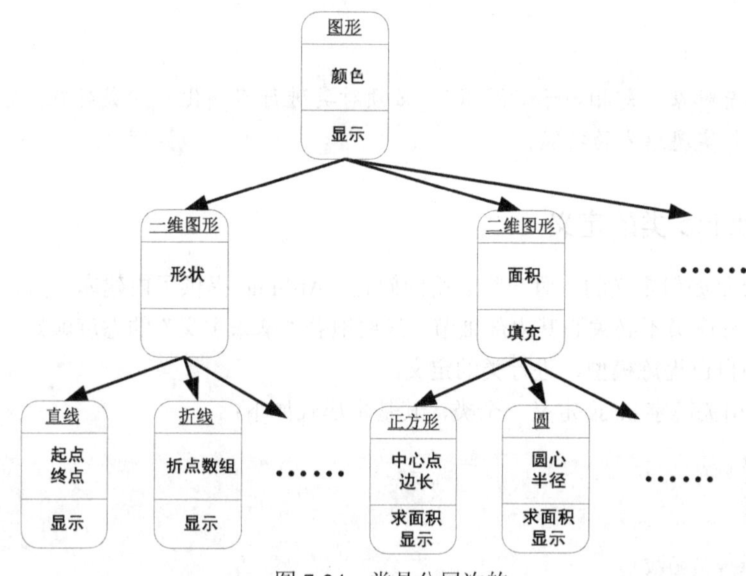

图 7-24 类是分层次的

7.2.4 类和对象的关系

对象需要从属性和行为两个方面进行描述，类是对象的封装。类的使用主要有以下几个步骤：

（1）定义一个类，Arduino 中，分别用数据成员和函数成员来表现对象的属性和行为。类的定义强调“信息隐藏”，将实现细节和不允许外部随意访问的部分屏蔽起来。因此，在类定义中，需要用 public 或 private 将类成员区分开。外界不能访问程序的 private 成员，只能访问 public 数据成员，对象间的信息传送也只能通过 public 成员函数，保证了对象的数据安全。

（2）类的实现，即进一步定义类的成员函数，使各个成员函数相互配合以实现接口对外提供的功能，类的定义和实现是由类设计者完成的。

（3）通过该类声明一个属于该类的变量（即对象），并调用其接口（即 public 型的数据成员或函数成员），这是使用者的工作。

由此可以看出，类的设计者和使用者可能并非同一个人，换言之，在解决某一问题时，既可以自己定义并实现某个类，也可以使用别人定义、已经实现了的类。Arduino 自带的类库就是已经实现好的类，我们也可以自定义类。

使用者在乎的只是该类提供了什么接口，能完成什么样的功能，对类中的细节并不关心。这大大促进了代码的复用，先前设计好的类，可以不用修改或只做少量修改便可移植到新的程序中。

这很好理解，举个例子，对“电视机”类来说，类的定义相当于设计师决定电视机的属性，画出“蓝图”或者说“模型”，指明电视机应提供什么功能，比如是否可以接收数字信号等，而类的实现相当于电子工程师根据“蓝图”设计板卡，使该电视能实现“蓝图”中提供的功能，这样，刚开始提出的“蓝图”就进化丰富成了可用于生产的“技术图纸（电路图）”，通过“电路图”便可生产电视。声明一个对象的过程相当于某个电视机的生产过程，生产完毕后，用户便可以使用电视机，调用其提供的接口实现特定的功能。对用户来讲，不关心电视机的内部工作原理，只关心其功能。

提 示

类并不是对象，却相当于“图纸”，必须对类进行实例化，生成对象，才能调用对象的接口，实现想要的功能。

7.2.5 Arduino 类的定义

先来看一下类是如何定义的，对一些通用的问题，Arduino 提供了内建库，内建库里有实现一些通用问题的类。程序员不必关心其内部细节，只要抱着“拿来主义”的态度就好，但对某些特殊问题来说，必须由自己提炼模型，进行类的定义。

Arduino 中使用关键字 class 定义一个类，其基本形式如下：

```
class 类名
{
    public:
        公共成员函数
    private:
        私有成员函数
        私有的数据成员定义
}
```

一般而言，类的数据成员都应设置为 private，但这并非强制的规定。外部只能访问类的公有数据成员和公有函数成员，常称公有函数成员为“类的接口”。private 成员与 public 成员的先后次序无关紧要，推荐将 public 成员放在前面，因为对使用者而言，更关心的是该类提供了哪些可访问的“接口”。

对一台计算机来说，它有如下特征：

- 属性：品牌、价格。
- 方法：输出计算机的属性。

以下代码实现了 computer 类的定义：

```
class computer
{
    public:                                 //公共成员列表（接口）
        void print();
        void SetBrand(char* sz);
        void SetPrice(float pr);
    private:                                //私有成员列表
```

```
        char[20] brand;
        float price;
}
```

根据对计算机类的分析，定义 computer 类。根据“信息隐藏”原则，数据成员一般不能由外部直接访问，只能通过 public 成员函数访问，因此，把成员 brand（字符串）和 price（浮点型）定义为 private 成员，而把 print()、SetBrand()、SetPrice()函数定义为 public 成员（computer 类的接口），这样，用户便可以调用 print()函数输出 brand 和 price 信息，调用 SetBrand()函数和 SetPrice()函数修改 brand 和 price 的值。

类定义时，有以下几点需要特别注意：

（1）private 数据成员只能由类中的函数访问，而 public 可以在类外部访问。在类定义时，关键字 private 和 public 出现的顺序和次数可以是任意的，上述代码也可以是如下形式：

```
class computer
{
    private:
        char* brand;
    public:
        void print();
    private：
        float price;
    public:
        void SetBrand(char* sz);
        void SetPrice(float pr);

}
```

Arduino 规定，类成员的访问权限默认是 private，不加声明的成员默认是 private 的，因此，上述代码的第一个 private 完全可以省略。

（2）类的定义中提供的成员函数是函数的原型声明。

7.2.6 Arduino 类的调用

定义一个类之后，便可以像使用 int、double 等类型符声明简单变量一样，创建该类的对象，称为类的实例化。由此看来，类的定义实际上是定义了一种类型，类不接收或存储具体的值，只作为生成具体对象的“蓝图”，只有将类实例化，创建对象（声明类的变量）后，系统才为对象分配存储空间。

如本书后面定义了一个类 MusicCode，以下代码使用类定义声明了一个对象，并利用对象名实现了 public 成员函数的调用：

```
#include <MusicCode.h>                    //包含 MusicCode 类的头文件

MusicCode XiaoXingxing(13);               //创建 MusicCode 类的对象，命名为 XiaoXingxing
void setup() {
  XiaoXingxing.begin();                   //调用类的 public 成员函数
}
```

7.2.7 Arduino 自带的类库

Arduino 提供一些类库，根据功能不同将类存储在不同的库中，英文名字是 library。本小节主要介绍扩展库和内建库。

1. 扩展库

Arduino 作为一个开源平台，全世界的开发者都可以共享自己编写的扩展库，其他开发者可以免费引用这些库，也可以对它们进行扩充和完善。

由于大部分同类模块往往使用相同的单片机控制，有着相似的电路设计，所以扩展库的可移植性很高。例如控制舵机的 Servo 库能兼容大部分的模拟舵机和数字舵机、控制液晶屏的 LiquidCrystal 库能够控制市面上常用的 1602、2004、12864 液晶屏等。这些库越来越贴近 C/C++的编程风格，需要使用者掌握的单片机知识越来越少，非常方便初学者进行项目开发。

2. 内建库

除了丰富的扩展库外，在 Arduino 的开发平台 Arduino IDE 中，我们能找到丰富的内建库资源，内建库总体来说包含两大类：

- 一类是对开发板芯片底层的应用的描述，例如 EEPROM 库、串口通信协议 SoftwareSerial 库、串行外设接口 SPI 库、IIC 总线 Wire 库等。
- 另一类是针对具体应用编写的扩展库，例如控制音频的输入输出的 Audio 库、控制舵机的 Servo 库、控制移动通信系统模块的 GSM 库。

这些资源我们都可以直接调用，下面来了解一下这些内建库中有什么内容吧。

以最新的版本 Arduino 1.5.5 为例，需要查看开发板底层应用库，按照 Arduino→haedware→Arduino→avr→libraries 的路径打开，可以看到图 7-25 所示的目录结构。

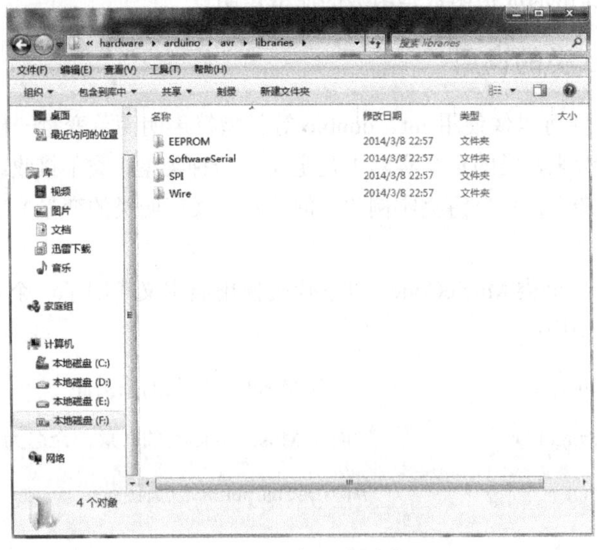

图 7-25 底层应用库

这里可以找到以下 4 个底层应用库：

- EEPROM（电可擦可编程只读存储器）。
- SoftwareSerial（软串口通信协议）。
- SPI（串口外设通信协议）。
- Wire（单总线、IIC 总线协议）。

需要查看内建扩展库资源，按照 Arduino→libraries 的路径打开，可以看到如图 7-26 所示的目录结构。

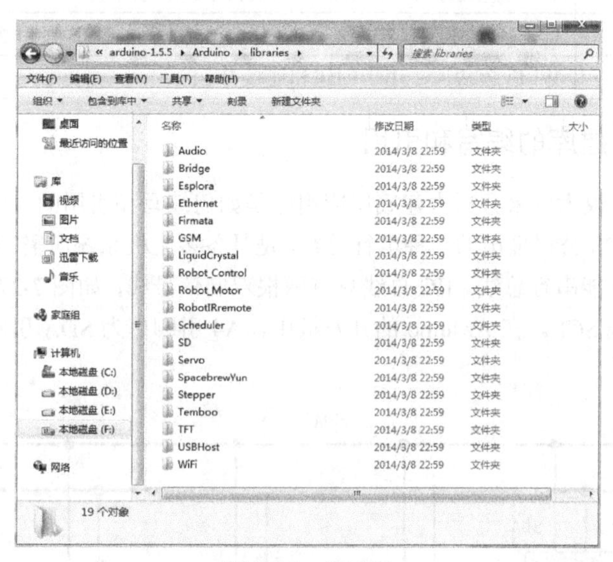

图 7-26　扩展库

从图 7-26 中可以找到 19 个内建库，其说明参见表 7-2 所示。

表 7-2　扩展库的作用

Audio	音频的输入与输出库，为麦克风和扬声器提供支持
Bridge	开发板之间的桥接库，应用于开发板直接的通信
Esplora	Esplora 游戏手柄库，Arduino 与 Esplora 公司联合推出的一款游戏手柄开发板
Ethernet	Ethernet 以太网控制器库，通过它你能用网线将你的 Arduino 开发板联网
Firmata	Arduino 与 PC 的通信协议库
GSM	GSM 全球移动通讯模块库
LiquidCrystal	1602、2004、12864 等液晶库
Robot_Control	Robot_Control 扩展板库，一种专门用于机器人控制的开发板
Robot_Motor	Robot_Motor 扩展板库，一种专门支持多种电机的开发板
RobotIRremote	红外遥控库
Scheduler	多任务处理库，允许 Arduino 进行多任务的切换和处理
SD	SD 卡库，用于读取 SD 卡

（续表）

Audio	音频的输入与输出库，为麦克风和扬声器提供支持
Servo	舵机库，用于操作模拟舵机或数字舵机
SpacebrewYun	ArduinoYun 模块库，一款能借助 OS 操作系统操作的模块
Stepper	步进电机库，用于操作大部分的步进电机
Temboo	Temboo 模块库，它能透过一站式（One-Stop）API 取用来自 Twitter、Facebook、Foursquare、FedEx、PayPal 以及更多其他网站的资料
TFT	TFT 屏模块库，可以操作大部分的 TFT 液晶屏
USBHost	USBHost 串口模块库，运行 Arduino 直接与 USB 接口连接
Wi-Fi	Wi-Fi 模块库，用于创建和连接 Wi-Fi

7.2.8　分析内建库的编写和引用

我们以 IIC 总线协议为例来分析内建底层应用库是如何编写和引用的。

IIC 总线是 PHILIPS 公司推出的一种串行总线，是具备多主机系统所需的包括总线裁决和高低速器件同步功能的高性能串行总线。IIC 总线只有两根双向信号线，如图 7-27 所示。一根是数据线 SDA，另一根是时钟线 SCL。在 Arduino 的开发板中，A4 引脚作为 SDA 引脚，A5 引脚作为 SCL 引脚。

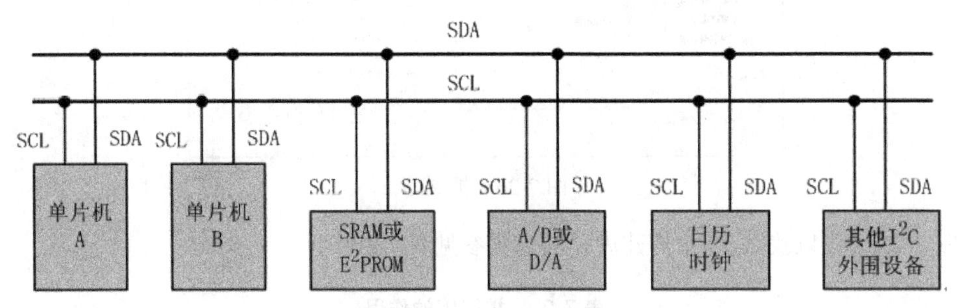

图 7-27　IIC 总线示意

SCL 线为高电平期间，SDA 线由高电平向低电平的变化表示起始信号；SCL 线为高电平期间，SDA 线由低电平向高电平的变化表示终止信号。用图来表示可以参考图 7-28 所示。

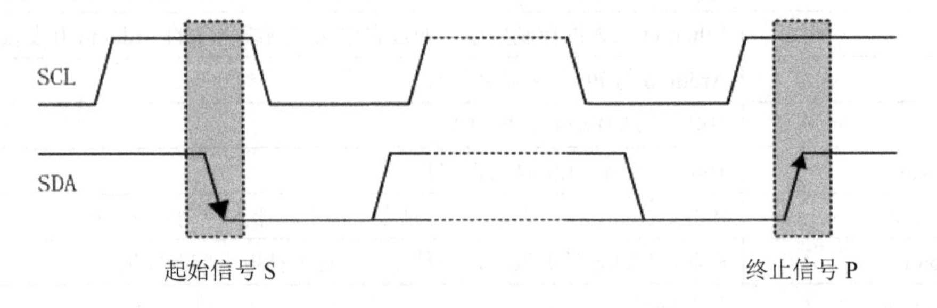

图 7-28　IIC 总线的起止信号

IIC 总线进行数据传送时，时钟信号为高电平期间，数据线上的数据必须保持稳定，只有在时钟线上的信号为低电平期间，数据线上的高电平或低电平状态才允许变化。用图来表示可以参考图 7-29 所示。

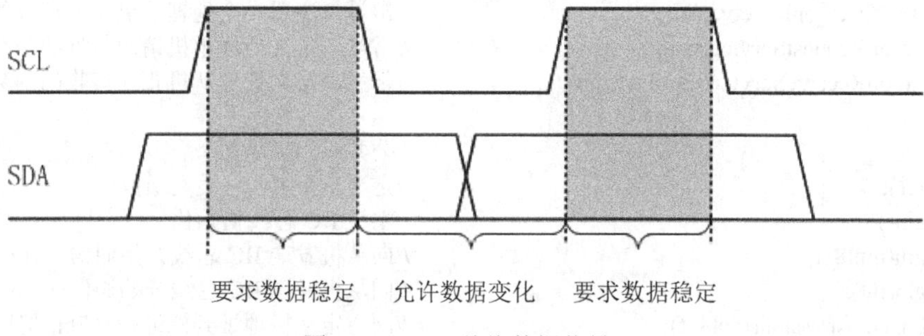

图 7-29　IIC 总线数据信号

在数据传输过程中，主机发送完一帧数据后，还要检测从机的应答信号，只有检测到从机的应答信号才能继续下一帧数据的传输，否则会重发上一帧数据。I2C 总线收发数据流程参见图 7-30 所示。

图 7-30　IIC 总线收发数据流程

提　示

从机地址后的一位是读写标志位，0 表示写，1 表示读。有阴影部分表示数据由主机向从机传送，无阴影部分则表示数据由从机向主机传送。A 表示应答，A 非表示非应答（高电平）。S 表示起始信号，P 表示终止信号

下面我们分析一下在 Arduino 内建库中关于 IIC 总线的描述。在 Wire 库内定义了一个 TwoWire 类，即 IIC 总线类。按照路径 Arduino→haedware→Arduino→avr→libraries→Wire→Wire.h 打开头文件，可以看到：

```
#ifndef TwoWire_h                                //头文件命名标识
#define TwoWire_h
#include <inttypes.h>
#include "Stream.h"

#define BUFFER_LENGTH 32

class TwoWire : public Stream
{
private:                                         //私有类函数
static uint8_t rxBuffer[];                       //常量，定义存放接收数据的数组
static uint8_t rxBufferIndex;                    //常量，定义接收数组的指针
static uint8_t rxBufferLength;                   //常量，定义接收数组的长度
static uint8_t txAddress;                        //常量，定义从机地址
static uint8_t txBuffer[];                       //常量，定义存放待发数据的数组
static uint8_t txBufferIndex;                    //常量，定义数据发送数组的指针
```

```
static uint8_t txBufferLength;                    //常量，定义数据发送数组的长度
static uint8_t transmitting;                      //常量，定义 IIC 通讯状态，为 1 表正在通信
static void (*user_onRequest)(void);              //常量，注册一个处理主机请求数据的函数
static void (*user_onReceive)(int);               //常量，注册一个处理从机正在接收的函数
static void onRequestService(void);               //常量，定义处理主机请求数据的函数
static void onReceiveService(uint8_t*, int);      //常量，定义处理从机正在接收的函数\

public:                                           //公共引用类函数
TwoWire();                                        //定义一个 IIC 总线类函数
void begin();                                     //主机 IIC 总线初始化
void begin(uint8_t);                              //向从机发送 IIC 总线开始通信（7bit 地址）
void begin(int);                                  //向从机发送 IIC 总线开始通信（ int 型地址）
void beginTransmission(uint8_t);                  //向指定从机地址开始通信（7bit 型地址）
void beginTransmission(int);                      //向指定从机地址开始通信（int 型地址）
uint8_t endTransmission(void);                    //关闭主机 IIC 总线
uint8_t endTransmission(uint8_t);                 //关闭与指定从机地址的 IIC 通信
uint8_t requestFrom(uint8_t, uint8_t);            //向从机地址发送请求数据指令，前一个参数
                                                  //从机地址，后一个参数为请求数据个数
uint8_t requestFrom(uint8_t, uint8_t, uint8_t);
//向从机地址发送请求数据指令，第一个参数是从机地址，第二个参数为请求数据个数，第三个
//参数为 bool 型变量，为 true 表示关释放 IIC 总线，为 false 表示关闭本次从机通信，开启另一
//从机地址的通信

uint8_t requestFrom(int, int);                    //原理同上，处理输入 int 型参数的情况
uint8_t requestFrom(int, int, int);
//虚函数，作用于向 IIC 总线写入单字节数据，返回已写入的数据个数
virtual size_t write(uint8_t);

//虚函数，作用于向 IIC 总线写入多字节数据，返回已写入的数据个数
virtual size_t write(const uint8_t *, size_t);
//虚函数，作用于请求判断寄存器中是否接收到数据，返回接收的数据个数
virtual int available(void);
//虚函数，作用于向从机读取数据，返回读取的数据个数
virtual int read(void);
//虚函数，起观测作用，返回当前指针停留的数据值，但并不移动指针，也不会在输入流中删除该值
virtual int peek(void);
//虚函数，清空所有待写入数据（从机尚未接收）
virtual void flush(void);
//在从机模式下注册一个处理从机接收数据的函数
void onReceive( void (*)(int) );
//在从机模式下注册一个处理主机正在请求数据的函数
void onRequest( void (*)(void) );
inline size_t write(unsigned long n) { return write((uint8_t)n); }
inline size_t write(long n) { return write((uint8_t)n); }
inline size_t write(unsigned int n) { return write((uint8_t)n); }
inline size_t write(int n) { return write((uint8_t)n); }
//内联函数，处理如何写入数据，只在 IIC 库中有效，防止与其他库的写函数冲突
using Print::write;
}
```

```
extern TwoWire Wire;                    //宏定义 TwoWire 类为 Wire 类

#endif
```

类定义中的函数原型可在 Wire.cpp 文件中查看，这个文件相当于是对头文件的详解，存放各函数的具体定义，下一小节将详细介绍几个我们常用的库函数原型。

上述代码出现了 virtual 关键字，读者之前可能很少碰到。virtual 定义的函数我们称为虚函数。面向对象开发中类是可以继承的，也就是说，我有一个类拥有 public 定义的 start()函数，继承这个类的子类（称为派生类）也同样会具备这个 start()函数。而如果一个基类的成员函数定义为虚函数，那么，其所有派生类中也保持为虚函数，即便是在派生类中省略了 virtual 关键字，结果也是一样的。换言之，一个虚函数是属于其所在的类的层次的，不仅仅属于其定义所在类，只不过是其在该类层次结构中的不同类中有不同的形态。一旦一个函数被声明为虚函数，不论经历多少次派生，都会保持其虚函数的特性，即使在派生类中没有使用 virtual 关键字，其仍然是虚函数。派生类中可根据需要对虚函数进行重定义，让其具备属于自己的行为，与其他派生类不同。

7.2.9 Arduino 最常用的库函数原型

Arduino 自带那么多类库，开源平台又提供那么多的扩展库，如果你不了解一些常用的库函数原型，可能还真读不懂那些类库中的代码。本小节介绍 9 个常用的库函数原型。

1. begin()

begin()函数用于设置本机通讯地址，主要有三种形态。函数原型如下：

```
//第一种是主机 IIC 总线初始化，无返回值
void TwoWire::begin(void)
{
  rxBufferIndex = 0;                         //清空接收区指针
  rxBufferLength = 0;                        //接收区数据长度清零
  txBufferIndex = 0;                         //清空发送区指针
  txBufferLength = 0;                        //发送区数据长度清零
  twi_init();                                //总线初始化
}

//第二种是从机 IIC 总线初始化，参数 address 为从机地址
void TwoWire::begin(uint8_t address)
{
  twi_setAddress(address);                             //向总线写从机地址
  twi_attachSlaveTxEvent(onRequestService);            //返回从机是否处于发送状态
  twi_attachSlaveRxEvent(onReceiveService);            //返回从机是否处于接收状态
  begin();                                             //开启通讯
}

//第三种等同于第二种，用于处理从机地址是 int 型的情况
void TwoWire::begin(int address)
{
  begin((uint8_t)address);
```

```
}
```

2. beginTransmission()

beginTransmission()函数用于开始数据传输。函数原型如下：

```
//无返回值
//参数：address 表示从机地址，地址为 7bit 形式，范围为 0~127。
void TwoWire::beginTransmission(uint8_t address)
{
  transmitting = 1;                                   //设置传输标识位
  txAddress = address;                                //填从机地址
  txBufferIndex = 0;                                  //重置发送区变量
  txBufferLength = 0;
}

void TwoWire::beginTransmission(int address)          //强制转换 int 型从机地址
{
  beginTransmission((uint8_t)address);
}
```

3. endTransmission()

endTransmission()函数用于结束与从机的通信，函数原型如下：

```
//返回值 uint8_t 型，表示传输状态。返回值含义如下：
//0——数据传输成功
//1——数据太长
//2——发送地址时收到 NACK
//3——发送数据时收到 NACK
//4——其他错误
//在 Arduino 1.0.1 之后的版本中，endTransmission()支持 bool 型参数，比如 endTransmission(true)
//表示发送一个停止信号，释放总线。endTransmission(false)表示重启总线，保持总线与从机的联系，
//可以开启下一个从机的通信

uint8_t TwoWire::endTransmission(uint8_t sendStop)    //参数 bool 型，true 或者 false
{
  int8_t ret = twi_writeTo(txAddress, txBuffer, txBufferLength, 1, sendStop); //读取从机应答信号
  txBufferIndex = 0;                                  //清空一切指针、数组长度和传输状态参量
  txBufferLength = 0;
  transmitting = 0;
  return ret;                                         //返回应答信号
}

uint8_t TwoWire::endTransmission(void)                //无参关闭总线，默认为释放 IIC 总线
{
  return endTransmission(true);
}
```

4. requestFrom()

requestFrom()函数用于主机向从机请求数据，函数的原型如下：

```
//返回值：已写入的数据个数
//参数：  address   从机地址
//         quantity   请求读取的数据个数
//         sendStop   定义下次 IIC 总线状态

uint8_t TwoWire::requestFrom(uint8_t address, uint8_t quantity, uint8_t sendStop)
{
  if(quantity > BUFFER_LENGTH){            //如果请求的数据个数超限，则另数据个数为最大值
    quantity = BUFFER_LENGTH;
  }

  uint8_t read = twi_readFrom(address, rxBuffer, quantity, sendStop);   //开始读取

  rxBufferIndex = 0;                 //把接收区指针设为开头位置，方便取所读数据
  rxBufferLength = read;             //接收数组长度为成功读取的数据个数

  return read;                       //返回读取的值
}

//下面三个函数应用于处理代入参数不全或参数类型与函数定义的类型不一的情况
uint8_t TwoWire::requestFrom(uint8_t address, uint8_t quantity)
{
  return requestFrom((uint8_t)address, (uint8_t)quantity, (uint8_t)true);
}

uint8_t TwoWire::requestFrom(int address, int quantity)
{
  return requestFrom((uint8_t)address, (uint8_t)quantity, (uint8_t)true);
}

uint8_t TwoWire::requestFrom(int address, int quantity, int sendStop)
{
  return requestFrom((uint8_t)address, (uint8_t)quantity, (uint8_t)sendStop);
}
```

5. write()

write()函数用于向从机写数据，函数必须在 beginTransmission()函数之后才会有效，函数原型如下：

```
//返回值：size_t 表示已向从机地址写入的数据个数
//参数：   uint8_t data   字符型数据
//(const uint8_t *data, size_t quantity)   *data 表示字符型数据数组名，quantity 表示需要
//写入的数据个数

size_t TwoWire::write(uint8_t data)                    //单字节数据发送
```

```
{                                              //判断传输状态，如果正在传输其他数据，则进一步判断
  if(transmitting){
                                               //判断发送数据数组是否超出寄存器允许的最大长度
  if(txBufferLength >= BUFFER_LENGTH){
    setWriteError();                   //返回错误信息
    return 0;
  }
  txBuffer[txBufferIndex] = data;      //数据装填入发送区数组
  ++txBufferIndex;
  txBufferLength = txBufferIndex;      //当前数组长度
  }else{
    twi_transmit(&data, 1);            //从机回应应答信号
  }
  return 1;
}

size_t TwoWire::write(const uint8_t *data, size_t quantity)      //多字节数据发送
{
  if(transmitting){                    //判断传输状态，如果从机处于接收状态，主机开始发送数组
    for(size_t i = 0; i < quantity; ++i){
      write(data[i]);
    }
  }else{
  twi_transmit(data, quantity);
  //直接向从机写入数据，这里会先对数组长度和从机应答进行分析，只有长度未超限和
  //主机接收到从机应答才会传输数组数据，防止在 transmitting 参数为 0 的情况下无法写数据
  }
  return quantity;                     //返回已写入的数据个数
}
```

6．available()

available()函数用于判断主机是否接收到从机有效数据，函数原型如下：

```
//返回值：接收到数据的个数
//无参数
nt TwoWire::available(void)
{
  return rxBufferLength - rxBufferIndex;          //返回当前接收区数据个数
}
```

7．read()

read()函数用于向从机请求读取数据，函数原型如下：

```
//返回值：接收到的数据
//无参数
int TwoWire::read(void)
{
  int value = -1;
  //当前指针小于接收数组长度时表明有数据存在，读出数据
  if(rxBufferIndex < rxBufferLength){
    value = rxBuffer[rxBufferIndex];
    ++rxBufferIndex;
```

```
    }
    return value;
}
```

8．onReceive()

onRecieve()函数用于在从机模式下注册一个用于接收主机数据的函数，函数原型如下：

```
void TwoWire::onReceive( void (*function)(int) )
{
    user_onReceive = function;
}
```

注册成功后，由 onRecieveService()函数来处理，这是库私有类函数，用户无法直接引用。函数原型如下：

```
//无返回值
//参数：主机接收缓冲区地址，接收缓冲区数据长度
void TwoWire::onReceiveService(uint8_t* inBytes, int numBytes)
{
    //防止打扰用户还没有注册一个回调函数，即检测用户是否引用了 onRecieve()函数
    if(!user_onReceive){
        return;
    }
    //查询是否主机仍在接收从机数据
    if(rxBufferIndex < rxBufferLength){
        return;
    }
    //从主机接收缓冲区中读取数据
    for(uint8_t i = 0; i < numBytes; ++i){
        rxBuffer[i] = inBytes[i];
    }
    //重置接收数组指针和长度
    rxBufferIndex = 0;
    rxBufferLength = numBytes;
    //提醒用户函数注册成功
    user_onReceive(numBytes);
}
```

9．onRequest()

onRequest()函数用于从机模式下注册一个主机请求数据的应答函数，函数的原型如下：

```
void TwoWire::onRequest( void (*function)(void) )
{
    user_onRequest = function;
}
```

注册成功后由 onRequestService()函数来处理，这同样是库私有类函数，用户无法直接引用，函数原型如下：

```
//无返回值
//无参数
void TwoWire::onRequestService(void)
```

```
{
  //防止打扰用户还没有注册一个回调函数，即检测用户是否引用了 onRequest()函数
  if(!user_onRequest){
    return;
  }
  //重置发送缓冲区指针和长度，这将终止之前主机任何的数据发送活动
  txBufferIndex = 0;
  txBufferLength = 0;
  //提醒用户函数注册成功
  user_onRequest();
}
```

上面我们介绍了库函数中详细的定义，Wire 库为了函数的精简，在.cpp 文件中还调用了关于硬件层 IIC 通信方式的函数描述，这些函数是定义在路径为 Arduino→haedware→Arduino→avr→libraries→Wire→utility 的 utility 文件夹的 twi.c 和 twi.h 文件中，硬件知识较为丰富的读者可以试着阅读一下这些函数的描述。

7.2.10 Arduino 关键字的颜色设置

细心的读者可能还会发现，当我们引用了库函数中某一个子函数时，函数名的颜色有些是橙色，而有些是褐色的，还有些文字是蓝色的，这样我们可以清楚地了解是否成功引用了库函数或关键字。那么这是如何定义的呢？打开库文件夹中的 keywords.txt 文件：

```
#######################################
# Syntax Coloring Map For Wire
#######################################
#######################################
# Datatypes (KEYWORD1)                    //类名用橙色表示
#######################################
#######################################
# Methods and Functions (KEYWORD2)
#######################################
begin	KEYWORD2
beginTransmission	KEYWORD2
endTransmission	KEYWORD2
requestFrom	KEYWORD2
send	KEYWORD2
receive	KEYWORD2
onReceive	KEYWORD2
onRequest	KEYWORD2
#######################################
# Instances (KEYWORD2)               //被调用库函数名用褐色表示
#######################################
Wire	KEYWORD2
#######################################
# Constants (LITERAL1)               //常量的字符关键字用蓝色表示
#######################################
```

可以看到定义关键字颜色时，每行的开始是关键字名称，后面跟着一个 Tab 键制表位（注意不是空格键），后面是关键字的颜色，KEYWORD1 表示橙色，KEYWORD2 表示褐色，LITERAL1 表示文字颜色为蓝色。

7.2.11 项目——一步步来编写自己的音乐类库

到此为止，我们详细了解了库函数是如何定义的，以及关键字的颜色是如何设置的。下面就试着编写属于我们自己的库吧。

如果你正好有一个蜂鸣器的话，可能不会只是想让它发出响声，你一定想过怎样能让它能够演奏出动人的音乐吧。了解基本乐理的人应该知道，音乐是由一个个音调组成的，而不同的音调对应不同频率的声音。试想，如果给蜂鸣器输入音调对应的频率，同时控制每个音调持续时间的长短，这样我们就能演奏出美妙的乐曲了。但是在写程序的过程中，通过查音调频率表，一步步地输入声音的频率信息和持续时间是非常繁琐的。学习了前面库函数的章节，我们可以试着构造一个关于音乐的库函数，通过直接调用里面关于声音的描述函数，就能很方便地演奏出一首歌曲了。先来看看各种音调对应什么频率的声音，参见表 7-3 所示。

表 7-3 音调频率周期表

音调	代表字符	频率(hz)	周期(us)	半周期(us)
低 do	‘d’	131	7648	3824
低 re	‘r’	147	6814	3407
低 mi	‘m’	165	6070	3035
低 fa	‘f’	175	5730	2865
低 so	‘s’	196	5112	2556
低 la	‘l’	220	4556	2278
低 xi	‘x’	247	4048	2024
do	‘D’	261.5	3824	1912
re	‘R’	293.5	3407	1704
mi	‘M’	329.5	3035	1518
fa	‘F’	349	2865	1433
so	‘S’	392	2551	1276
la	‘L’	440	2273	1137
xi	‘X’	494	2024	1012
高 do	‘1’	523	1912	956
高 re	‘2’	587	1704	852
高 mi	‘3’	659	1518	759
高 fa	‘4’	698	1433	717
高 so	‘5’	784	1276	638
高 la	‘6’	880	1137	569
高 xi	‘7’	988	1012	506

分析这张表，聪明的读者就会想到，我们可以用交换蜂鸣器输入电平的方法，通过改变电平交换周期（即音调半周期）来得到正确的音调，我们用前下划线表示低音，后下划线表示高音，如

“_do()”来表示低 do 函数，“do()”表示 do 函数，“do_()”表示高 do 函数。

下面就来构造一个 MusicCode 类库，类的定义应该在 MusicCode.h 头文件中。

（1）打开 Arduino IDE，单击图 7-31 中的下拉按钮，选择“新建标签”命令。

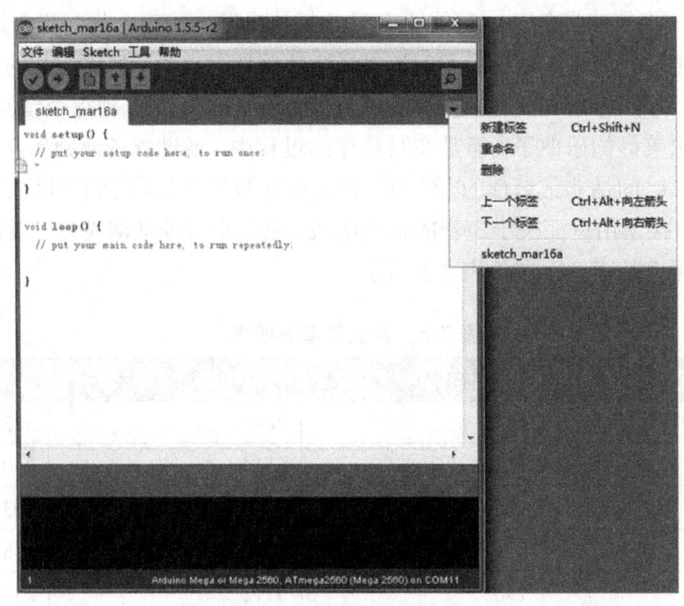

图 7-31　新建文件示意

（2）新建一个文件，命名为 MusicCode.h，如图 7-32 所示。

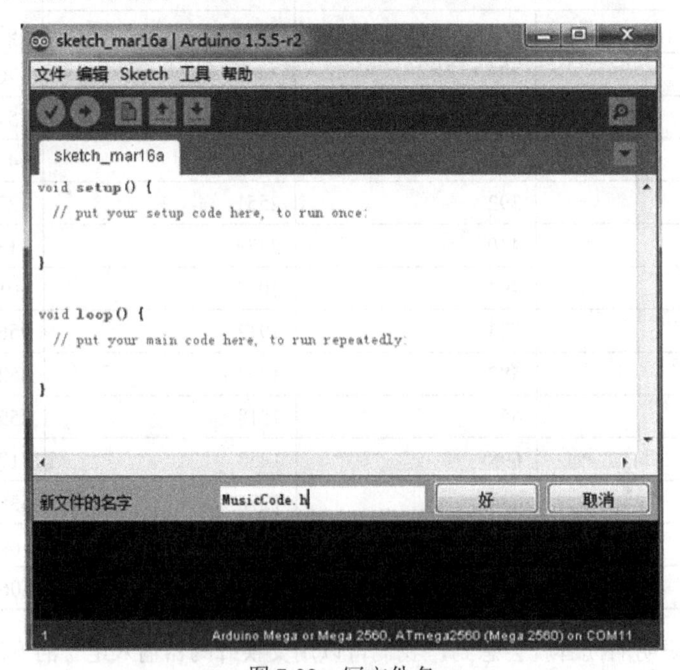

图 7-32　写文件名

（3）头文件的定义代码如下：

```
#ifndef MusicCode_h                          //防止头文件被重复定义
#define MusicCode_h
                                             //定义一个 MusicCode 类
class MusicCode {
public:                                      //定义一个公共类，用户可引用
    MusicCode(unsigned char _pin);           //定义一个蜂鸣器对象，代入它所在的引脚
    void begin();                            //蜂鸣器开始工作
    void transfor(char *code,int *time);     //连续的音调和时间信息输入函数
    void transfor(char *code,int time);      //音调持续时间长度相同的转换函数
private:                                     //定义一个私有类，用户不可引用
    unsigned char    _musicPin;              //定义蜂鸣器引脚
    void  _do();                             //低 do 的函数定义
    void  _re();                             //低 re 的函数定义
    void  _mi();                             //低 mi 的函数定义
    void  _fa();                             //低 fa 的函数定义
    void  _so();                             //低 so 的函数定义
    void  _la();                             //低 la 的函数定义
    void  _xi();                             //低 xi 的函数定义
    void  Do();                              //do 的函数定义，注意使用 do 作为函数名时会与 do
                                             //语句的关键字 do 冲突，这里用 Do()表示
    void  re();                              //re 的函数定义
    void  mi();                              //mi 的函数定义
    void  fa();                              //fa 的函数定义
    void  so();                              //so 的函数定义
    void  la();                              //la 的函数定义
    void  xi();                              //xi 的函数定义
    void  do_();                             //高 do 的函数定义
    void  re_();                             //高 re 的函数定义
    void  mi_();                             //高 mi 的函数定义
    void  fa_();                             //高 fa 的函数定义
    void  so_();                             //高 so 的函数定义
    void  la_();                             //高 la 的函数定义
    void  xi_();                             //高 xi 的函数定义
}

#endif
```

提 示

transfor()函数是为了音调的转换方便而编写的。我们在给出一个音乐文件的全部音调值时，用字符 do、re、mi 等来代替是不明智的，程序会耗费多余的精力去判断是哪些字符串，而用数字或字符来代替，由于使用了单个字符可以减少程序的判断时间，同时使音调信息的输入更为方便，程序更加精简。这里我们就用小写首字母 d 代表低音 _do，大写首字母 D 代表中音 do，数字 1 代表高音 do，依次类推。所以我们引入 transfor()函数，做这样的转换。

（4）子函数需要在一个.cpp 文件中进行详细定义，函数名应与头文件名相同，我们创建一个

MusicCode.cpp 文件（创建方式同头文件的方法），函数内容如下：

```
#include "MusicCode.h"                              //必须包含同名的头文件
#include "Arduino.h"                                //包含基本函数
#include   "string.h"                               //包含字符串函数

MusicCode::MusicCode(unsigned char _pin)            //定义一个类的对象
{
    _musicPin=_pin;
}
void MusicCode::begin(void)                         //蜂鸣器开始工作
{
  pinMode(_musicPin,OUTPUT);
}

void MusicCode::transfor(char *code,int *time)      //有时间变化的音乐
{
     int i,j;
     int numCode=strlen(code);                      //计算音调的个数赋值给 numCode
     for(i=0;i<numCode;i++)
     {
           switch(code[i])
                    //判断音调，这里我们通过判断音调对应的关键字符选择输出对应的音调，
                    //各音调的持续时间通过循环次数来控制（时间/音调周期=循环次数）
                    //由于时间单位是 ms，而周期单位是 us，我们在这里做一个（int）的强制转换
           {
                case 'd':   for(j=0;j<(int)(time[i]/7.648);j++)_do();
                               break;
                case 'r':   for(j=0;j<(int)(time[i]/7.814);j++)_re();
                               break;
                case 'm':   for(j=0;j<(int)(time[i]/7.070);j++)_mi();
                               break;
                case 'f':   for(j=0;j<(int)(time[i]/5.730);j++)_fa();
                               break;
                case 's':   for(j=0;j<(int)(time[i]/7.648);j++)_so();
                               break;
                case 'l':   for(j=0;j<(int)(time[i]/7.814);j++)_la();
                               break;
                case 'x':   for(j=0;j<(int)(time[i]/7.070);j++)_xi();
                               break;
                case 'D':   for(j=0;j<(int)(time[i]/5.730);j++)Do();
                               break;
                case 'R':   for(j=0;j<(int)(time[i]/7.648);j++)re();
                               break;
                case 'M':   for(j=0;j<(int)(time[i]/7.814);j++)mi();
                               break;
                case 'F':   for(j=0;j<(int)(time[i]/7.070);j++)fa();
                               break;
                case 'S':   for(j=0;j<(int)(time[i]/5.730);j++)so();
```

```
                        break;
            case 'L':   for(j=0;j<(int)(time[i]/7.648);j++)la();
                        break;
            case 'X':   for(j=0;j<(int)(time[i]/7.814);j++)xi();
                        break;
            case '1':   for(j=0;j<(int)(time[i]/7.070);j++)do_();
                        break;
            case '2':   for(j=0;j<(int)(time[i]/5.730);j++)re_();
                        break;
            case '3':   for(j=0;j<(int)(time[i]/7.648);j++)mi_();
                        break;
            case '4':   for(j=0;j<(int)(time[i]/7.814);j++)fa_();
                        break;
            case '5':   for(j=0;j<(int)(time[i]/7.070);j++)so_();
                        break;
            case '6':   for(j=0;j<(int)(time[i]/5.730);j++)la_();
                        break;
            case '7':   for(j=0;j<(int)(time[i]/5.730);j++)xi_();
                        break;
            case '0':   digitalWrite(_musicPin,0);
                        delay（time[i]);
                        break;
        }
    }
}

void MusicCode::transfor(char *code,int time)       //固定各音调的持续时间，减少繁琐的时间
                                                    //信息的输入，适用于对歌曲节奏要求不大的情况
{
    int i,j;
    int numCode=strlen(code);                       //先计算输入音调的个数，赋值给 numCode
    for(i=0;i<numCode;i++)                          //从音调数组的第一个音调依次判断输出音调
    {
        switch(code[i])
        {
            case 'd':   for(j=0;j<(int)(time/7.648);j++)_do();
                        break;
            case 'r':   for(j=0;j<(int)(time/7.814);j++)_re();
                        break;
            case 'm':   for(j=0;j<(int)(time/7.070);j++)_mi();
                        break;
            case 'f':   for(j=0;j<(int)(time/5.730);j++)_fa();
                        break;
            case 's':   for(j=0;j<(int)(time/7.648);j++)_so();
                        break;
            case 'l':   for(j=0;j<(int)(time/7.814);j++)_la();
                        break;
            case 'x':   for(j=0;j<(int)(time/7.070);j++)_xi();
                        break;
```

```
                case 'D':     for(j=0;j<(int)(time/5.730);j++)Do();
                                  break;
                case 'R':     for(j=0;j<(int)(time/7.648);j++)re();
                                  break;
                case 'M':     for(j=0;j<(int)(time/7.814);j++)mi();
                                  break;
                case 'F':     for(j=0;j<(int)(time/7.070);j++)fa();
                                  break;
                case 'S':     for(j=0;j<(int)(time/5.730);j++)so();
                                  break;
                case 'L':     for(j=0;j<(int)(time/7.648);j++)la();
                                  break;
                case 'X':     for(j=0;j<(int)(time/7.814);j++)xi();
                                  break;
                case '1':     for(j=0;j<(int)(time/7.070);j++)do_();
                                  break;
                case '2':     for(j=0;j<(int)(time/7.648);j++)mi_();
                                  break;
                case '4':     for(j=0;j<(int)(time/7.814);j++)fa_();
                                  break;
                case '5':     for(j=0;j<(int)(time/7.070);j++)so_();
                                  break;
                case '6':     for(j=0;j<(int)(time/5.730);j++)la_();
                                  break;
                case '7':     for(j=0;j<(int)(time/5.730);j++)xi_();
                                  break;
                case ‘0’:     digitalWrite(_musicPin,0);
                                 delay（time）;
                                 break;
            }
        }
}

void   MusicCode::_do()                                       //低 do 音调子函数，半周期为 3824us
{
   digitalWrite(_musicPin,1);
   delayMicroseconds(3824);
   digitalWrite(_musicPin,0);
   delayMicroseconds(3824);
}

void   MusicCode::_re()                                       //低 re 音调子函数，半周期为 3407us
{
      digitalWrite(_musicPin,1);
      delayMicroseconds(3407);
      digitalWrite(_musicPin,0);
      delayMicroseconds(3407);
}
```

```
void   MusicCode::_mi()                          //低 mi 音调子函数，半周期为 3035us
{
    digitalWrite(_musicPin,1);
    delayMicroseconds(3035);
    digitalWrite(_musicPin,0);
    delayMicroseconds(3035);
}

void   MusicCode::_fa()                          //低 fa 音调子函数，半周期为 2865us
{
    digitalWrite(_musicPin,1);
    delayMicroseconds(2865);
    digitalWrite(_musicPin,0);
    delayMicroseconds(2865);
}

void   MusicCode::_so()                          //低 so 音调子函数，半周期为 2556us
{
    digitalWrite(_musicPin,1);
    delayMicroseconds(2556);
    digitalWrite(_musicPin,0);
    delayMicroseconds(2556);
}

void   MusicCode::_la()                          //低 la 音调子函数，半周期为 2278us
{
    digitalWrite(_musicPin,1);
    delayMicroseconds(2278);
    digitalWrite(_musicPin,0);
    delayMicroseconds(2278);
}

void   MusicCode::_xi()                          //低 xi 音调子函数，半周期为 2024us
{
    digitalWrite(_musicPin,1);
    delayMicroseconds(2024);
    digitalWrite(_musicPin,0);
    delayMicroseconds(2024);
}

void   MusicCode::Do()                           //do 音调子函数，半周期为 1912us
{
    digitalWrite(_musicPin,1);
    delayMicroseconds(1912);
    digitalWrite(_musicPin,0);
   delayMicroseconds(1912);
}

void   MusicCode::re()                           //re 音调子函数，半周期为 1704us
```

```
{
    digitalWrite(_musicPin,1);
    delayMicroseconds(1704);
    digitalWrite(_musicPin,0);
    delayMicroseconds(1704);
}

void  MusicCode::mi()                          //mi 音调子函数，半周期为 1578us
{
    digitalWrite(_musicPin,1);
    delayMicroseconds(1578);
    digitalWrite(_musicPin,0);
    delayMicroseconds(1578);
}

void  MusicCode::fa()                          //fa 音调子函数，半周期为 1433us
{
    digitalWrite(_musicPin,1);
    delayMicroseconds(1433);
    digitalWrite(_musicPin,0);
    delayMicroseconds(1433);
}

void  MusicCode::so()                          //so 音调子函数，半周期为 1276us
{
    digitalWrite(_musicPin,1);
    delayMicroseconds(1276);
    digitalWrite(_musicPin,0);
    delayMicroseconds(1276);
}

void  MusicCode::la()                          //la 音调子函数，半周期为 1137us
{
    digitalWrite(_musicPin,1);
    delayMicroseconds(1137);
    digitalWrite(_musicPin,0);
    delayMicroseconds(1137);
}

void  MusicCode::xi()                          //xi 音调子函数，半周期为 1012us
{
    digitalWrite(_musicPin,1);
    delayMicroseconds(1012);
    digitalWrite(_musicPin,0);
    delayMicroseconds(1012);
}

void  MusicCode::do_()                         //高 do 音调子函数，半周期为 956us
{
```

```
    digitalWrite(_musicPin,1);
    delayMicroseconds(956);
    digitalWrite(_musicPin,0);
    delayMicroseconds(956);
}

void  MusicCode::re_()                        //高 re 音调子函数，半周期为 852us
{
    digitalWrite(_musicPin,1);
    delayMicroseconds(852);
    digitalWrite(_musicPin,0);
    delayMicroseconds(852);
}

void  MusicCode::mi_()                        //高 mi 音调子函数，半周期为 759us
{
    digitalWrite(_musicPin,1);
    delayMicroseconds(759);
    digitalWrite(_musicPin,0);
    delayMicroseconds(759);
}

void  MusicCode::fa_()                        //高 fa 音调子函数，半周期为 717us
{
    digitalWrite(_musicPin,1);
    delayMicroseconds(717);
    digitalWrite(_musicPin,0);
    delayMicroseconds(717);
}

void  MusicCode::so_()                        //高 so 音调子函数，半周期为 638us
{
    digitalWrite(_musicPin,1);
    delayMicroseconds(638);
    digitalWrite(_musicPin,0);
    delayMicroseconds(638);
}

void  MusicCode::la_()                        //高 la 音调子函数，半周期为 569us
{
    digitalWrite(_musicPin,1);
    delayMicroseconds(569);
    digitalWrite(_musicPin,0);
    delayMicroseconds(569);
}

void  MusicCode::xi_()                        //高 xi 音调子函数，半周期为 506us
{
    digitalWrite(_musicPin,1);
```

```
        delayMicroseconds(506);
        digitalWrite(_musicPin,0);
        delayMicroseconds(506);
    }
```

（5）然后打开记事本定义关键字的颜色，文件名为 keywords.txt。文件内容如下：

```
MusicCodeKEYWORD1                                    //注意关键字后面是一个 Tab 键

transfor     KEYWORD2
beginKEYWORD2
```

（6）在 Arduino→libraries 的目录下创建一个 MusicCode 文件夹，将这三个文件保存在文件夹中，如图 7-33 所示。

图 7-33　文件存放位置

到这里，我们自定义的库文件就大功告成了，关闭 Arduino IDE 后再打开，软件就能识别出新加入的库文件了。

（7）下面写一个小程序让蜂鸣器演奏《小星星》这首歌，验证一下自己编的库文件是否正确及可用吧。程序内容如下：

```
#include <MusicCode.h>                    //包含 MusicCode 类的头文件
MusicCode XiaoXingxing(13);               //定义 13 引脚的一个蜂鸣器对象，命名为 XiaoXingxing

char Code[]={"101050506060500404030302020100505040403030200
            50504040303020010105050606050404030302020100"}
                        //音乐的音调参数，用字符串的形式表示，0 表停顿
int   Time=500;      //每个音调持续时间设为 500ms，也可定义一个数组表示对应的音调持续时间
```

```
void setup() {
  XiaoXingxing.begin();                          //引脚初始化
}

void loop()
{
  XiaoXingxing.transfor(Code,Time);          //转换成音乐，注意这里的音调参数写的是数组名
}
```

自定义的类库由两个文件组成，分别是 MusicCode.h（MusicCode 类的定义）、MusicCode.cpp（MusicCode 类的实现）。上述代码中，语句“#include "computer.h"”引入 MusicCode 类的定义，使 MusicCode 类在当前文件中可见，只有这样，才能在当前文件中使用 MusicCode 类名声明该类型的对象（变量）XiaoXingxing，并调用 XiaoXingxing 的公用成员函数实现最终想要的结果。

提 示

通过“对象名.公共成员函数（参数表）”的形式就可以调用对象成员函数，通过“对象名.公共数据成员”就可引用对象的数据成员。

7.3 本章小结

通过本章的学习，读者基本了解了 Arduino 的内建库是如何定义的，通过分析内建库的写法，我们就能试着写出属于自己的扩展库。库有很好的扩展性和兼容性，能够为我们日后的项目开发提供极大的方便。

总的来说，库由具体定义函数的.cpp 文件、定义类函数种类的.h 头文件，以及描述关键字颜色的 keywords.txt 文件组成。将这三个文件放在 libraries 文件夹下的同一个文件夹中，我们就能引用这个库函数。需要注意的是：

- 引用库函数时使用尖括号，表示引用的是 libraries 中的库，如“#include <MusicCode.h>”
- 头文件中需要加入预定义块以防止被重复引用，格式如下：

```
#ifndef   XXXXX_h
#define   XXXXX_h
................
#endif
```

- 头文件中分为公有类函数(public)和私有类函数(private)，有些还有保护类函数(protect)。公有类是用户可以引用的，而私有类和保护类是函数内部处理需要引用的函数，用户无法直接引用。
- 不论是公有类还是私有类的函数，定义时需要具备这些要素：返回值类型、类名、双冒号、函数名、函数参数定义。
- 类函数的声明中，应该有一个对象声明，它不需要返回值。
- .cpp 文件中，同一个函数在不同的输入参数下需要有不同的定义。
- 新加入的库函数只有重启 Arduino IDE 才会生效。

附录　Arduino 函数速查中文版

Arduino 函数可以帮助我们方便地调用主板提供的一些既有功能，由于 Arduino 函数的中文资料很少，我们在这个附录中特意给出一个速查手册，希望能帮到读者。

时间函数

1．millis()

这是一个不断更新时间值的函数。它返回 Arduino 板从开始运行到现在的时间，单位是毫秒（1 秒=1000 毫秒）。这个时间不会停止，但计时溢出时（大概需要 50 天时间），会归零从新开始计时。

函数原型：

```
unsigned long millis (void)
```

参数：无。

函数返回值为 unsigned long 型，如果用 int 型保存时间将得到错误结果。

2．micros()

这是一个不断更新时间值的函数。它返回 Arduino 板从开始运行到现在的时间，单位是微秒。mills()函数返回以毫秒表示的时间，而 micros()函数返回以微秒表示的时间。micros()在计时溢出后同样会归零从新开始计时。mills()函数会在程序运行 50 天后溢出，而 micros()函数在程序运行 70 分钟后溢出。

函数原型：

```
unsigned long   micros(void)
```

参数：无。

1 毫秒=1000 微秒，1 秒=1000000 微秒。

3．delay(ms)

这是一个延时函数，表示延长多少时间（毫秒），没有返回值。

函数原型：

```
void delay (unsigned long ms)
```

参数：ms 表示延迟的毫秒数。

4．delayMicroseconds(us)

这是一个延时函数，表示延长多少时间（微秒），没有返回值。如果延时有几千微秒的话，建议用 delay()函数。

函数原型：

```
void delayMicroseconds (unsigned int us)
```

参数：延长的微秒数，目前参数最大支持 16383 微妙（不过以后的版本中可能会变化）。

数字 I/O 函数

1．pinMode()

配置引脚为输入或输出模式，无返回值。

函数原型：

```
void pinMode (uint8_t    pin, uint8_t    mode)
```

参数：pin 表示所要配置的引脚，mode 表示要设置的模式，有三个可选值：INPUT、OUTPUT 或 INPUT_PULLUP。

2．digitalWrite()

设置引脚的输出电压为高电平（HIGH）或低电平（LOW），无返回值。

函数原型：

```
void digitalWrite (uint8_t pin, uint8_t value)
```

参数：pin 表示要设置的引脚，value 表示输出的电压是高电平（HIGH）或低电平（LOW）。

提示

在使用 digitalWrite()函数设置引脚之前，需要先用 pinMode()函数将引脚设置为 OUTPUT 模式。

3．digitalRead()

读取引脚的电压情况，主要用来判断是 HIGH（高电平）还是 LOW（低电平），返回值为 int 型。

函数原型：

```
int digitalRead (uint8_t pin)
```

参数：pin 表示要读取的引脚。

在使用 digitalRead()函数设置引脚之前，需要先用 pinMode()将引脚设置为 INTPUT 模式。

模拟 I/O

1．analogReference()

配置模拟引脚的参考电压。

函数原型：

```
void analogReference (uint8_t type)
```

参数：type 是选择参考类型，有 5 个选项：

- DEFAULT：默认 5V。
- INTERNAL：低功耗模式。
- INTERNAL1V1：低功耗模式，ATmega168 对应 1.1V。
- INTERNAL2V56：低功耗模式，ATmega8 对应 2.56 V。
- EXTERNAL：扩展模式，通过 AREF 引脚获取参考电压。

2．analogRead()

读取模拟引脚，返回 0~1023 之间的值。每读取一次需要花费 1 微秒的时间。

函数原型：

```
int analogRead (uint8_t pin)
```

参数：pin 表示模拟引脚。

3．analogWrite()

写模拟引脚，没有返回值。写一个模拟值（PWM）到引脚，可以用来控制 LED 的亮度或控制电机的转速。

函数原型：

```
void analogWrite (uint8_t pin, int value)
```

参数：pin 表示要写的引脚，value 是 0~255 之间的值，0 对应 off， 255 对应 on。

高级 I/O 函数

1．tone()

在一个引脚上产生一个特定频率的方波（50%占空比）。持续时间可以设定，否则波形会一直产生直到调用 noTone()函数。该引脚可以连接压电蜂鸣器或其他喇叭播放声音。

函数原型：

```
tone(uint8_t pin, unsigned intfrequency,   unsigned long duration)
```

参数：pin 是要产生声音的引脚，frequency 是产生声音的频率，单位 Hz，duration 表示声音持续的时间，单位毫秒（可选）。

提 示

如果要在多个引脚上产生不同的音调，要在对下一个引脚使用 tone()函数前，对此引脚调用 noTone()函数。

2. notone()

停止由 tone()产生的方波，如果没有使用 tone()将不会有效果。

函数原型：

```
notone(uint8_t   pin)
```

参数：pin 是要停止声音的引脚。

3. shiftIn()

将一个数据的字节一位一位地移入。从最高有效位（最左边）或最低有效位（最右边）开始。对于每个位，先拉高时钟电平，再从数据传输线中读取一位，再将时钟线拉低。

提 示

这是一个软件实现，Arduino 提供了一个硬件实现的 SPI 库，它速度更快但只在特定引脚有效。

函数原型：

```
shiftIn(uint8_t dataPin, uint8_t clockPin, uint8_t   bitOrder)
```

参数：dataPin 用来输出每一位数据的引脚，clockPin 是时钟引脚，当 dataPin 有值时此引脚电平变化，bitOrder 用来输出位的顺序，最高位优先或最低位优先。

4. shiftOut()

将一个数据的字节一位一位地移出。从最高有效位（最左边）或最低有效位（最右边）开始。依次向数据脚写入每一位，之后时钟脚被拉高或拉低，指示刚才的数据有效。

提 示

如果所连接的设备时钟类型为上升沿，要确定在调用 shiftOut()前时钟脚为低电平，如调用 digitalWrite(clockPin,LOW)。

函数原型：

```
void shiftOut (uint8_t   dataPin, uint8_t   clockPin, uint8_t bitOrder, byte val)
```

参数：dataPin 用来输出每一位数据的引脚，clockPin 是时钟引脚，当 dataPin 有值时此引脚电平变化，bitOrder 用来输出位的顺序，最高位优先或最低位优先。val 表示要移位输出的数据。

5. pulseIn()

读取引脚的脉冲，脉冲可以是 HIGH 或 LOW。如果是 HIGH，函数将先等引脚变为高电平后再开始计时，一直到变为低电平为止。该函数返回脉冲持续的时间长短，单位为毫秒。如果超时还没有读取到的话，将返回 0。

函数原型：

```
unsigned long pulseIn (uint8_t pin, uint8_t state, unsigned long timeout)
```

参数：pin 是引脚，state 是要读取的脉冲类型，HIGH 或 LOW，timeout 是可选参数，指定脉冲计数的等待时间，单位为微秒，默认值是 1 秒。

数学函数

1. min()

返回两个数之中的最小值。

函数原型：

```
#define min(a, b) ((a)<(b)?(a):(b))
```

参数：两个值 a 和 b。

2. max()

返回两个数之中的最大值。

函数原型：

```
#define max(a, b) ((a)>(b)?(a):(b))
```

参数：两个值 a 和 b。

3. abs()

返回一个数的绝对值。

函数原型：

```
abs(x)      ((x)>0?(x):-(x))
```

参数：x 是要取绝对值的数。

4. constrain()

将一个数约束在一个范围内。

函数原型：

```
#define constrain(amt, low, high) ((amt)<(low)?(low):((amt)>(high)?(high):(amt)))
```

参数：如果 amt 值小于 low，则返回 low；如果 amt 值大于 high,，则返回 high；否则，返回 amt。

5．map()

等比映射，将位于[fromLow, fromHigh]之间的 value 映射到[toLow, toHigh]。
函数原型：

```
long map  ( long  value,
  long  fromLow,
  long  fromHigh,
  long  toLow,
  long  toHigh
 )
```

参数：value 是需要映射的值，fromLow 是当前范围值的下限，fromHigh 是当前范围值的上限，toLow 是目标范围值的下限，toHigh 是目标范围值的上限。

6．pow()

开方函数，返回 base 的 exponent 次方。
函数原型：

```
double  pow (float base, float exponent)
```

参数：参数 base 是基础，exponent 是次方。

7．sqrt()

返回值的开平方。
函数原型：

```
double  sqrt (double x)
```

参数：要求开平方的 x。

三角函数

1．sin(rad)

正弦函数。
函数原型：

```
float sin (float rad)
```

参数：求 rad 的正弦。

2．cos(rad)

余弦函数。

函数原型：

```
float cos (float rad)
```

参数：求 rad 的余弦。

3．tan(rad)

正切函数。
函数原型：

```
float tan (float rad)
```

参数：求 rad 的正切。

随机数函数

1．randomSeed()

随机数种子。
函数原型：

```
void randomSeed  ( unsigned int  seed)
```

参数：seed 用来读取模拟口 analogRead(pin)函数。

2．random()

将生成伪随机数
函数原型：

```
long random (long howbig)
long random (long howsmall, long howbig)
```

参数：只有一个参数值，返回 0~howbig 值之间的数，有两个参数时，返回 howsmall 和 howbig 之间的数。

位操作函数

1．lowByte()

提取一个变量的低位（最右边）字节。
函数原型：

```
#define  lowByte(w)   ((w) & 0xff)
```

参数：w 是要取位的变量。

2．highByte()

提取一个字节的高位（最左边的），或一个更长的字节的第 2 低位。

函数原型：

```
#define   highByte(w)     ((w) >> 8)
```

参数：w 是要提取的字节。

3. bitRead()

读取一个数的位。
函数原型：

```
#define   bitRead(value, bit)     (((value) >> (bit)) & 0x01)
```

参数：value 是想要被读取的数，bit 是被读取的位。

4. bitWrite()

在位上写入数字变量。
函数原型：

```
#define   bitWrite(value, bit, bitvalue)     (bitvalue ? bitSet(value, bit) : bitClear(value, bit))
```

参数：value 是要写入的数值变量，bit 是要写入的数值变量的位，从 0 开始是最低（最右边）的位，bitvalue 是写入位的数值（0 或 1）。

5. bitSet()

为一个数字变量设置一个位。
函数原型：

```
#define   bitSet(value, bit)     ((value) |= (1UL << (bit)))
```

参数：value 是要设置的数字变量，bit 是想要设置的位，0 是最重要（最右边）的位。

6. bitClear()

清除一个数值型数值的指定位（将此位设置成 0）。
函数原型：

```
#define   bitClear(value, bit)     ((value) &= ~(1UL << (bit)))
```

参数：value 是指定要清除位的数值，bit 是指定要清除位的位置，从 0 开始，0 表示最右端位。

7. bit()

计算指定位的值（0 位是 1，1 位是 2，2 位是 4，以此类推）。
函数原型：

```
#define   bit(b)     (1 << (b))
```

参数：b 是需要计算的位。

中断函数

1．attachInterrupt()

当发生外部中断时，调用一个指定函数。当中断发生时，该函数会取代正在执行的程序。大多数的 Arduino 板有两个外部中断：0（数字引脚 2）和 1（数字引脚 3）。

函数原型：

```
void attachInterrupt (uint8_t interruptNum, void(*)(void)userFunc, int mode)
```

参数：interruptNum 是中断类型（0 或 1），userFunc 是要调用的对应函数，mode 是触发方式，有以下几种选择：

- LOW——低电平触发中断。
- CHANGE——变化时触发中断。
- RISING——低电平变为高电平触发中断。
- FALLING——高电平变为低电平触发中断。

2．detachInterrupt()

取消中断的函数。

函数原型：

```
void detachInterrupt (uint8_t interruptNum)
```

参数：interruptNum 表示取消中断的类型。

3．interrupts()

重新启用中断（使用 noInterrupts()命令后将被禁用）。中断允许一些重要任务在后台运行，默认状态是启用的。禁用中断后一些函数可能无法工作，并且传入信息可能会被忽略。中断会稍微打乱代码的时间，但是在关键部分可以禁用中断。

函数原型：

```
#define interrupts() sei()
```

参数：无

4．noInterrupts()

禁止中断（重新启用中断用 interrupts()）。中断允许在后台运行一些重要任务，默认使能中断。禁止中断时部分函数会无法工作，通信中接收到的信息也可能会丢失。

函数原型：

```
#define noInterrupts() cli()
```

参数：无。